INTELLIGENT VIDEO SURVEILLANCE SYSTEM

智能视频监控系统

张新房　编著

中国电力出版社

CHINA ELECTRIC POWER PRESS

内 容 提 要

本书最大的写作特点是以图说的形式，对于视频监控系统进行了详细的讲解。人工智能技术的发展促成了视频监控系统的"智能"化。本书全面论述了视频监控系统的发展历史、四个时代，尤其是创新地提出了数据时代的四全理念（全景数据、全量数据、全域数据、全息数据）。对于基础概念、名词、系统组成、实现原理均有涉及。大幅度的增加了人工智能的篇幅，对于和视频监控系统相关的小间距 LED 显示系统、防雷与接地工程也给予了详细的描述。针对具体的场景进行了方案设计，可以作为多种系统设计的参考依据。

主要内容包括：视频监控系统基础、视频监控技术、人工智能技术、视频监控系统、AI+ 视频监控系统、视频联网共享云平台、一机一档应用系统、网格化城市管理基础数据平台、视频大数据平台、地理信息系统和增强现实、人工智能在安防系统中的应用、宏观政策、天网工程、雪亮工程和安防行业发展现状等。

本书可供视频监控系统、安防系统、弱电系统、人工智能从业人员，包括销售人员、设计人员、技术人员、项目管理人员、维护保养人员、监理公司、弱电系统负责人学习参考，可以作为培训教材或大中专院校师生的辅助教材。

图书在版编目（CIP）数据

智能视频监控系统 / 张新房编著 . —北京：中国电力出版社，2018.10

ISBN 978-7-5198-2453-2

Ⅰ . ①智… Ⅱ . ①张… Ⅲ . ①视频系统－监控系统Ⅳ . ① TN948.65

中国版本图书馆 CIP 数据核字 (2018) 第 218266 号

出版发行：中国电力出版社

地　　址：北京市东城区北京站西街 19 号（邮政编码 100005）

网　　址：http://www.cepp.sgcc.com.cn

责任编辑：马淑范（010-63412397）

责任校对：朱丽芳

装帧设计：赵丽媛　左　铭

责任印制：杨晓东

印　　刷：北京博图彩色印刷有限公司

版　　次：2018 年 10 月第一版

印　　次：2018 年 10 月北京第一次印刷

开　　本：787 毫米 ×1092 毫米　16 开本

印　　张：26.75

字　　数：447 千字

印　　数：0001—2000 册

定　　价：148.00 元

视频监控的数据时代

张新房

2009年编者出版了《图说建筑智能化系统》，里面讲述了15个建筑智能化子系统，图书自上市以来持续销售。时隔9年之后，细观15个建筑智能化子系统的发展变化，唯有闭路监控电视子系统变化最大，尤其是2017年人工智能时代的开启，计算机视觉技术极大地影响了视频和图像技术的发展，这种影响是颠覆性的、革命性的，开启了视频监控系统的新时代。在2018年实在是有必要单独写一写视频监控系统。

模拟时代。自1957年第一台电子显像管式摄像机问世，闭路监控电视系统有了60多年的发展历史。模拟监控时代传输系统主要依赖同轴电缆，主要实现监视、录像、回放三大功能，画质清晰、无损伤，受制于生产成本和规模，系统造价居高不下，间接影响了监控系统的普及，造成了模拟监控的三大特点：看不见、看不清、看不懂。"看不见"是因为覆盖面不够广、"看不清"是因为画面存储经过压缩后回放看不清、"看不懂"是因为系统没有智能功能。尽管如此，闭路监控电视系统还是为这个世界提供了一只眼睛，让我们可以随时随地实现非接触式的"远程"监控，而且可以将视频画面存储下来，对于安全管理、入侵防范、打击犯罪、事后诊断和决策方面起了极为重要的作用，尤其是在公共安全领域，对于事件、案件的侦破起到极大的辅助作用。

数字时代。随着网络技术和互联网技术的兴起，大约是在2004年左右闭路监控电视系统逐渐由模拟时代向数字时代转换，原来"闭路"的监控系统逐渐向"开路"转换，传输系统的介质逐渐由同轴电缆向网线、光缆进行转换，模拟监控摄像机也升级为网络监控摄像机。视频的监视可通过网络进行传输、录像的介质逐渐由磁带/硬盘录像机（VCR/DVR）升级为网络硬盘录像机（NVR）、回放也可以通过网络远程进行回放（甚至支持浓缩播放、摘要播放），一些简单的智能分析功能也出现了。

人工智能时代。 业界主流认为，2017年是人工智能技术商业发展的元年。人工智能的核心技术之一就是机器学习中的深度学习、深度学习技术中的计算机视觉技术得益于车牌识别技术、车辆识别技术、人脸识别技术、人体识别技术和物体识别技术的发展，使得计算机可以像人的眼睛一样理解监控画面，识别监控摄像机采集到的视频、图像画面中的内容，具备类人脑智能。闭路监控电视系统全面向视频监控系统升级。人工智能对视频监控的核心影响力来源于将传统的非结构化的视频图像进行了结构化处理，使得计算机可以像人一样看得见、看得清和看得懂视频监控图像。

数据时代。 不管是模拟监控还是数字监控，即使是人工智能时代视频监控系统所产生的图像、视频数据也是孤立的，单独在视频监控系统中使用（当前的现状）。随着大数据、云计算渗透到城市的各个角落（新型智慧城市），社会数据、政府数据都能够实现开放和共享，使得真正的数据时代来临，视频数据有机会可以和各类第三方数据进行关联、碰撞，比如和身份证、门禁、停车场、消费、手机、上网数据进行融合，再专业一点可以和旅业数据、飞行数据、地铁数据、公交数据、水电煤气数据进行碰撞，产生出丰富的SaaS应用（软件即服务）。数据时代于2018年雏形初现，让我们看到视频监控发展的无限未来和场景应用。

视频监控系统对安防行业的影响。 人工智能技术的成熟和商用影响了视频监控系统，而视频监控系统间接地影响了整个安防行业。人脸识别身份认证技术可以用于门禁系统、车牌识别技术可以用于停车场管理系统、人体识别技术可以应用于巡更系统、行为分析可以用于入侵报警，人脸识别技术还可以用于考勤、消费等，不一而足。可以预测未来的安防系统中视频监控系统占有极其重要的地位，甚至可能替代其他的安防系统。这也是前文述及为什么15个建筑智能化系统唯有视频监控系统发生革命性变化的原因。

系统与场景。随着视频监控系统技术的成熟，再辅助人工智能技术，人们就可以研发出各种各样的专业监控系统，比如联网共享系统、运维系统、网格化基础管理系统、视频图像解析系统、视频图像信息数据库、视频云系统等，这些系统都是要在本书中予以详细探讨的。视频监控系统也可广泛应用于国计民生的各个行业，可以说有人的地方就需要视频监控系统。大型视频监控场景包括雪亮工程、平安城市（天网工程）、智慧新警务等，这些是目前视频监控应用最大的三个场景，也是需要在本书中予以深入探讨的。

视频监控的未来。视频监控系统发展了60多年，但真正的革命性的创新和应用出现在最近三年，人工智能技术的发展是以月、天为单位进行发展的，到底视频监控的未来发展是什么样子的，人们很难给出清晰、准确的答案，不过笔者还是试图在本书中对于视频监控的发展未来予以预测。

本书的设计理念。云化数据时代，云化是未来的趋势，笔者认为视频监控系统的建设就是要实现各种视频业务上云，实现云化，最终用户只需要拿出手机、平板电脑、登录网页就能够享受到便利的视频监控服务，不用考虑后台是怎么建设的、怎么运维的。而云化的过程首先就是建设各种视频云，视频云的细分可能包括警务视频云、应急视频云、交通视频云、教育视频云、政务视频云、安监视频云、卫生视频云、旅游视频云等，就是"云+"的战略，实现政府、社会、企业视频大数据的开放和共享，最终就能够实现视频云城市。

本书的定位。以普及视频监控系统、人工智能基础技术为目的，不涉及具体的技术细节探讨、不涉及硬件的具体设计或者某些详细的语言编程，面向学生、视频监控系统从业者、安防从业者、设计院、政府相关部门、运维商读者，如果能在某些方面（哪怕是一点点）为大家提供参考价值，笔者就心满意足了。本书的最大特色在于普及和科普视频监控系统基础技术，要想同时了解视频监控系统和人工智能技术，不妨从本书开始。

目录
Contents

第一篇　基础篇

第一章 视频监控系统基础

1.什么是闭路监控电视系统

在1994版的国标《GB 50198民用闭路监控电视系统工程技术规范》中，闭路监控电视系统被定义为：

"民用闭路监控电视系统系指民用设施中用于防盗、防灾、查询、访客、监控等的闭路电视系统。其特点是以电缆或光缆方式在特定范围内传输图像信号，达到远距离监视的目的。系统制式宜与通用的电视制式一致。闭路监控电视宜采用黑白电视系统；当需要观察色彩信号时，可采用彩色电视系统。系统宜由摄像、传输、显示及控制四个主要部分组成。当需要记录监视目标的图像时，应设置磁带录像装置。在监视目标的同时，当需要监听声音时，可配置声音传输、监听和记录系统。"

2009年本书作者给出了一个全新的定义：

"闭路监控电视系统（Closed-Circuit Television，CCTV）是安全防范系统的重要组成部分之一，利用摄像机通过传输线路将音视频信号传送到显示、控制和记录设备上，由前端系统、本地传输系统、本地显示系统、本地控制系统、远程传输系统、远程控制系统六个主要部分组成。闭路监控电视系统有别于传统的广播电视系统，传统的广播电视系统是一点发送多点接收，是一个开放的系统（Opened），而闭路监控电视系统并不公开传播（Closed），一点发送多点接收（需要具有权限），尽管某些监控点提供公众访问服务。闭路监控电视系统常常被用于有安防需求的特定场所，比如银行、赌场、娱乐场所、工厂、小区、大厦、电力、高速公路、机场或者军事设施，随着技术的成熟和设备成本的价格的降低，越来越多的场所采用监控系统，比如平安城市的建设。"

闭路电视监控系统具有三大基本功能：监视、录像和回放。监视主要是指可以看到现场的实时画面，录像是指将可以监视到的视频图像记录下来，回放是指播放记录下来的视频图像资料。通过更加先进的技术手段也能够实现图像分析、事先预警、事后防范的功能。闭路监控电视系统经过扩充可以具备音频功能，可以监听、录制和回放音频信号，同时闭路监控系统具备一些入侵报警功能，尤其是随着视频分析技术的发展，在某些程度上，摄像机可以取代报警探头。

事实上，闭路电视监控系统经过近60年的发展，从模拟系统到数字化、网络化，再到智能化已经有了革命性的进展。随着云计算、大数据技术影响，再加上人工智能（AI，Artificial Intelligence）技术的赋能，闭路电视监控系统的叫法、定义、内容已经不能适应新时代的发展，需要更高级的系统，即智能视频监控系统。

2.智能视频监控

监控系统被称为CCTV（闭路电视监控系统）这样的提法在近5年来已经慢慢淡化，逐渐被视频监控系统（Video Surveillance System）所取代。随着技术的进步，视频监控系统产生了明显的变化。首先是规模，从几十只摄像机到几百只、几万只，甚至是百万级视频联网应用，于是就有了平安城市、天网工程（来源于"天网恢恢疏而不漏"）、雪亮工程（来源于"群众的眼睛是雪亮的"）这样的大型城市级视频监控项目；其次是智能程度，从最初的监视到移动侦测报警，再到遗留物报警、越线报警，再到近两年比较火热的人脸识别、人体识别、车辆识别、物体特征识别等；最后就是视频监控的应用范围越来越广，视频可用于免刷卡停车场出入、门禁、考勤、消费，甚至可以用于入侵报警系统。

而人工智能对视频监控影响使系统更智能，故而可以称之为智能视频监控系统（Intelligent Video Surveillance System）。

《GB/T 28181—2011安全防范视频监控联网系统信息传输、交换、控制技术要求》对"安全防范视频监控联网系统（Security and protection video monitoring network system）"的定义为"以安全防范为目的，综合应用视音频监控、通信、计算机网络、系统集成等技术，在城市、大型场所范围内构建的具有信息采集、传输、控制、显示、存储、处理等功能的能够实现不同设备及系统间互联、互通、互控的综合网络系统。"

《GB/T 50348—2018安全防范工程技术规范》对"视频安防监控系统（VSCS，Video Surveillance & Control System）"的定义为"利用视频技术探测、监视设防区域并实时显示、记录现场图像的电子系统和网络。"从英文的定义看增加了控制功能。

广义来讲，智能视频监控系统还覆盖图像（Image，比如卡口系统主要上传图片信息）、音频，所以智能视频监控系统也可以称之为智能音视频图像监控系统。

3.视频监控系统发展历史

1951年，以美国无线电公司为主的一些公司开始进行录像机和录像磁带的研制。1953年12月，宾得劳斯比研究所采用多磁迹的方法，率先推出了彩色多磁迹录像带及其播放系统，但播出的画面比较模糊，未能马上投入使用。1956年4月，美国的安培公司率先研制出了世界上第一台实用的商用磁带录像机，并将它命名为"安培VRX-1000"。

1957年，松下就研发出了第一台电子显像管式摄像机，之后1962年推出1英寸摄像机WV-010、1970年推出三色电子管摄像机、1985年推出CCD彩色摄像机、1992年推出WJ-FS50录像机、2001年推出WJ-HD500 16路硬盘录像机，在接近40年的时间内，松下公司一直走在安防监控技术变革的前列，超级动态技术、自动暗区补偿技术、自动后焦调整技术、锁定跟踪技术、智能分析技术曾一路引领行业的发展。

说到视频监控还有一家绕不开的公司那就是索尼，而索尼在视频监控领域的核心影响力来自于CCD。

1969年，美国的贝尔电话研究所发明了CCD。它是一个将"光"的信息转换成"电"的信息的魔术师。当时的索尼公司开发团队中，有一个叫越智成之的年轻人对CCD非常感兴趣，开始了对CCD的研究。但是由于这项研究距离商品化还遥遥无期，所以越智成之只能默默地独自进行研究。1973年，一个独具慧眼的经营者——时任索尼公司副社长的岩间发现了越智的研究，非常兴奋地说道："这才应该是由索尼半导体部门完成的课题！好，我们就培育这棵苗！"当时的越智仅仅实现了用64像素画了一个粗糙的"S"。然而，岩间撂了一句让越智大惑不解的话："用CCD造摄像机。"之后就催生了蓬勃发展的监控行业。

1973年11月，CCD终于在索尼公司立了项，成立了以越智为中心的开发团队。1978年3月索尼制造出了被人认为"不可能的"在一片电路板上装有11万个元件的集成块，造出了世界上第一个CCD彩色摄像机。1985年诞生了第一部8mm摄像机"CCD-V8"。之后CCD的研发和推出进入正轨，80年代初期索尼推出HAD感测器、80年代后期推出ON-CHIP MICRO LENS、90年代中期推出SUPER HAD CCD、1998年推出NEW STRUCTURE CCD、1999年推出EXVIEW HAD CCD。至今CCD还广泛应用于视频监控领域。

CMOS图像传感器和CCD图像传感器几乎是同时在20世纪60年代出现的。1990年之后，无源像素CMOS图像传感器作为第一代CMOS图像传感器进入市场，之后逐渐成为摄像机的主流传感器解决方案，这是后话。

1996年，安迅士推出全球第一个网络摄像机。2008年安讯士联合博世及索尼公司宣布成立ONVIF（开放型网络视频接口论坛），并以公开、开放的原则共同制定开放性行业标准，推进了网络视频监控系统的发展和普及。2011年10月，千视通发布第一款视频摘要系统；2016年5月，佳都科技推出"视频云+"大数据应用平台V1.0；2018年3月，云从科技正式发布了高性能AI摄像机"炬眼"智能人脸识别相机。

说到视频监控的发展历史，还有两家公司后来居上不得不提，那就是我国的海康威视和大华股份。根据日本经济新闻（中文版：日经中文网）汇总了2017年"全球主要商品与服务市场份额调查"。在纳入调查的71个品类中，中国企业的产品在9个品类上的市场份额居首。其中摄像头第1位海康威视占有率31.3%、第2位大华股份占有率11.8%，两家合计占有率为43.1%，也就是说世界上有差不多一半的摄像头是由这两家公司制造的。

海康威视创立于2001年，2002 年发布了DS-4000M 视音频压缩卡、DS-8000网络硬盘录像机，开启了海康的视频监控之旅，这一走就是16年。之后，2003年业界首创在DSP上实现H.264算法，并基于H.264算法率先推出具有自主知识产权的的板卡DS-4000H及网络硬盘录像机DS-8000M，开启H.264新时代。2007年推出第一款红外炮筒系列摄像机，凭借着这款摄像机，成功闯入国内摄像机市场，并迅速成为市场上主流红外摄像机品牌之一，实现了从DVR到摄像机的跨越。2009年，正式成立公安行业解决方案业务部，并发布了iVMS-8200平安城市综合应用管理平台产品，成功从产品供应商转型成为整体解决方案提供商。2012年，第一款民用产品——"小威士"的推出标志着从视频监控的行业应用到小微企业和家庭微视频应用的开始。2015年基于"智能安防2.0"理念，发布了以工业相机、无人机为代表的跨界产品，推动安防从安全到效率，再到效益。2017年，海康发布AI Cloud 云边融合战略向AI进军，推动产业发展。

大华股份创立于1993年，2001年成立股份公司。早期的大华以生产硬盘录像机为主，当时市场上的DVR产品都是板卡式的，而且核心技术全部依赖进口，不仅价格高昂，普通消费者根本用不起，更造成了民族企业长期受到压制。2002年，大华股份推出业内首台自主研发8路音视频同步嵌入式DVR，创嵌入式DVR第一品牌，让安防开始遍地生花。此后，大华持续专注于视频监控技术，逐渐发展壮大成为全球摄像头占有率排名第2的公司。在大华的发展历史上有几个重要的里程碑：2003年走向海外，2007年推出智能交通一体机、成为中国电子警察的事实标准，2008年重点攻关图像处理技术和网络技术，2010年引入CMOS技术并推出高清高倍机芯，2011年引入"云"概念，2012年HDCVI技术被HDcctv联盟采纳成为国内安防行业第一个国际标准，2014年成立乐橙品牌、进军民用市场、在美国成立第一家海外分公司，2016年成立人工智能研究院、开启"全智能、全计算、全感知、全生态"的云生态、智未来战略。预计未来以视频能力为核心，以人工智能为依托，提供智慧物联解决方案和运营服务，积极布局智能视频监控系统。

4.工业革命

公认的工业革命有四次，目前正处于的是第四次工业革命，貌似不相关的第四次工业革命真正影响了视频监控系统向智能的迈进。

第一次工业革命是指18世纪60年代从英国发起的技术革命，是技术发展史上的一次巨大革命，它开创了以机器代替手工劳动的时代。这不仅是一次技术改革，更是一场深刻的社会变革。第一次工业革命革命是以工作机的诞生开始的，以蒸汽机作为动力机被广泛使用为标志的。这一次技术革命和与之相关的社会关系的变革，被称为第一次工业革命或者产业革命。第一次工业革命使工厂制代替了手工工场，用机器代替了手工劳动；从社会关系来说，工业革命使依附于落后生产方式的自耕农阶级消失了，工业资产阶级和工业无产阶级形成和壮大起来[1]。

第二次工业革命是指19世纪中期，欧洲国家和美国、日本的资产阶级革命或改革的完成，促进了经济的发展。19世纪60年代后期，开始第二次工业革命。人类进入了"电气时代"。第二次工业革命极大地推动了社会生产力的发展，对人类社会的经济、政治、文化、军事，科技和生产力产生了深远的影响。资本主义生产的社会化大大加强，垄断组织应运而生。第二次工业革命，使得资本主义各国在经济、文化、政治、军事等各个方面，发展不平衡，帝国主义争夺市场经济和争夺世界霸权的斗争更加激烈。第二次工业革命，促进了世界殖民体系的形成，使得资本主义世界体系的最终确立，世界逐渐成为一个整体。

第三次工业革命是人类文明史上继蒸汽技术革命和电力技术革命之后科技领域里的又一次重大飞跃。第三次科技革命以原子能、电子计算机、空间技术和生物工程的发明和应用为主要标志，涉及信息技术、新能源技术、新材料技术、生物技术、空间技术和海洋技术等诸多领域的一场信息控制技术革命。第三次科技革命不仅极大地推动了人类社会经济、政治、文化领域的变革，而且也影响了人类生活方式和思维方式，随着科技的不断进步，人类的衣、食、住、行、用等日常生活的各个方面也在发生了重大的变革。第三次科技革命它加剧了资本主义各国发展的不平衡，使资本主义各国的国际地位发生了新变化；使社会主义国家在与西方资本主义国家抗衡的斗争中，贫富差距逐渐拉大，促进了世界范围内社会生产关系的变化。

第四次工业革命是全新技术革命。以人工智能、清洁能源、机器人技术、量子信息技术、虚拟现实、增强现实以及生物技术为主的全新技术革命。事实上，第四次工业革命也被成为工业4.0，最早由德国提出。以人工智能开启未来之门，正是本书要予以详细探讨的，尤其是对视频监控系统的影响。

---

[1]　人民教育出版社历史室，《世界近代现代史》，河南省：人民教育出版社，2000年12月第二版。

5.视频监控系统发展的四个时代

图1-1　视频监控系统发展的四个时代

自2017年以来，人们明显地感觉到身处第四次工业革命当中，革命的核心首当其冲就是人工智能，无AI不安防、无AI不智能、无AI不视频。人工智能发展了70多年，真正对视频监控系统发展产生历史性影响就是在2017年，2017年可以被称之为这个时代的元年，人脸识别技术的商业化成熟应用是这个时代诞生的引爆点。

总结60多年的视频监控发展历史，视频监控发展大体上可划分为4个时代：模拟时代、数字时代、智能时代、数据时代。

⚙ 模拟时代（1957—2004年）

3看：看不见、看不清、看不懂

模拟时代有三大特点：

▶ 看不见。受限于成本、技术等多个因素，模拟时代很多应该安装监控设备的地方没有安装监控设备导致看不见。

▶ 看不清。模拟监控的分辨率是以电视线为基准的，380TVL、420TVL、480TVL、

540TVL都是主流的分辨率，远远达不到高清监控的标准，导致视频画面放大后模糊不清，尤其是经过数模转换之后更加明显（DVR硬盘录像机的有损压缩尤为明显）。

▶ 看不懂。模拟视频信号几乎没有分析、智能功能，通常也就是实现画面（全画面或部分区域）的移动侦测功能。

模拟时代视频监控的主要功能是监视、录像和回放录像。

◎ 数字时代（2004—2017年）

4全：全域覆盖、全网共享、全时可用、全程可控

得益于网络技术和IT技术的进步，数字时代改进了模拟时代的一些缺点，具有以下4个特点：

▶ 全域覆盖。重点公共区域视频监控覆盖率达到100％，新建、改建高清摄像机比例达到100％；重点行业、领域的重要部位视频监控覆盖率达到100％，逐步增加高清摄像机的新建、改建数量。

▶ 全网共享。重点公共区域视频监控联网率达到100％；重点行业、领域涉及公共区域的视频图像资源联网率达到100％。

▶ 全时可用。重点公共区域安装的视频监控摄像机完好率达到98％，重点行业、领域安装的涉及公共区域的视频监控摄像机完好率达到95％，实现视频图像信息的全天候应用。

▶ 全程可控。公共安全视频监控系统联网应用的分层安全体系基本建成，实现重要视频图像信息不失控，敏感视频图像信息不泄露。

数字时代拓展了大规模集群应用，强调覆盖面和大型联网应用，使得各个"闭路"的监控系统变成一个强大的视频监控资源网。

◎ 智能时代（2017年开始）

3看：看得见、看得清、看得懂

得益于人工智能技术的发展，视频监控进入智能时代后，产生了质的变化：

▶ 看得见。在全域覆盖的情况下，基本做到了视频监控无死角覆盖，确保在每个需要监控的地方能够看见视频，视频监控对城市而言就像人的眼睛，不然就会存在管理盲区。

▶ **看得清。**目前，主流应用的摄像机都是网络型，像素可达200万、300万，分辨率可达1080P或者4K，甚至更高分辨率（比如8K），也有全景、鱼眼等大视角的摄像机，确保看到的画面是高清的、宽阔的、能够用于智能分析的。

▶ **看得懂。**得益于近2年车牌、车辆、人脸、人体、物体特征识别等计算机视角技术的发展，计算机可以用类似人眼的功能来自动识别这个视频或图像，具有类人脑智能。

智能时代视频监控已经具备人脑的部分功能，实现对视频的解析和智能应用。

◎ **数据时代（2018年开始）**

4全：全景数据、全量数据、全域数据、全息数据

云计算、大数据已经不是时髦的词汇，已经切切实实的深入到社会治理的方方面面。非结构化的视频图像数据被结构化之后，就能够形成视频图像大数据，这些数据可以分为四类：

▶ **全景数据。**包含空间维度内的人、车、物、手机、门禁、WiFi、物联感知、地图、地址、门牌号、网格、人口、房屋、单位、城市部件等数据。

▶ **全量数据。**在全景数据的基础之上包括时间维度，全时空数据，包含轨迹、活动、事件等数据。

▶ **全域数据。**在全景数据之上构建数据之间的关联，属于多维关联信息，多渠道、多视角、多侧面收集而成。包含了系统所有信息的模型，实现数据的关联、碰撞和多维感知。

▶ **全息数据。**将全域数据和视频图像进行融合，产生立体化空间、多维度、相互关联的全时空数据。典型应用包括3D全息投影、虚拟显示VR、增强显示AR。

第二篇 技术篇

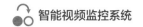

第二章　视频监控技术

　　视频监控系统在近10年的发展过程中经历了较大的技术革新和变化，最大的变化体现在两个方面：一是数字监控（或网络监控）技术代替了模拟监控技术；二是人工智能技术使得视频监控系统进入智能时代。尽管如此，一些基础的视频监控技术依然没有改变，至今依然适用。

1. 什么是"PAL制式"和"NTSC制式"

　　虽然现在已经不怎么提"制式"这个问题，但在模拟视频监控时代这是一个很重要的概念，就像机动车靠左行还是靠右行的基础标准。

　　PAL（Phase Alternating Line，相位交替行）是1965年制定的电视制式，主要应用于中国、香港、中东地区和欧洲一带。这种制式的彩色带宽为4.43MHz、伴音带宽为6.5MHz，每秒25帧画面。

　　NTSC（National Television System Committee，国家电视系统委员会）制式是1952年由美国国家电视制定委员会制定的彩色电视广播标准。美国、加拿大，以及中国台湾、韩国、菲律宾等国家采用的是这种制式。这种制式的彩色带宽为3.58MHz，伴音带宽为6.0MHz，每秒30帧画面。

　　为何NTSC制为每秒30帧，而PAL制式每秒25帧，这是因为采用NTSC的国家的市电为110V/60Hz，所以电视里的场频信号直接就取样了交流电源的频率60Hz，因为两场组成一帧，所以60除以2等于30正好就是电视的帧数了，而我国的市电为220V/50Hz，所以原因同上就是每秒25帧了。

2. 什么是"场"和"帧"

　　在传统CRT模拟电视里面，一个行扫描，按垂直的方向扫描被称之为"场"，或

"场扫描"。每个电视帧都是通过扫描屏幕两次而产生的，第二个扫描的线条刚好填满第一次扫描所留下的缝隙。因此25帧/秒的电视画面实际上为50场/s（若为 NTSC 则分别为30帧/s和60场/s）。

"帧"的感念来自早期的电影里面，一幅静止的图像被称作一"帧"（Frame），影片里的画面是每一秒钟有25帧，因为人类眼睛的视觉暂留现象正好符合每秒25帧的标准。通常说帧数，简单地说，就是在1s时间里传输的图片的帧数，也可以理解为图形处理器每秒钟能够刷新几次，通常用FPS（Frames Per Second）表示。每一帧都是静止的图像，快速连续地显示帧便形成了运动的假象。高的帧率可以得到更流畅、更逼真的动画。每秒钟帧数（fps）越多，所显示的动作就会越流畅。

当计算机在显示器上播放视频时，它只会显示一系列完整的帧，而不使用交错场的电视技巧。因此针对计算机显示器所设计的视频格式和MPEG压缩技术都不使用场。传统的模拟系统采用CRT监视器（类似于电视机）进行监视，就涉及"场"和"帧"，而数字化系统采用LCD或者更加高级的显示器（类似于电脑显示器）采用计算机技术处理图像，故仅仅涉及"帧"，这也是数字化监控系统和模拟监控系统的区别。

即使发展到人工智能时代，"帧"依然是一个很重要的概念，如何在连续的画面中抽取有效的"帧"至为关键，在对同一个人脸、车牌、人体、车辆进行特征提取时，如何避免重复提取、提取最清晰的画面就在于"抽帧"技术。

3. 什么是"行""逐行"和"隔行"

在传统CRT模拟电视里面，一个电子束在水平方向的扫描被称之为"行"，或"行扫描"。

电视的每帧画面是由若干条水平方向的扫描线组成的，PAL制为625行/帧，NTSC制为525行/帧。如果这一帧画面中所有的行是从上到下一行接一行地连续完成的，或者说扫描顺序是1、2、3、……、525，就称这种扫描方式为逐行扫描。

实际上，普通电视的一帧画面需要由两遍扫描来完成，第一遍只扫描奇数行，即第1、3、5、……、525行，第二遍扫描则只扫描偶数行，即第2、4、6、……、524行，这种扫描方式就是隔行扫描。一幅只含奇数行或偶数行的画面称为一"场"（Field），其中只含奇数行的场称为"奇数场"或"前场"（Top Field），只含偶数行的场称为"偶数场"或"后场"（Bottom Field）。也就是说一个奇数场加上一个偶数场等于一"帧"（一幅图像）。

4. 什么是照度/感光度

照度是反映光照强度的一种单位，其物理意义是照射到单位面积上的光通量，照度的单位是每平方米的流明（Lm）数，也叫做勒克斯（Lux）：1Lux=1Lm/平方米。上式中，Lm是光通量的单位，其定义是纯铂在熔化温度（约1770℃）时，其$1/60m^2$的表面面积于1球面度的立体角内所辐射的光量。

为了对照度的量有一个感性的认识，下面举一例进行计算，一只100W的白炽灯，其发出的总光通量约为1200Lm，若假定该光通量均匀地分布在一半球面上，则距该光源1m和5m处的光照度值可分别按下列步骤求得：半径为1m的半球面积为$2\pi \times 12=6.28m^2$，距光源1m处的光照度值为：$1200Lm/6.28m^2=191Lux$；同理半径为5m的半球面积为：$2\pi \times 52=157m^2$，距光源5m处的光照度值为：$1200Lm/157 m^2=7.64Lux$。可见，从点光源发出的光照度是遵守平方反比律的。

1Lux大约等于1烛光在1m距离的照度，在摄像机参数规格中常见的最低照度（Minimum Illumination），表示该摄像机只需在所标示的Lux数值下，即能获取清晰的影像画面，此数值越小越好，说明CCD的灵敏度越高。同样条件下，黑白摄像机所需的照度远比尚须处理色彩浓度的彩色摄像机要低10倍。照度对比如表2-1所示。

表2-1　照度对比表

光线	勒克斯值（Lux）	光线	勒克斯值（Lux）
全日光线	100000	满月夜光	4
日光有云	70000	半月夜光	0.2
日光浓云	20000	月夜密云夜光	0.02
室内光线	100~1000	无月夜光	0.001
日出/日落光线	500	平均星光	0.0007
黎明光线	10	无月密云夜光	0.00005

5. 什么是IRE

IRE这是Institute of Radio Engineers的简称，由这个机构所制订的视频信号单位就称为IRE，现在经常以IRE值来代表不同的画面亮度，例如，10IRE就比20IRE来得暗，最亮的程度就是100IRE。那么，绝对黑电平设定为0IRE和7.5IRE有什么不同呢？由于早期显示器的性能所限，事实上画面上亮度低于7.5IRE的地方基本上已经显示不出细节了，看上去就是一片黑色，将黑电平设为7.5IRE，就可以去掉一些信号成分，从而在一定程度上简化电路结构。不过现代显示器的性能已经大大提高，暗黑部分的细节也可以很好地显示，此时将黑电平设为0IRE，则可以较为完美地重现画面。

6. 什么是"黑电平"和"白电平"

黑电平：定义图像数据为0时对应的信号电平，调节黑电平不影响信号的放大倍数，而仅仅是对信号进行上下平移。如果向上调节黑电平，图像将便暗，如果向下调节黑电平图像将变亮。摄像机黑电平为0时，对应0V以下的电平都转换为图像数据0，0V以上的电平则按照增益定义的放大倍数转换，最大数值为255。黑电平（也称绝对黑电平）设定，也就是黑色的最低点。所谓黑色的最低点就是CRT显像管内射出的电子束能量，低于让磷质发光体（荧光物质）开始发光的基本能量时，屏幕上所显示的就是最低位置的黑。美国NTSC彩色电视系统把绝对黑电平定位在7.5IRE的位置，就是说低于7.5IRE的信号都将被显示为黑，而日本电视系统则把绝对黑电平定位在0IRE的位置。

白电平：白电平与黑电平对应，它定义的是当图像数据为255时对应的信号电平，它与黑电平的差值从另一角度定义了增益的大小，在相当多的应用中用户看不到白电平调节，原因是白电平已在硬件电路中固定。

7. 什么是信噪比

信噪比（S/N，Signal/Noise）是指音源产生最大不失真声音信号强度与同时发出噪声强度之间的比率称为信号噪声比，即有用信号功率（Signal）与噪声功率（Noise）的比值简称信噪比（Signal/Noise），通常以S/N表示，单位为分贝

（dB），该计算方法也适用于图像系统。

以dB计算的信号最大保真输出与不可避免的电子噪声的比率。该值越大越好。低于75dB这个指标，噪声在寂静时有可能被发现。总的来说，由于电脑里的高频干扰太大，所以声卡的信噪比往往不令人满意。摄像机所摄图像的信噪比和图像的清晰度一样，都是衡量图像质量高低的重要指标。图像信噪比是指视频信号的大小与噪波信号大小的比值，这两者是同时产生而又不可分开的，噪波信号是无用的信号，它的存在对有用的信号是有影响的，但是，又无法将与视频信号分离开来。因此，在选择摄像机时，应选择一些有用信号比噪波信号相对地大到一定程度就够了，所以取两者的比值作为衡量的标准。如果图像的信噪比大，图像的画面就干净，就看不到什么噪波的干扰（主要画面中有雪花状），人们看起来就很舒服；如图像的信噪比小，则在画面中会满是雪花状，就会影响正常的收看效果。

8. 什么是"全双工"和"半双工"

全双工：同一时刻既可发又可收。全双工要求：收与发各有单独的信道、可用于实现两个站之间通信及星型网、环网、不可用于总线网。

半双工：同一时刻不可能既发又收，收发是时分的。半双工要求：收发可共用同一信道，可用于各种拓扑结构的局域网络，最常用于总线网、半双工数据速率理论上是全双工的一半。

9. 什么是"亮度""色调"和"饱和度"

只要是彩色都可用亮度、色调和饱和度来描述，人眼中看到的任一彩色光都是这三个特征的综合效果。那么亮度、色调和饱和度分别指的是什么呢？

▶ 亮度：是光作用于人眼时所引起的明亮程度的感觉，它与被观察物体的发光强度有关。

▶ 色调：是当人眼看到一种或多种波长的光时所产生的彩色感觉，它反映颜色的种类，是决定颜色的基本特性，如红色、棕色就是指色调。

▶ 饱和度：指的是颜色的纯度，即掺入白光的程度，或者说是指颜色的深浅程度，对于同一色调的彩色光，饱和度越深颜色越鲜明或说越纯。通常把色调和饱和度通称为色度。

由此可知，亮度是用来表示某彩色光的明亮程度，而色度则表示颜色的类别与深浅程度。除此之外，自然界常见的各种颜色光，都可由红(R)、绿(G)、蓝(B)三种颜色光按不同比例相配而成；同样绝大多数颜色光也可以分解成红、绿、蓝三种色光，这就形成了色度学中最基本的原理三原色原理(RGB)。

10. 常见的图形（图像）格式

一般来说，目前的图形（图像）格式大致可以分为两大类：一类为位图；另一类称为描绘类、矢量类或面向对象的图形（图像）。前者是以点阵形式描述图形（图像）的，后者是以数学方法描述的一种由几何元素组成的图形（图像）。一般来说，后者对图像的表达细致、真实，缩放后图形（图像）的分辨率不变，在专业级的图形（图像）处理中运用较多。

在介绍图形（图像）格式前，有必要先了解一下图形（图像）的一些相关技术指标：分辨率、色彩数、图形灰度。

▶ 分辨率：分为屏幕分辨率和输出分辨率两种，前者用每英寸行数表示，数值越大图形（图像）质量越好；后者衡量输出设备的精度，以每英寸的像素点数表示；

▶ 色彩数和图形灰度：用位（bit）表示，一般写成2的n次方，n代表位数。当图形（图像）达到24位时，可表现1677万种颜色，即真彩。灰度的表示法类似。

下面就通过图形文件的特征后缀名（就是如图.bmp这样的）来逐一认识当前常见的图形文件格式：BMP、DIB、PCP、DIF、WMF、GIF、JPG、TIF、EPS、PSD、CDR、IFF、TGA、PCD、MPT。

▶ BMP（bit map picture）：PC机上最常用的位图格式，有压缩和不压缩两种形式，该格式可表现从2位到24位的色彩，分辨率也可从480×320至1024×768。该格式在Windows环境下相当稳定，在文件大小没有限制的场合中运用极为广泛。

▶ DIB(device independent bitmap)：描述图像的能力基本与BMP相同，并且能运行于多种硬件平台，只是文件较大。

▶ PCP（PC paintbrush）：由Zsoft公司创建的一种经过压缩且节约磁盘空间的PC位图格式，它最高可表现24位图形（图像）。过去有一定市场，但随着JPEG的兴起，其地位已逐渐日落终天了。

▶ DIF（drawing interchange format）：AutoCAD中的图形文件，它以ASCII方式存储图形，表现图形在尺寸大小方面十分精确，可以被CorelDraw，3DS等大型软件调用编辑。

▶ WMF（Windows metafile format）：Microsoft Windows图元文件，具有文件短小、图案造型化的特点。该类图形比较粗糙，并只能在Microsoft Office中调用编辑。

▶ GIF（graphics interchange format）：在各种平台的各种图形处理软件上均可处理的经过压缩的图形格式。缺点是存储色彩最高只能达到256种。

▶ JPG（joint photographic expert group）：可以大幅度地压缩图形文件的一种图形格式。对于同一幅画面，JPG格式存储的文件是其他类型图形文件的1/10~1/20，而且色彩数最高可达到24位，所以它被广泛应用于Internet上的homepage或internet上的图片库。

▶ TIF（tagged image file format）：文件体积庞大，但存储信息量也巨大，细微层次的信息较多，有利于原稿阶调与色彩的复制。该格式有压缩和非压缩两种形式，最高支持的色彩数可达16M。

▶ EPS（encapsulated PostScript）：用PostScript语言描述的ASCII图形文件，在PostScript图形打印机上能打印出高品质的图形（图像），最高能表示32位图形（图像）。该格式分为Photoshop EPS格式adobe illustrator EPS和标准EPS格式，其中后者又可以分为图形格式和图像格式。

▶ PSD（Photoshop standard）：Photoshop中的标准文件格式，专门为Photoshop而优化的格式。

▶ CDR（CorelDraw）：CorelDraw的文件格式。另外，CDX是所有CorelDraw应用程序均能使用的图形（图像）文件，是发展成熟的CDR文件。

▶ IFF（image file format）：用于大型超级图形处理平台，比如AMIGA机，好莱坞的特技大片多采用该图形格式处理。图形（图像）效果，包括色彩纹理等逼真再现原景。当然，该格式耗用的内存外存等的计算机资源也十分巨大。

▶ TGA（tagged graphic）：是True vision公司为其显示卡开发的图形文件格式，创建时期较早，最高色彩数可达32位。VDA、PIX、WIN、BPX、ICB等均属其旁系。

11.会话初始协议SIP

会话初始协议SIP：Session Initiation Protocol由互联网工程任务组（IETF：Internet Engineering Task Force）制定的，用于多方多媒体通信的框架协议。它是一个基于文本的应用层控制协议，独立于底层传输协议，用于建立、修改和终止IP网上的双方或多方多媒体会话。

这个协议被经常用于平安城市、雪亮工程的视频联网平台中。

12.媒体服务器MS

媒体服务器Media Server多用于大型视频联网工程中。提供实时媒体流的转发服务，提供媒体的存储、历史媒体信息的检索和点播服务。媒体服务器接收来自SIP设备、网关或其他媒体服务器等设备的媒体数据，并根据指令，将这些数据转发到其他单个或多个SIP客户端和媒体服务器。

13.宽动态技术WDR

宽动态技术（Wide Dynamic Range，WDR）。所谓动态是指动态范围，是指某一可改变特性的变化范围，那么宽动态那就是指着一变化范围比较宽，当然是相对普通的来说。针对摄像机而言，它的动态范围是指摄像机对拍摄场景中光线照度的适应能力，量化一下它的指标，用分贝(dB)来表示。举个例子，普通CCD摄像机的动态范围是3dB，宽动态一般能达到80dB，好的能达到100dB，即便如此，跟人眼相比，还是差了很多，人眼的动态范围能达到1000dB，而更为高级的是鹰的视力更是人眼的3.6倍。

那么所谓超级宽动态，超宽动态又是什么概念呢？其实，这都是人为的结果，有些厂家为了和别的厂家区分或者用来展示自己的宽动态效果比较好，就增加了一个Super（超级）。实际上目前只有所谓的一代，二代的区别。早期摄像机厂家为了提高自身摄像机的动态范围，采用两次曝光成像，然后叠加输出的做法。先对较亮背景快速曝光，这样得到一个相对清晰的背景，然后对实物慢曝光，这样得到一个相对清晰的实物，然后在视频内存中将两张图片叠加输出。这样做有个固有的缺点，一是摄像机输出延时，并且在拍快速运动的物体时存在严重的拖尾，二是清晰度仍然不够，尤其在背景照度很强，事物跟背景反差较大的情况下很难清晰成像。

宽动态在早期的模拟系统和数字系统中尤为流行，在早期被当作一种重要的产品卖点，在AI时代，这个技术依然没有被淘汰掉。

14. H.264和H.265

H.264是MPEG-4第十部分，是由ITU-T视频编码专家组（VCEG）和ISO/IEC动态图像专家组（MPEG）联合组成的联合视频组（JVT，Joint Video Team）提出的高度压缩数字视频编解码器标准。这个标准通常被称之为H.264/AVC（或者AVC/H.264或者H.264/MPEG-4 AVC或MPEG-4/H.264 AVC）而明确的说明它两方面的开发者。H.264标准各主要部分有Access Unit delimiter（访问单元分割符），SEI（附加增强信息），Primary Coded Picture（基本图像编码），Redundant Coded Picture（冗余图像编码）。还有Instantaneous Decoding Refresh（IDR，即时解码刷新）、Hypothetical Reference Decoder（HRD，假想参考解码）、Hypothetical Stream Scheduler（HSS，假想码流调度器）。不过现在的H.264逐渐被H.265所替代。

2012年8月，爱立信公司推出了首款H.265编解码器，在六个月之后国际电联（ITU）正式批准通过了HEVC/H.265标准，标准全称为高效视频编码（High Efficiency Video Coding），相较于之前的H.264标准有了相当大的改善，华为公司拥有最多的核心专利，是该标准的主导者。H.265旨在有限带宽下传输更高质量的网络视频，仅需原先的一半带宽即可播放相同质量的视频。H.265标准也同时支持4K（4096×2160）和8K（8192×4320）超高清视频。H.265/HEVC的编码架构大致上和H.264/AVC的架构相似，主要包含:Intra Prediction（帧内预测）、Inter Prediction（帧间预测）、Transform（转换）、Quantization（量化）、Deblocking Filter（去区块滤波器）、Entropy Coding（熵编码）等模块，但在HEVC编码架构中，整体被分为了三个基本单位，分别是编码单位（Coding Unit, CU）、预测单位（Predict Unit, PU）和转换单位（Transform Unit, TU）。

H.265是ITU-T VCEG继H.264之后所制定的新的视频编码标准。H.265标准围绕着现有的视频编码标准H.264，保留原来的某些技术，同时对一些相关的技术加以改进。新技术使用先进的技术用以改善码流、编码质量、延时和算法复杂度之间的关系，达到最优化设置。H.264由于算法优化，可以低于1Mbit/s的速度实现标清数字图像传送；H.265则可以实现利用1~2Mbit/s的传输速度传送720P（分辨率1280×720）普通高清音视频传送。

15.以图搜图

以图搜图已经成为智能视频监控系统的基础功能。以图搜图就是通过搜索图像文本或者视觉特征，为用户提供视频监控系统内或互联网上相关图形图像资料检索服务的专业搜索引擎系统，是搜索引擎的一种细分。通过输入与图片名称或内容相似的关键字来进行检索，另一种通过上传与搜索结果相似的图片或图片URL进行搜索。

从广义上讲，图像的特征包括基于文本的特征（如关键字、标注等）和视觉特征（如颜色、Logo、纹理、形状等）两类。视觉特征又可分为通用的视觉特征和领域相关(局部/专用)的视觉特征。前者用于描述所有图像共有的特征，与图像的具体类型或内容无关，主要包括颜色、纹理和形状;后者则建立在对所描述图像内容的某些先验知识(或假设)的基础上，与具体的应用紧密有关，例如，人的面部特征或车辆车牌或车辆特征等。

以图搜图已经作为AI应用的一个基础功能，用户通过提供一个整体或局部特征，比如一辆车辆照片、一个车牌、一张人脸、一个人体特征等，从视频图像信息数据库中快速进行监检索。

16.实时透雾技术

自然光由波长不同的光波组合而成，人眼可见范围大致为390~780nm，波长从长到短分别对应了红橙蓝绿青橙紫七种颜色，其中波长小于390nm的叫做紫外线，波长大于780nm的叫做红外线。雾气、烟尘等空气中的小颗粒对光线有阻挡作用，使光线反射而无法通过，所以只能接收可见光的人眼是看不到烟尘雾气后门的物体的。而波长越长衍射能力越强，即绕过阻挡物的能力越强，而红外线因为拥有较长的波长，在传播时受气溶胶的影响较小，可穿过一定浓度的雾霾烟尘，这就是光学透雾的原理。

实现透雾的三个要素：具有色差补偿的镜头、近红外灵敏度高的CCD、黑电平拉伸的图像处理。

透雾技术主要分为四种：

▶ 光学透雾：利用近红外线可以绕射微小颗粒的原理，实现准确快速聚焦。技术的关键主要在镜头和滤光片。通过物理的方式，利用光学成像的原理提升画面清晰度。缺点是只能得到黑白监控画面。

▶ 算法透雾：也称为视频图像增透技术，一般指将因雾和水气灰尘等导致朦胧不清的图像变得清晰，强调图像当中某些感兴趣的特征，抑制不感兴趣的特征，使得图像的质量改善，信息量得到增强。

▶ 光电透雾：光电透雾是结合上述两种功能，通过机芯一体化通过内嵌的FPGA芯片和ISP/DSP进行运算处理实现彩色画面输出，是目前市场上透雾效果最好的技术。

▶ 假透雾：主要是通过人为调节对比度、锐度、饱和度、亮度等数值，或做一些滤镜切换装置，让图像重点突出，从而改善主观视觉效果。缺点是不能对景物重新进行聚焦，难以满足视觉体验。

17.HDCVI技术

HDCVI（High Definition Composite Video Interface）简称CVI，即高清复合视频接口，是一种基于同轴电缆的高清视频传输规范，采用模拟调制技术传输逐行扫描的高清视频。HDCVI已经写入到《GA/T 1211—2014安全防范高清视频监控系统技术要求》中，于2015年4月1日开始实施。HDCVI高清复合视频接口标准具备完全自主知识产权，致力于解决模拟背景下的高清化需求，其白皮书首稿0.50版于2012年7月31日由浙江大华技术股份有限公司发布，于2012年11月15日正式发布。

HDCVI技术规范包括1280H与1920H两种高清视频格式（1280H格式的有效分辨率为1280×720；1920H格式的有效分辨率为1920×1080），采用自主知识产权的非压缩视频数据模拟调制技术，使用同轴电缆点对点传输百万像素级高清视频，实现无延时，低损耗、高可靠性的视频传输。HDCVI技术采用自主知识产权的自适应技术，保证了在75-3及以上规格的同轴电缆至少传输500m高质量高清视频，突破了高清视频现有传输技术的传输极限。除此之外，HDCVI技术还拥有多项自主知识产权技术，包括同步音频信号传输技术以及实时双向数据通信技术。

HDCVI高清解决方案，主要采用HDCVI技术的DVR和模拟摄像机组成基础子系统。以DVR、NVS作为汇聚的节点设备，配合模拟摄像机采用星形拓扑部署。HDCVI技术的视频监控系统不仅在使用方式和安装方式上与模拟标清摄像机系统保持一致，用户操作也拥有同样的交互体验，传输介质更可以直接沿用标清系统中的同轴电缆、连接器等。施工部署人员无需额外学习大量专业的装配知识，对于线缆品质、连接工艺也均无特殊要求，完全继承了模拟标清系统的各项优点。尽管现在网络高清占据市场主流，但模拟监控系统依然占有一定的市场份额。

在HDCVI自主研发芯片领域，大华也掌握了核心技术。其发展历程始于2006年，多个项目成功流片经验，设计覆盖130~55nm，甚至更低，截至今日已经成流片和量产2xxx、6xxx、RX/TX /ISP HDCVI芯片。2008年，大华承担浙江省重大科技专项课题，之后2011年获得浙江省科技进步二等奖，2012年承担中央"核高基"重大专项课题，2014年11月HDCVI芯片获得中国第九届"中国芯"最具创新引用产品奖，这说明了中国安防企业具备在细分领域的国际技术领先优势。

第三章　人工智能技术

"因为我知道我从哪里来，到哪里去；你们却不知道我从哪里来，到哪里去。"

"风随着意思吹，你听见风的声音，却不知道是从哪里来，往哪里去。"[2]

"我是谁？我从哪里来？我要到哪里去？"，作为一个哲学命题，最早是由公元前古希腊伟大的思想家、哲学家柏拉图（Πλάτεων，Plato，公元前427年—公元前347年）抑或是他的老师苏格拉底（Σωκράτης，Socrates，公元前469年—公元前399年）提出的。这和新约中的两段经文不谋而合，也和人工智能相关。人工智能技术的核心简单说就是用机器模仿人，人感知世界最简单、最有效的方式就是用眼睛看和用耳朵听。用眼睛看就是我们所说的计算机视觉技术。

如果把计算机视觉技术商用化应用之后，尤其是应用于公共安全领域，那就是解决三大哲学问题：我是谁（身份证号码或其他码）？我从哪里来（轨迹）？我要到哪里去（预测预警）？这些问题对车辆也是适用的。事实上，更多的情况是"他（对象）知道他从哪里来，到哪里去，我们（管理者）却不知道他从哪里来，到哪里去。"这就是人工智能在智能视频监控系统中的主要应用场景，正是本书予以关注的。

1.追溯人工智能的历史

1943年最早的人工神经元模型被提出。如果要提到人工智能的真正开端，那就要追溯到1955年8月31日，研究人员John McCarthy、Marvin Minsky、Nathaniel Rochester和Claude Shannon提交了一份《2个月，10个人的人工智能研究》的提

---

[2]　经文引自《和合本修订版》，版权属香港圣经公会所有，蒙允许使用。

案，第一次提出了"人工智能"的概念，而John McCarthy被尊称为"人工智能之父"。1956年在达特茅斯学院占地269英亩的庄园举行达特茅斯会议上一群科学家的集中讨论，引出了人工智能这个概念，也是这一年成为了人工智能的元年。1977年在第五届国际人工智能会议上，美国斯坦福大学计算机科学家费根鲍姆教授正式提出了知识工程概念，随后各类专家系统得以发展，大量商品化的专家系统被推出，但满足不了科技和生产提出的新要求，于是继专家系统之后，机器学习便成了人工智能的又一重要领域。

2.什么是人工智能

人工智能（Artificial Intelligence），英文缩写为AI。它是研究、开发用于模拟、延伸和扩展人的智能的理论、方法、技术及应用系统的一门新的技术科学。人工智能是计算机科学的一个分支，它企图了解智能的实质，并生产出一种新的能以人类智能相似的方式做出反应的智能机器，该领域的研究包括机器人、语言识别、图像识别、自然语言处理和专家系统等。人工智能从诞生以来，理论和技术日益成熟，应用领域也不断扩大，可以设想，未来人工智能带来的科技产品，将会是人类智慧的"容器"。

人工智能有两种观点：强人工智能和弱人工智能。强人工智能（BOTTOM-UP AI）观点认为有可能制造出真正能推理和解决问题的智能机器，并且，这样的机器能将被认为是有知觉的，有自我意识的。强人工智能可以有两类：类人的人工智能，即机器的思考和推理就像人的思维一样。非类人的人工智能，即机器产生了和人完全不一样的知觉和意识，使用和人完全不一样的推理方式；弱人工智能（TOP-DOWN AI）观点认为不可能制造出能真正地推理和解决问题的智能机器，这些机器只不过看起来像是智能的，但是并不真正拥有智能，也不会有自主意识。

人工智能的实际应用非常广泛，概括起来包括以下六个方面：

（1）计算机视觉（包含模式识别、图像处理等）。

（2）自然语言理解与交流（包含语音识别、合成、对话等）。

（3）机器人学（包含机械、控制、设计、运动规划、任务规划等）。

（4）机器学习（包含各种统计建模、分析工具和计算的方法）。

（5）认知与推理（包含各种物理和社会常识）。

（6）博弈与伦理（包含多代理人Agents的交互、对抗与合作、机器人与社会融合等）。

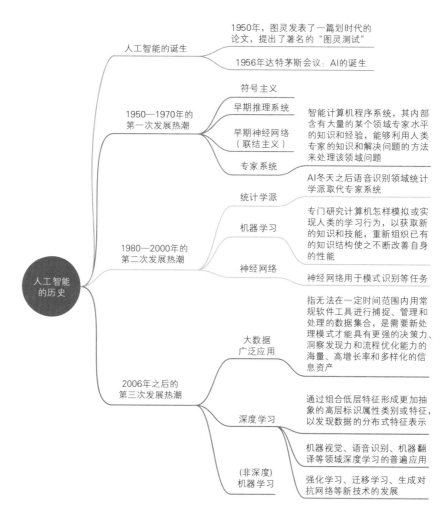

图3-1　人工智能发展历史

3.人工智能历史

从诞生至今，人工智能已有60多年的发展历史，大致经历了三次浪潮。第一次浪潮为20世纪50年代末至20世纪80年代初；第二次浪潮为20世纪80年代初至20世纪末；第三次浪潮为21世纪初至今。在人工智能的前两次浪潮当中，由于技术未能实现突破性进展，相关应用始终难以达到预期效果，无法支撑起大规模商业化应用，最终在经历过两次高潮与低谷之后，人工智能归于沉寂。随着信息技术快速发展和互联网快速普及，以2006年深度学习模型的提出为标志，人工智能迎来第三次高速成长。

第一次发展浪潮：人工智能诞生并快速发展，但技术瓶颈难以突破

符号主义盛行，人工智能快速发展。1956—1974年是人工智能发展的第一个黄金时期。科学家将符号方法引入统计方法中进行语义处理，出现了基于知识的方法，人机交互开始成为可能。科学家发明了多种具有重大影响的算法，如深度学习模型的雏形贝尔曼公式。除在算法和方法论方面取得了新进展，科学家们还制作出具有初步智能的机器。如能证明应用题的机器STUDENT（1964），可以实现简单人机对话的机器ELIZA（1966）。人工智能发展速度迅猛，以至于研究者普遍认为人工智能代替人类只是时间问题。

模型存在局限，人工智能步入低谷。1974—1980年人工智能的瓶颈逐渐显现，逻辑证明器、感知器、增强学习只能完成指定的工作，对于超出范围的任务则无法应对，智能水平较为低级，局限性较为突出。造成这种局限的原因主要体现在两个方面：一是人工智能所基于的数学模型和数学手段被发现具有一定的缺陷；二是很多计算的复杂度呈指数级增长，依据现有算法无法完成计算任务。先天的缺陷是人工智能在早期发展过程中遇到的瓶颈，研发机构对人工智能的热情逐渐冷却，对人工智能的资助也相应被缩减或取消，人工智能第一次步入低谷。

第二次发展浪潮：模型突破带动初步产业化，但推广应用存在成本障碍

数学模型实现重大突破，专家系统得以应用。进入20世纪80年代，人工智能再次回到了公众的视野当中。人工智能相关的数学模型取得了一系列重大发明成果，其中包括著名的多层神经网络（1986）和BP反向传播算法（1986）等，这进一步催生了能与人类下象棋的高度智能机器（1989）。其他成果包括通过人工智能网络来实现能自动识别信封上邮政编码的机器，精度可达99%以上，已经超过普通人的水平。与此同时，卡耐基·梅隆大学为DEC公司制造出了专家系统（1980），这个专家系统可帮助DEC公司每年节约4000万美元左右的费用，特别是在决策方面能提供有价值的内容。受此鼓励，很多国家包括日本、美国都再次投入巨资开发所谓第5代计算机（1982），当时叫做人工智能计算机。

成本高且难维护，人工智能再次步入低谷。为推动人工智能的发展，研究者设计了LISP语言，并针对该语言研制了Lisp计算机。该机型指令执行效率比通用型计算机更高，但价格昂贵且难以维护，始终难以大范围推广普及。与此同时在1987—1993年间，苹果和IBM公司开始推广第一代台式机，随着性能不断提升和销售价格的不断降低，这些个人电脑逐渐在消费市场上占据了优势，越来越多的计算机走入个人家庭，价格昂贵的Lisp计算机由于古老陈旧且难以维护逐渐被市场淘汰，专家系统也逐渐淡出人们的视野，人工智能硬件市场出现明显萎缩。同时，政府经费开始下降，人工智能又一次步入低谷。

第三次发展浪潮：信息时代催生新一代人工智能，但未来发展存在诸多隐忧

新兴技术快速涌现，人工智能发展进入新阶段。随着互联网的普及、传感器的泛在、大数据的涌现、电子商务的发展、智慧社区的兴起，数据和知识在人类社会、物理空间和信息空间之间交叉融合、相互作用，人工智能发展所处信息环境和数据基础发生了巨大而深刻的变化，这些变化构成了驱动人工智能走向新阶段的外在动力。与此同时，人工智能的目标和理念出现重要调整，科学基础和实现载体取得新的突破，类脑计算、深度学习、强化学习等一系列的技术萌芽也预示着内在动力的成长，人工智能的发展已经进入一个新的阶段。

人工智能水平快速提升，人类面临潜在隐患。得益于数据量的快速增长、计算能力的大幅提升以及机器学习算法的持续优化，新一代人工智能在某些给定任务中已经展现出达到或超越人类的工作能力，并逐渐从专用型智能向通用型智能过渡，有望发展为抽象型智能。随着应用范围的不断拓展，人工智能与人类生产生活联系的愈发紧密，一方面给人们带来诸多便利，另一方面也产生了一些潜在问题：一是加速机器换人，结构性失业可能更为严重；二是隐私保护成为难点，数据拥有权、隐私权、许可权等界定存在困难。

4.人工智能生态三层架构

从人工智能生态架构来看，分为三层：基础资源支持层、技术层和应用层。

基础资源支持层。主要包括人工智能核心处理芯片和大数据，是支撑技术层的图像识别、语音识别等人工智能算法的基石。人工智能算法需要用到大量的卷积等特定并行

运算，常规处理器（CPU）在进行这些运算时效率较低，适合AI的核心处理芯片在要求低延时、低功耗、高算力的各种应用场景逐渐成为必须。核心处理芯片和大数据，成为支撑人工智能技术发展的关键要素。

技术层。通过不同类型的算法建立模型，形成有效的可供应用的AI技术。

应用层。利用中层输出的AI技术为用户提供智能化的产品和服务。

图3-2　人工智能生态三层架构图

2018年，人工智能进入爆发期。生态基础层面，移动互联网、物联网的快速发展为人工智能产业奠定生态基础；软件层面，已有数学模型被重新发掘，新兴合适算法被发明，重要成果包括图模型、图优化、神经网络、深度学习、增强学习等；硬件层面，摩尔定律助力，服务器强大的计算能力尤其是并行计算单元的引入使人工智能训练效果显著提速，除原有CPU外，GPU、FPGA、ASIC（包括TPU、NPU等AI专属架构芯片）各种硬件被用于算法加速，提速人工智能在云端服务器和终端产品中的应用和发展。

5.人工智能技术图谱

基于人工智能生态的三层架构，可以构建一个AI的技术图谱。

基础资源支撑层的算法创新发生在20世纪80年代末，建立在这之上的基础技术便

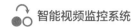
是计算机视觉、语音识别和自然语言理解，机器试图看得懂、听得懂人类的世界。

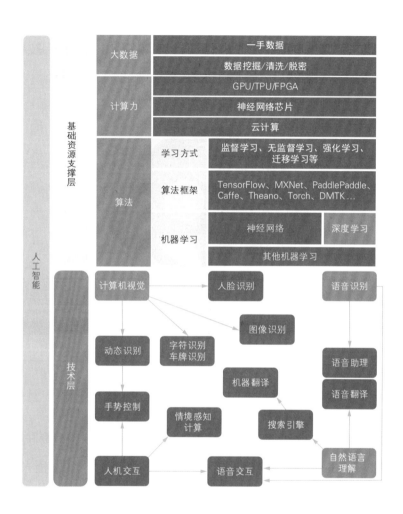

图3-3　人工智能技术图谱

资料来源：亿欧智库人工智能产业综述报告。

6.直接应用市场

相对而言，人工智能的直接应用市场主要为语音识别、语义理解和计算机视觉。本书主要设计的应用市场为计算机视觉。

· **语音识别**。改变人机交互方式。语音识别技术采用无监督式机器自动学习，技术创新和突破将使语音识别进入新的时代。

· **语义理解**。让机器理解人类语言，语义识别要分析出语句真实的意思，应用的范围也更加广泛，不仅在语音交互领域，在非语音的大量文本识别和处理方面也扮演着举足轻重的角色。

· **计算机视觉**。让机器学懂世界，计算机视角的最终研究目标就是使计算机能像人类那样通过视角观察和理解世界，具有自主适应环境的能力。

7.神经网络

目前，最先进的人工智能背后，是大脑激发的人工智能工具。虽然像深度学习这样的概念是比较新的，但它们背后的理论体系可以追溯到1943年的一个数学理论，Warren McCulloch和Walter Pitts的《神经活动内在想法的逻辑演算 》可能听起来非常的普通，但它与计算机科学一样重要。其中《PageRank引文排名》一文催生了谷歌的诞生。在《逻辑微积分》中， McCulloch和Pitts描述了如何让人造神经元网络实现逻辑功能。至此，AI的大门正式打开。

1943年，诞生了第一个M-P神经元模型，在这个模型中，神经元接收来自N个其他神经元传递过来的输入信号，这些输入信号通过带权重的连接进行传递，神经元接收到的总输入值将与神经元的阈值进行比对，然后通过激活函数产生神经元的输出。1958年提出的单层感知机是在M-P神经元上发展得来，有输入和输出两层神经元搭建而成，能解决"与、或、非"这些简单的线性问题。

单层感知机确实解决不了异或问题，但堆叠成的多层感知机（Multilayer Perception，MLP）可以，也就是多层神经网络，它将一步完成不了的东西给拆分成多步完成，在这中间利用算法从大量训练样本中学习出统计规律，从而对未知事件进行预测。

神经网络的发展历程大体如下：

· M-P神经元模型

· 单层感知机

· 多层感知机

- 深度学习神经网络（Deep Neural Network，DNN）
- 卷积神经网络(Convolutional Neural Network，CNN)
- 递归神经网络（Recurrent Neural Network，RNN）；

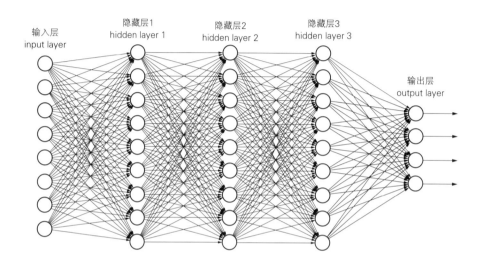

图3-4　卷积神经网络结构

8.机器学习

机器学习（Machine Learning, ML）是一门多领域交叉学科，涉及概率论、统计学、逼近论、凸分析、算法复杂度理论等多门学科。专门研究计算机怎样模拟或实现人类的学习行为，以获取新的知识或技能，重新组织已有的知识结构使之不断改善自身的性能。它是人工智能的核心，是使计算机具有智能的根本途径，其应用遍及人工智能的各个领域，它主要使用归纳、综合而不是演绎。

机器学习的主要目的是为了从使用者和输入数据等处获得知识，从而可以帮助解决更多问题，减少错误，提高解决问题的效率。对于人工智能来说，机器学习从一开始就很重要。1956年，在最初的达特茅斯夏季会议上，雷蒙德索洛莫诺夫写了一篇关于不监视的概率性机器学习：一个归纳推理的机器。机器学习常用算法包括：决策树、随机森林算法、逻辑回归、SVM、朴素贝叶斯、K最近邻算法、K均值算法、Adaboost 算法、神经网络、马尔可夫等。

机器学习通过数据和算法在机器上训练模型，并利用模型进行分析决策与行为预测的过程。机器学习技术体系主要包括监督学习和无监督学习，目前广泛应用在专家系统、认知模拟、数据挖掘、图像识别、故障诊断、自然语言理解、机器人和博弈等领域。机器学习作为人工智能最为重要的通用技术，未来将持续引导机器获取新的知识与技能，重新组织整合已有知识结构，有效提升机器智能化水平，不断完善机器服务决策能力。

人工智能、机器学习和深度学习都是属于一个领域的一个子集。但是人工智能是机器学习的首要范畴、机器学习是深度学习的首要范畴。深度学习又叫深度神经网络（Deep Neural Networks，DNN），从之前的人工神经网络（Artificial Neural Networks，ANN）模型发展而来，如图3-5所示。

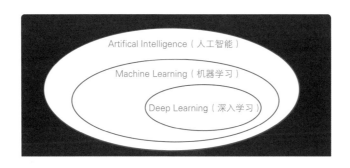

图3-5　人工智能、机器学习、深度学习和神经网络四者之间的关系

9.深度学习

深度学习是近20年以来曝光度最高的技术，但它不是人工智能的全部创新，它的创新发生在20世纪80年代末，也就是人工智能的多层神经网络技术热潮，当时之所以没有成功，甚至还经历了10多年的寒冬期，背后的原因是因为当时没有大量的数据、也没有高性能的计算力做大量的运算。随着大数据、云计算的兴起，加上硬件芯片的支持，人工智能最终迎来爆发期，机器的人眼识别错误率可以降低至0.051，完全进入商

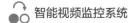
用阶段。

深度学习的概念源于人工神经网络的研究。含多隐层的多层感知器就是一种深度学习结构。深度学习通过组合低层特征形成更加抽象的高层表示属性类别或特征，以发现数据的分布式特征表示。

深度学习的概念由Hinton等人于2006年提出。基于深度置信网络（DBN）提出非监督贪心逐层训练算法，为解决深层结构相关的优化难题带来希望，随后提出多层自动编码器深层结构。此外，YannLeCun等人提出的卷积神经网络是第一个真正多层结构学习算法，它利用空间相对关系减少参数数目以提高训练性能。

深度学习是机器学习中一种基于对数据进行表征学习的方法。观测值（如一幅图像）可以使用多种方式来表示，如每个像素强度值的向量，或者更抽象地表示成一系列边、特定形状的区域等。而使用某些特定的表示方法更容易从实例中学习任务（如人脸识别或面部表情识别）。深度学习的好处是用非监督式或半监督式的特征学习和分层特征提取高效算法来替代手工获取特征。

深度学习是机器学习研究中的一个新的领域，其动机在于建立、模拟人脑进行分析学习的神经网络，它模仿人脑的机制来解释数据，如图像、声音和文本。

同机器学习方法一样，深度机器学习方法也有监督学习与无监督学习之分。不同的学习框架下建立的学习模型很是不同。例如卷积神经网络就是一种深度的监督学习下的机器学习模型，而深度置信网就是一种无监督学习下的机器学习模型。

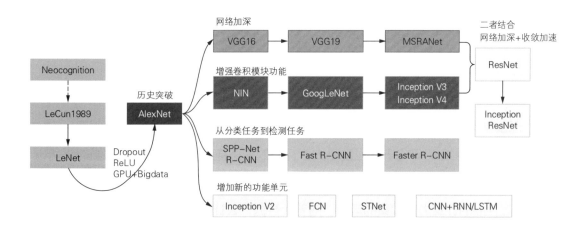

图3-6　深度学习研究分支

AI的基础是算法，深度学习是目前最主流的AI算法。深度学习（Deep Learning, DL）又叫深度神经网络（Deep Neural Networks，DNN），深度学习模型一般采用计算机科学中的图模型来直观表达，深度学习的"深度"，指的是图模型的层数以及每一层的节点数量。神经网络复杂度不断提升，从最早单一的神经元，到2012年提出的AlexNet（8个网络层），再到2015年提出的ResNET(150个网络层)，层次间的复杂度呈几何倍数递增，对应的是对处理器运算能力需求的爆炸式增长。深度学习带来计算量急剧增加，对计算硬件带来更高要求。

深度学习狭义地说就是很多层的神经网络，在若干的测试和竞赛上，尤其涉及语音、图像等复杂对象的应用中，深度学习技术取得了优越的性能。

深度学习算法分"训练"和"推断"两个过程。简单来讲人工智能以大数据为基础，通过"训练"得到各种参数，把这些参数传递给"推断"部分，得到最终结果。

"训练"和"推断"所需要的神经网络运算类型不同。神经网络分为前向计算（包括矩阵相乘、卷积、循环层）和后向更新（主要是梯度运算）两类，两者都包含大量并行运算。"训练"所需的运算包括"前向计算+后向更新"；"推断"则主要是"前向计算"。一般而言训练过程相比于推断过程计算量更大。一般来说，云端人工智能硬件负责"训练+推断"，终端人工智能硬件只负责"推断"。

"训练"需大数据支撑并保持较高灵活性，一般在"云端"（即服务器端）进行。人工智能训练过程中，顶层上需要有一个海量的数据集，并选定某种深度学习模型。每个模型都有一些内部参数需要灵活调整，以便学习数据。而这种参数调整实际上可以归结为优化问题，在调整这些参数时，就相当于在优化特定的约束条件，这就是所谓的"训练"。云端服务器收集用户大数据后，依靠其强大的计算资源和专属硬件，实现训练过程，提取出相应的训练参数。由于深度学习训练过程需要海量数据集及庞大计算量，因此对服务器也提出了更高的要求。

"推断"过程可在云端（服务器端）进行，也可以在终端（产品端）进行。等待模型训练完成后，将训练完成的模型（主要是各种通过训练得到的参数）用于各种应用场景（如图像识别、语音识别、文本翻译等）。"应用"过程主要包含大量的乘累加矩阵运算，并行计算量很大，但和"训练"过程比参数相对固化，不需要大数据支撑，除在服务器端实现外，也可以在终端实现。"推断"所需参数可由云端"训练"完毕后，定期下载更新到终端。

深度学习是机器学习的一种，本质上都是在统计数据，并从中归纳出模型。实际上，神经网络存在已久，深度学习的多层模型比起浅层模型，在参数数量相同的情形下，深层模型具有更强的表达能力。

深度学习可以让那些拥有多个处理层的计算模型来学习具有多层次抽象的数据的表示。这些方法在许多方面都带来了显著的改善，包括最先进的语音识别、视觉对象识别、对象检测和许多其他领域，例如药物发现和基因组学等。深度学习能够发现大数据中的复杂结构。它是利用BP算法来完成这个发现过程的。BP算法能够指导机器如何从前一层获取误差而改变本层的内部参数，这些内部参数可以用于计算表示。深度卷积网络在处理图像、视频、语音和音频方面带来了突破，而递归网络在处理序列数据，比如文本和演讲方面表现出了闪亮的一面。

机器学习系统被用来识别图片中的目标，将语音转换成文本，匹配新闻元素，根据用户兴趣提供职位或产品，选择相关的搜索结果。逐渐地，这些应用使用一种叫深度学习的技术。传统的机器学习技术在处理未加工过的数据时，体现出来的能力是有限的。

深度学习就是一种特征学习方法，把原始数据通过一些简单的但是非线性的模型转变成为更高层次的，更加抽象的表达。通过足够多的转换的组合，非常复杂的函数也可以被学习。

对于分类任务，高层次的表达能够强化输入数据的区分能力方面，同时削弱不相关因素。比如，一副图像的原始格式是一个像素数组，那么在第一层上的学习特征表达通常指的是在图像的特定位置和方向上有没有边的存在。第二层通常会根据那些边的某些排放而来检测图案，这时候会忽略掉一些边上的一些小的干扰。第三层或许会把那些图案进行组合，从而使其对应于熟悉目标的某部分。随后的一些层会将这些部分再组合，从而构成待检测目标。

深度学习的核心方面是，上述各层的特征都不是利用人工工程来设计的，而是使用一种通用的学习过程从数据中学到的。

深度学习正在取得重大进展，解决了人工智能界的尽最大努力很多年仍没有进展的问题。它已经被证明，它能够擅长发现高维数据中的复杂结构，因此它能够被应用于科学、商业和政府等领域。除了在图像识别、语音识别等领域打破了纪录，它还在另外的领域击败了其他机器学习技术，包括预测潜在的药物分子的活性、分析粒子加速器数据、重建大脑回路、预测在非编码DNA突变对基因表达和疾病的影响。

深度学习VS传统机器学习

传统机器学习

▶ 早期的图像识别系统的特征提取方法。所提取的特征本质上是一种手工设计的特征，针对不同的识别问题，提取到的特征好坏对系统性能有着直接的影响。

▶ 一般都是针对某个特定的识别任务，且数据的规模不大，泛化能力较差，难以在实际应用问题当中实现精准的识别效果。

深度学习

▶ 适应足够多的环境和场景。深度学习在训练模型参数的阶段使用了海量数据，相比传统机器学习方法，包含了足够多的场景，并且直接建立从数据到信息的映射，对约束条件的依赖较少。

▶ 识别种类更丰富。理论上只要有足够多的样本进行训练，深度学习能够实现比较精准的目标分类识别，自主特征识别的特点又让深度学习特别适用于抽象、复杂的关于人的特征、行为的分析领域。

10.算法框架和深度学习库

深度学习框架是帮助使用者进行深度学习的工具，它的出现降低了深度学习入门的门槛，人们不需要从复杂的神经网络开始编代码，就可以根据需要使用现有的模型。打个比方，一套深度学习框架就像是一套积木，各个组件就是某个模型或算法的一部分，使用者可以自己设计和组装符合相关数据集需求的积木。

当然也正因如此，没有什么框架是完美的，就像一套积木里可能没有你需要的那一种积木，所以不同的框架适用的领域不完全一致。深度学习的框架有很多，不同框架之间的"好与坏"却没有一个统一的标准，因此，当要开始一个深度学习项目时，在研究到底有哪些框架具有可用性，哪个框架更适合自己时，就需要更具实际需要选择算法框架。

2017年10月，美国公司The Data Incubator的CEO Michael Li发布了一则深度学习库排名，反映了当前数据科学家的一些工作、学习偏好。The Data Incubator是全球最大的数据科学培训公司，以录取率低于3%。在这份排名中，The Data Incubator根据各大深度学习库在Github、Stack Overflow和Google搜索上的表现进行打分，并评价了主流深度学习库的市场表现。

表3-1所示为23种用于数据科学的开源深度学习库的排名，按照Github上的活动、Stack Overflow上的活动以及谷歌搜索结果来衡量。该表显示了标准化分数，1这个值表示高于平均值（平均值=0）一个标准偏差。比如说，Caffe高于Github活动方面的平均值一个标准偏差，而deeplearning4j接近平均值。

排名基于权重一样大小的三个指标：Github（星标和分支）、Stack Overflow（标签和问题）以及谷歌结果（总体增长率和季度增长率）。

表3-1　23个深度学习库排名榜单

Library （深度学习库）	Rank （排名）	Overall （总分）	Github （星标和分支得分）	Stack Overfow （标签和问题得分）	Google Results （谷歌结果总体增长率和季度增长率）
tensorflow	1	10.87	4.25	4.37	2.24
keras	2	1.93	0.61	0.83	0.48
caffe	3	1.86	1.00	0.30	0.55
theano	4	0.76	−0.16	0.36	0.55
pytorch	5	0.48	−0.20	−0.30	0.98
sonnet	6	0.43	−0.33	−0.36	1.12
mxnet	7	0.10	0.12	−0.31	0.28
torch	8	0.01	−0.15	−0.01	0.17
cntk	9	−0.02	0.10	−0.28	0.17
dlib	10	−0.60	−0.40	−0.22	0.02
caffe2	11	−0.67	−0.27	−0.36	−0.04
chainer	12	−0.70	−0.40	−0.23	−0.07
paddlepaddle	13	−0.83	−0.27	−0.37	−0.20
deeplearing4j	14	−0.89	−0.06	−0.32	−0.51
lasagne	15	−1.11	−0.38	−0.29	−0.44

Library （深度学习库）	Rank （排名）	Overall （总分）	Github （星标和分支得分）	Stack Overflow （标签和问题得分）	Google Results （谷歌结果总体增长率和季度增长率）
bigdl	16	−1.13	−0.46	−0.37	−0.30
dynet	17	−1.25	−0.47	−0.37	−0.42
apache singa	18	−1.34	−0.50	−0.37	−0.47
nvidia digits	19	−1.39	−0.41	−0.35	−0.64
matconvnet	20	−1.41	−0.49	−0.35	−0.58
tflearn	21	−1.45	−0.23	−0.28	−0.94
nervana neon	22	−1.65	−0.39	−0.37	−0.89
opennn	23	−1.97	−0.53	−0.37	−1.07

算法框架和深度学习库

▶ TensorFlow

An open-source software library for Machine Intelligence

Tensorflow是一个由谷歌开发的、相对比较新的框架，但已经被广泛采用。它性能良好，支持多个GPU和CPU。Tensorflow提供了调整网络和监控性能的工具，就像Tensorboard一样，它还有一个可用作网络应用程序的教育工具。

TensorFlow于2015年推出，是一个采用数据流程图（data flow graphs），用于数值计算的开源软件库。节点（Nodes）在图中表示数学操作，图中的线（edges）则表示在节点间相互联系的多维数据数组，即张量（tensor）。用户可以在多种平台上展开TensorFlow计算，例如台式计算机中的一个或多个CPU（或GPU）、服务器、移动设备等。TensorFlow 最初由Google大脑小组（隶属于Google机器智慧研究机构）的研究员和工程师们开发出来，用于机器学习和深度神经网络方面的研究，但这个系统的通用性使其也可广泛用于其他计算领域。

TensorFlow是人工智能的算法引擎，它不仅提供了深度学习的基本元件例如卷积、pooling、lstm等，提供很多基本计算操作，还围绕着算法开发推出了TensorFlow Serving用于将算法动态部署到线上、想取代scikit-learn的tf.contrib.learn、将不同尺寸的输入处理成相同规模用于批处理的TensorFlow Fold、在移动平台上跑算法、支持Java/Go语言的接口、分布式实例等。这些都可以看出TensorFlow在不断扩张版图，它不只是一个框架提供一些API供用户调用，也同时在围绕着算法推出各种配套服务。也许由于TensorFlow的扩张，做优化的人不够多，导致现在运行效率就算是分布式版本都比其他框架都要慢，而且版本间有时候函数接口还老不兼容。

2018年3月，Google发布了Tensorflow 1.7.0版本，新版本中最令人注目的是，该版本的TensorFlow和英伟达Tensor RT进行了集成，达成对GPU硬件计算环境的高度优化。在测试中，集成版本的TensorFlow比原版在7ms延迟环境下执行速度快了8倍。Tensor RT是一个库，用于优化深度学习模型以进行预测，并为生产环境创建部署在GPU上的运行环境。它为TensorFlow带来了许多优化，并自动选择特定平台的内核以最大化吞吐量，并最大限度地减少 GPU 预测期间的延迟。另外1.7.0版的TensorFlow也支持更多的语言以及平台，它甚至也具备支持JavaScript的能力，可以在浏览器中通过网页接口进行机器学习工作，还可以导入脱机训练的TensorFlow和Keras模型来进行预测，并且对WebGL实现了无缝支持的能力。

随着Tensorflow 1.7.0的发布，TensorFlow Lite也迎来了更新，最新版的TensorFlow Lite大幅减少核心解释器的大小，从前一版的1.1MB，缩减到75KB的大小，同时在进行一些量化模型时，新版TensorFlow Lite的速度提升高达3倍。

TensorFlow凭最大的活跃社区一路领跑。在所有衡量指标中，TensorFlow比平均值高出至少两个标准偏差。相比第二大流行框架：Caffe，TensorFlow的Github分支数量几乎是其三倍，Stack Overflow问题更是其六倍以上。TensorFlow最初由谷歌Brain团队于2015年开源，发展势头已超过历史更悠久的库，比如Theano（第4位）和Torch（第8位），跃居学习库榜单的首位。虽然TensorFlow附带在C++引擎上运行的Python API，但榜单上的几种库可以使用TensorFlow作为后端，提供各自的接口。这些库包括Keras（第2位，很快将成为核心TensorFlow的一部分）和Sonnet（第6位）。TensorFlow之所以人气这么高，可能是由于它结合了通用深度学习框架、灵活的接口、外观整洁的计算图形可视化以及谷歌庞大的开发者和社区资源。

▶ TensorFlow背景

机器学习越来越复杂，构造的网络也越来越复杂，作为研究者，如何管理这种复杂度是一个很大的挑战。比如Inception V3模型，有2500万个参数。模型越复杂，对计算要求就越高，需要大量的计算，往往不是一台计算机就能满足，需要做很多分布式的计算，那分布式计算怎么去管理，这是一个难题。

TensorFlow是一个开源的软件平台，它的目标是促进人人可用的机器学习，推动机器学习的发展。一方面，TensorFlow希望快速地帮助大家去尝试一些新的想法，进行前沿探索。另一方面，也希望非常灵活，既能满足研究的需求，也能满足产业界做大规模产品的需求。面对多元的需求，怎么让大家能够用同一个框架来表达自己的想法，这是TensorFlow的重要设计目标。

研究可能会是小规模的，但在做产品的时候，可能涉及成百上千的服务器，怎么去管理这些分布式计算，TensorFlow需要有很好的支持。一开始设计人员就把这些因素都考虑进去，最重要的原因是，TensorFlow实际上是配合Google内部的产品需求设计的，经历过Google大量产品和团队的大规模考验。在它开放之前还有一个内部版本叫做DisBelief，我们总结了DisBelief的经验，做了新的版本，并且在大量的项目中经过真实的验证，也根据产品的真实需求在做一些新的特性。

Google Brain有很多研究人员，他们不断发表论文，同时他们的研究工作也会转化成产品。大家都用TensorFlow这样的语言去表达，就极大地促进了研究成果的转换。到2018年5月为止，github上TensorFlow项目的提交已经超过3万次，超过1400多个贡献者，6900多个pull request。

▶ TensorFlow架构

TensorFlow提供了一个完整的机器学习工具集。TensorFlow有一个分布式执行引擎，可以让TensorFlow程序运行在不同硬件平台上，比如CPU、GPU、TPU，移动端的一些硬件如Android和iOS，以及各种异构的一些硬件。

执行引擎之上，有不同的前端语言的支持，最常用的是Python，也支持Java，C++等。前端之上，提供了一系列丰富的机器学习工具包。除了大家所知道的神经网络支持，还有决策树、SVM、概率方法、随机森林等，很多是大家在各种机器学习竞赛中常用的工具。

TensorFlow非常灵活，既有一些高层API，简单易用，也有一些底层API，方便构造一些复杂的神经网络，比如，你可以基于一些基本的算子去定义网络。

Keras是一个定义神经网络的高层API，在社区中很流行，TensorFlow对Keras有非常好的支持。

TensorFlow也封装了Estimator系列API，可以定制训练和评估函数，这些Estimator可以高效地分布式执行，和TensorBoard以及TensorFlow Serving有很好的集成。

最上层，有一些预定好的Estimator，开箱即用。TensorFlow提供了全面的工具链，比如TensorBoard可以让你非常容易去展示Embedding，多层次呈现复杂的模型结构，以及展示机器学习过程中的性能数据。它支持很多平台，比如CPU，GPU，TPU，iOS，Android，以及树莓派等嵌入式硬件。支持的语言包括Python、C++、Java、Go、R等语言。最近TensorFlow也发布了Javascript和Swift的支持。

▶ TensorFlow APIs

TensorFlow可以帮助用户定义计算图，图代表了计算，图的每个节点代表了某个计算或者状态，而计算可以运行在任何设备上。数据随着图的边流动。而图可以用不同的程序语言比如Python来定义，并且这个计算图可以被编译和优化。通过这样的设计，可以把图的定义和实际计算过程分离开来。

TensorFlow可以让程序员非常容易地表达线性回归，可以使用LinearRegressor，这是封装好的Estimator。深度神经网络同样可以很方便的表达，比如使用DNNClassifier，只需要说明每一个隐层的节点数。

TensorFlow可以自动执行梯度下降过程，实现反向传播算法。并且这些计算可以分布在多个设备上，这样图的执行是一个分布式的过程。

tf.layers是另一类API，可以对应到神经网络的层的概念，比如一个CNN网络，有多个CONV层和多个MAX POOLING层，每一层都有一个对应的tf.layers.*函数，方便把多层组织起来。这些封装好的层包含了一些最佳工程实践。

tf.keras是社区中非常流行的API。比如想构造一个能够自动去理解视频，并且回答问题的玩具程序。你可以问：这个女孩在做什么？程序回答：打包。问：这个女孩穿什么颜色的T-shirt？程序回答：黑色。

程序员可能会构造一个网络来实现：左边是视频处理逻辑，使用InceptionV3来识别

照片，然后加上TimeDistributed层来处理视频信息，之上是LSTM层；右边是Embedding
来处理输入的问题，然后加上LSTM，之后把两个网络合并起来，再加上两层的Dense。
这就可以实现一个具有一定智能的程序，是不是很神奇？

► Eager Execution（动态图支持）

进一步，除了前面讲的静态图的方式，TensorFlow还有动态图的支持，叫做即刻
执行（Eager Execution）。它可以减少一些冗余的代码，让程序更加简单，同时立即报
错。当然静态图有它的优势，比如它允许程序员提前做很多优化，不管是基于图的优
化还是编译优化；可以部署到非Python的服务器或者手机上；还可以大规模的分布式执
行。而即刻执行的优点是让你快速迭代，方便debug。

► Keras

Keras（第2位）是最流行的深度学习前端，也是排名最高的非框架库。Keras可以用
作TensorFlow（第1位）、Theano（第4位）、MXNet（第7位）、CNTK（第9位）或
deeplearning4j（第14位）的前端。Keras在所有三个衡量指标方面的表现均胜过平均值。
Keras之所以人气很旺，可能归功于其简单性和易用性。Keras允许用户快速建立原型，代
价是直接使用框架所带来的灵活性和控制性方面欠缺一点。Keras颇受对数据集使用深度
学习的数据科学家的青睐。由于R Studio最近发布了使用R的面向Keras的接口，Keras的
发展和人气指数不断提升。

► Theano

在众多新的深度学习框架中，Theano（第4位）是本榜单上历史最悠久的库。
Theano率先使用了计算图，在整个深度学习和机器学习研究界当中仍很受欢迎。Theano
实际上就是面向Python的数值计算库，但可以与像Lasagne（第15位）这样的高级深
度学习封装库一起使用。谷歌支持TensorFlow（第1位）和Keras（第2位），Facebook
支持PyTorch（第5位）和Caffe2（第11位），而MXNet（第7位）是亚马逊网络服务
（AWS）的官方深度学习框架，微软设计并维护CNTK（第9位），虽然没有得到哪家
技术行业巨头的官方支持，但Theano依然颇受欢迎。

► MXNet

Flexible and Efficient Library for Deep Learning

MXNet定位是一个flexible和efficient的深度学习框架，重点放在了深度学习算法上面，而针对两个特性，前者是说它支持命令式和声明式两种编程方式，比如说做一道菜，TensorFlow就必须按照规定好的步骤热锅、放油、放菜、放盐等一步步执行，而MXNet则能在中间过程做点别的事情，假如味道淡了再放点调味料，假如又想加别的菜了也可以加进去，所以说它更灵活。其次，还体现在支持多种语言，从最早的R/Julia到现在增加了对Go/Matlab/Scala/Javascript的支持。高效性则是指MXNet的分布式并行计算性能好、程序节省内存，几乎能做到线性加速。内存方面比较能说明问题的是这个框架一推出的时候就支持在移动设备上运行神经网络。TensorFlow开始横向拓展服务时，MXNet仍旧继续优化技术，提供更多的operators、优化内存相关操作、提高并行效率等。并且2017年10月份提出了NNVM，将代码实现和硬件执行两个部分隔离开，使得不同的框架不同语言实现的代码可以无差别执行在不同硬件之上。但是2016年11月亚马逊将MXNet选为了官方框架，后续估计会提供非常简洁的云计算服务，用户只需要提交网络配置文件和数据就够了，使用会成为一件简便的事情。

MXNet也是将算法表达成了有向计算图，将数据和计算表达成有向图中的节点，与TensorFlow不同的是，MXNet将计算图中每一个节点，包括数据节点variable、基本计算floor、神经网络操作pooling都封装在symbol里面，而TensorFlow将数据节点、基本计算、神经网络操作封装成了不同的类，所以它们之间流通需要通过tensor，而MXNet计算图的节点输出类型统一是symbol，通过outputs访问symbol中的NDarray数据。当构建好计算图的节点、连接方式，就通过executor来启动计算，包括计算图的前向计算输出和反向计算导数。MXNet为训练深度学习实现了Model/Module两个类，Model在executor上又封装了一层，实现了feedforward功能，将forward和backward整合在了一起，用户直接调用feedforward.fit即可完成训练、更新参数。

► PaddlePaddle

Open and Easy-to-Use Deep Learning Platform for Enterprise and Research

PaddlePaddle是2016年9月开源的，它对的定位是easy to use（易于使用），这点做得很好，它将一些算法封装的很好，如果仅仅只需要使用现成的算法（VGG、ResNet、LSTM、GRU等），源码都不用读，按照官网的示例执行命令，替换掉数据、修改参数就能运行了，特别是NLP相关的一些问题，使用这个库比较合适，并且没有向用户暴露过多的python接口。它的分布式部署做得很好，目前是唯一支持Kubernetes的深度学习库。

Paddle的架构很像caffe的，基于神经网络中的功能层来开发的，一个层包括了许多复杂的操作。它将数据读取DataProvider、功能层Layers、优化方式Optimizer、训练Evaluators这几个分别实现成类，组合层构成整个网络，但是只能一层一层的累加还不够实用，为了提高灵活性，额外设置了mixed_layer用来组合不同的输入。看得出paddle在尽可能简化构造神经网络的过程，它甚至帮用户封装好了networks类，里面是一些可能需要的组合，例如卷积+batchNorm+pooling。它希望提供更简便的使用方式，用户不需要更改什么主体文件，直接换数据用命令行跑。

▶ Caffe

Caffe是最成熟的框架之一，由Berkeley Vision and Learning Center开发。它是模块化的，而且速度非常快，并且只需要很少的额外工作就可以支持多个GPU。它使用类似JSON的文本文件来描述网络架构以及求解器方法。

Caffe尚未被Caffe2所取代。Caffe在学习库榜单上排名第三，Github上的活动比其所有竞争对手（TensorFlow除外）都要多。Caffe历来被认为比Tensorflow更专门化，当初专注于图像处理、对象识别和预训练的卷积神经网络。Facebook于2017年4月发布了Caffe2（第11名），Caffe2已经跻身于深度学习库的上半部分。Caffe2是一种更轻量级、模块化、可扩展的Caffe，它包括循环神经网络。Caffe和Caffe2是独立的代码库，所以数据科学家可以继续使用原来的Caffe。然而，一些迁移工具（比如Caffe Translator）为使用Caffe2来驱动现有的Caffe模型提供了一种手段。

▶ Torch

Torch是一款成熟的机器学习框架，是用C语言编写的。它具有完备的文本，并且可以根据具体需要进行调整。由于是用C语言编写的，所以Torch的性能非常好。Torch是一个广泛支持机器学习算法的科学计算框架。易于使用且高效，主要得益于一个简单的和快速的脚本语言LuaJIT，和底层的C/CUDA实现。

Torch目标是通过极其简单过程、最大的灵活性和速度建立自己的科学算法。Torch有一个在机器学习领域大型生态社区驱动库包，包括计算机视觉软件包，信号处理，并行处理，图像，视频，音频和网络等，基于Lua社区建立。Torch的核心是流行的神经网络，它使用简单的优化库，同时具有最大的灵活性，实现复杂的神经网络的拓扑结构。你可以建立神经网络和并行任意图，通过CPU和GPU等有效方式。

▶ PyTorch

PyTorch是Torch计算引擎的python前端，不仅能够提供Torch的高性能，还能够对GPU的提供更好支持。该框架的开发者表示，PyTorch与Torch的区别在于它不仅仅是封装，而是进行了深度集成的框架，这使得PyTorc在网络构建方面具有更高的灵活性。PyTorch在2018年4月发布了V0.4.0版本，更新包括：Tensors（张量）和Variables（变量）的合并、支持Windows系统。在这次更新前不久，PyTorch还发生过一次重大变化：Caffe 2源代码全部并入了PyTorch，Facebook这2大深度学习框架合二为一。

▶ Sonnet

Sonnet是发展最快的库。2017年年初，谷歌的DeepMind公开发布了Sonnet（第6位）的代码，这是一种以TensorFlow为基础的面向对象的高级库。虽然谷歌在2014年收购了DeepMind这家英国人工智能公司，但DeepMind和谷歌Brain仍拥有基本上独立的团队。DeepMind专注于强人工智能，Sonnet可以帮助用户在特定的AI想法和研究的基础上构建神经网络。

深度学习语言Python

▶ Python语言

Python是深度学习接口的首选语言。是榜单上发展速度第二快的库。在排名的23

种开源深度学习框架和封装库中，只有3种没有使用Python的接口。大部分程序员都承认，Python简单易学，通俗易懂，符合人性设计。

2018年8月，2018 IEEE顶级编程语言交互排行榜发布，IEEE 的榜单结合 9 个数据来源的 11 个衡量指标（去年的排行榜有 12 个指标，今年少了 Dice job 网站信息，因其关闭了 API），权衡并发布了 47 种语言的排行榜，少于去年的 48 种。该排行榜允许读者根据自己的喜好或需求设定权重，如语言趋势或员工最关注的语言等。读者可以查看 Trending、Jobs、Open 等不同维度的编程语言排行数据。

Python 的排名从 2016 年开始就持续上升，去年顺利登顶，仅以 0.3 分的优势超越第二名 C 语言险夺第一。而今年，Python 依然高居榜首，且与第二名拉开差距。但是，今年的第二却不再是 C 语言，而是 C++ 了。C++ 的异军突起，使得 C 语言和 Java 都不得不"退位让贤"，分别降至第三和第四（去年它们分别位至第二和第三）。

为什么 Python 会继续获得程序员的青睐呢？顶级编程语言中的另外两个变化可能会给出点提示。

首先，Python 现在被视为嵌入式语言。以前，编写嵌入式应用程序严重倾向于编译语言，以避免在处理能力和内存有限的机器上高速评估代码的溢出。摩尔定律虽已渐式微，但还未完全消退。很多现代微控制器已有足够的能力承载 Python 解释器。以这种方式使用 Python 的一个好处是，它在某些应用程序中，通过交互提示或动态重新加载脚本来操作附加硬件非常方便。涉足到一个新的领域，只会增长 Python 的人气。

Python 越来越受欢迎的另一个原因是 R 语言的热度下降。R 在 2016 年达到顶峰，排名第五，去年跌至第六，今年排名第七。R 是一种专门处理统计和大数据的语言。随着人们不断把对大型数据集的兴趣转向其在机器学习上的应用，且由于数据统计和机器学习中高质量 Python 库的出现，相比更专业的 R 语言，灵活的 Python 语言变得更有吸引力。

高效的执行在于更加普适的理解，Python的高效就在于有巨大的支撑，又能广泛被理解，这使得每一项工作获得的理解力更加强，这是其他语言无法比拟的。仅凭这一点，Python作为AI和机器学习的最佳语言或许有些道理。

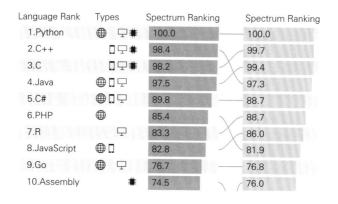

图3-7　2018年IEEE顶级编程语言交互排行榜和2017年排行榜前十名对比图

Python作为一门编程语言，其魅力和影响力已经远超C#、C++等编程语言前辈，被程序员誉为"美好的"编程语言。Python基本上可以说是全能的，系统运维、图形处理、数学处理、文本处理、数据库编程、网络编程、Web编程、多媒体应用、pymo引擎、黑客编程、爬虫编写、机器学习、人工智能等，Python应用无处不在。

Python语言优点：

▶ 简单易学、高层语言、免费开源、可移植性强、丰富的库、面向对象、可扩展性、可嵌入型、规范的代码等。Python是解释语言，程序写起来非常方便，写程序方便对做机器学习的人很重要。

▶ Python的开发生态成熟，有很多现有库可以用。

▶ Python效率高，解释语言的发展已经大大超过许多人的想象。毫无疑问使用Python语言的企业将会越来越多。

Python进入山东省小学教材，这就意味着在国务院《新一代人工智能发展规划的通知》精神的指导下，与人工智能相关的教育已经向传统教育和义务教育渗透，从培养中小学生的编程兴趣和思维入手。早在"Python入驻中小学、纳入高考"前，高等教育就出台了相关明文规定，教育部考试中心已于2017年10月11日发布了"关于全国计算机等级考试（NCRE）体系调整"的通知，决定自2018年3月起，在计算机二级考试加入了"Python语言程序设计"科目，版本是Python 3.5.2。

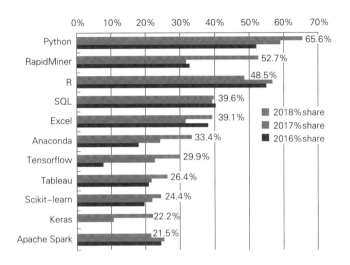

图3-8　KDnuggets Analytics, Data Science, Machine Learning Software Poll, 2016—2018

据最新调查Python成数据分析、数据科学与机器学习的第一大语言。2018年6月4日，KDnuggets网站公布了2018年度的数据科学和机器学习工具调查结果。2300多名参与者对自己"过去12个月内在项目开发中使用过的数据挖掘/机器学习工具和编程语言"进行了投票。KDnuggets网站最终公布了2018年度的数据科学和机器学习工具调查结果。

11.卷积神经网络

神经网络（Neural Network，NN）是机器学习算法的关键部分。神经网络是教计算机以人类的方式思考和理解世界的关键。实质上，神经网络是模拟人类的大脑。这被抽象为由加权边缘（突触）连接的节点（神经元）的图形。这个神经网络有一层、三个输入和一个输出。任何神经网络都可以有任何数量的层：输入或输出。

在各种深度神经网络结构中，卷积神经网络是应用最广泛的一种，它由Yann LeCun在1989年提出。卷积神经网络在早期被成功应用于手写字符图像识别。2012年更深层次的AlexNet网络取得成功，此后卷积神经网络蓬勃发展，被广泛用于各个领域，在很多问题上都取得了当前最好的性能。

卷积神经网络（Convolutional Neural Network, CNN）是一种前馈神经网络，它的人工神经元可以响应一部分覆盖范围内的周围单元，对于大型图像处理有出色表现。它包括卷积层（Convolutional Layer）和池化层（pooling layer）。卷积神经网络通过卷积和池化操作自动学习图像在各个层次上的特征，这符合我们理解图像的常识。人在认知图像时是分层抽象的，首先理解的是颜色和亮度，然后是边缘、角点、直线等局部细节特征，接下来是纹理、几何形状等更复杂的信息和结构，最后形成整个物体的概念。

视觉神经科学（Visual Neuroscience）对于视觉机理的研究验证了这一结论，动物大脑的视觉皮层具有分层结构。眼睛将看到的景象成像在视网膜上，视网膜把光学信号转换成电信号，传递到大脑的视觉皮层（Visual cortex），视觉皮层是大脑中负责处理视觉信号的部分。1959年，David和Wiesel进行了一次实验，他们在猫的大脑初级视觉皮层内插入电极，在猫的眼前展示各种形状、空间位置、角度的光带，然后测量猫大脑神经元放出的电信号。实验发现，当光带处于某一位置和角度时，电信号最为强烈；不同的神经元对各种空间位置和方向偏好不同。这一成果后来让他们获得了诺贝尔奖。

目前已经证明，视觉皮层具有层次结构。从视网膜传来的信号首先到达初级视觉皮层（primary visual cortex），即V1皮层。V1皮层简单神经元对一些细节、特定方向的图像信号敏感。V1皮层处理之后，将信号传导到V2皮层。V2皮层将边缘和轮廓信息表示成简单形状，然后由V4皮层中的神经元进行处理，它颜色信息敏感。复杂物体最终在IT皮层（inferior temporal cortex）被表示出来。

卷积神经网络可以看成是上面这种机制的简单模仿。它由多个卷积层构成，每个卷积层包含多个卷积核，用这些卷积核从左向右、从上往下依次扫描整个图像，得到称为特征图（Feature Map）的输出数据。网络前面的卷积层捕捉图像局部、细节信息，有小的感受野，即输出图像的每个像素只利用输入图像很小的一个范围。后面的卷积层感受野逐层加大，用于捕获图像更复杂，更抽象的信息。经过多个卷积层的运算，最后得到图像在各个不同尺度的抽象表示。

卷积神经网络结构 ⟶

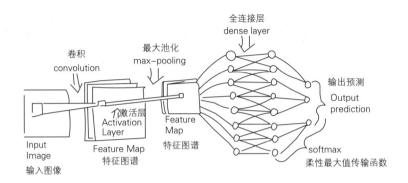

图3-9　CNN结构图

CNN的模型通常建立在前馈神经网络模型之上。不同是的"隐藏层"将被以下这些层取代：

- 卷积层（Convolutional Layers）
- 池化层（Pooling Layers）
- 全连接层（稠密层，Dense Layers）

▶ 卷积层

在此阶段，输入图像被一个grid扫描，并作为输入传递到网络。之后，这个网络将一层卷积层应用于输入的图像，将它分割成包含3张图像的三维立方体结构。这三张图像的框架分别呈现原图的红色、绿色和蓝色信息。

随后它将卷积滤波器（也称神经元）应用到图像中，和用PhotoShop中的滤镜突出某些特征相似。例如在动画片Doc And Mharti中，用罗伯茨交叉边缘增强滤波器处理过的效果如图3-10、图3-11所示。

图3-10　动画原图　　　　　　　　　　　　图3-11　处理后的动画图

可以想象，拥有100多个不同滤波器的神经网络筛选复杂特征的能力有多强大，这将大大助力它识别现实世界中事物。一旦神经网络已经将卷积滤波器应用到图像中，就能得到特征/激活图。

特征图谱会被指定区域内的特定神经元激活，比如将边缘检测滤波器添加到图3-12"上图"中，则它的激活图如"下图"所示。

这些点代表0的行（表明这些区域可能是边缘）。在二维数组中，"30"的值表明图像区域存在边缘的可能性很高。

▶ 激活层

当有了激活层，就能在其中让激活函数大显身手了，用研究人员的首选函数ReLU激活函数（修正线性单元）举个例子。然而，一些研究人员仍然认为用Sigmoid函数或双曲切线能得到提供最佳的训练结果。

使用激活层是在系统中引入非线性，这样可以提高输入和输出的一般性。ReLU(x)函数只返回max(0、x)或简单地返回激活图中的负权值。

▶ 池化层

之后的最佳做法通常是在特征图中应用最大池化(或任何其他类型的池)。应用最大池化层的原理是扫描小型grid中的图像，用一个包含给定grid中最高值的单个单元替换每个grid。

这样做的重要原因之一是，一旦知道给定特征在一个给定的输入区域，可以忽略特征的确切位置将数据普遍化，减少过拟合。举个例子，即使训练精度达到99%，但拿到没见过的新数据上测试时，它的精确度也只有50%。

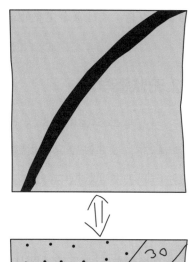

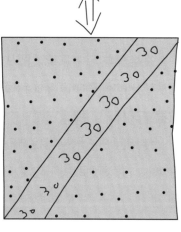

图3-12　特征图谱

▶ 输出层

最大池化层后讲讲剩下的另一个激活图，这是传递给全连接网络的一部分信息。它包含一个全连接层，将上一层中每个神经元的输出简单映射到全连接层的一个神经元上，并将softmax函数应用到输出中，就是和我们之前提到的ReLU函数类似的激活函数。

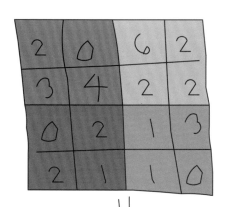

因为将用神经网络将图片分类，因此这里使用了softmax函数。softmax输出返回列表的概率求和为1，每个概率代表给定图像属于特定输出类的概率。但后来涉及图像预测和修复任务时，线性激活函数的效果就比较好了。

值得注意的是，这里只考虑了单卷积层和单池层的简单情况，如果要实现最佳精度通常需要它

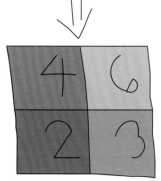

图3-13　图像池化

们多层堆叠。经过每个完整的迭代后，通过网络反向根据计算损失更新权重。

12.无监督学习

无监督学习是机器学习技术中的一类，用于发现数据中的模式。无监督算法的数据没有标注，这意味着只提供输入变量（X），没有相应的输出变量。在无监督学习中，算法自己去发现数据中有意义的结构。

Yann LeCun解释说，无监督学习——即教机器自己学习，不需要明确地告诉它们所做的每一件事情是对还是错，是"真正的"AI的关键。

在监督学习中系统试图从之前给出的例子中学习。反之，在无监督学习中，系统试图从给出的例子中直接找到模式。因此如果数据集有标记，那么它是有监督问题，如果数据集无标记，那么它是一个无监督问题。

使用回归技术来寻找特征之间的最佳拟合线。而在无监督学习中，输入是基于特征分离的，预测则取决于它属于哪个聚类（cluster）。

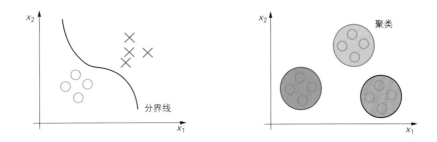

图3-14　监督学习（Supervised learning）　图3-15　非监督学习（Unsupervised learning）

重要术语

- 特征（Feature）：用于进行预测的输入变量。

- 预测（Predictions）：当提供一个输入示例时，模型的输出。

- 示例（Example）：数据集的一行。一个示例包含一个或多个特征，可能有标签。

- 标签（Label）：特征的结果。

无监督学习是机器学习技术中的一类，用于发现数据中的模式。如果用Python进行无监督学习，有几种聚类算法包括K-Means聚类、分层聚类、t-SNE聚类、DBSCAN聚类等。

加入使用Iris数据集（鸢尾花卉数据集）来进行第一次预测。该数据集包含150条记录的一组数据，有5个属性：花瓣长度、花瓣宽度、萼片长度、萼片宽度和类别。三个类别分别是Iris Setosa(山鸢尾)，Iris Virginica(维吉尼亚鸢尾)和Iris Versicolor(变色鸢尾)。对于的无监督算法，给出鸢尾花的这四个特征，并预测它属于哪一类。在Python中使用sklearn Library来加载Iris数据集，并使用matplotlib来进行数据可视化。

聚类（Clustering）

在聚类中，数据被分成几个组。简单地说，其目的是将具有相似特征的组分开，并将它们组成聚类。

当给出要预测的输入时，就会根据它的特征在它所属的聚类中进行检查，并做出预测。

可视化示例如图3-16、图3-17所示。

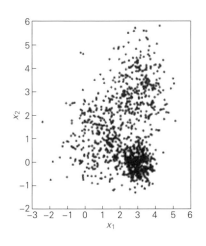
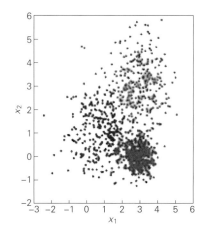

图3-16 未完成分类的原始数据　　　　图3-17 根据数据特征进行聚类分类
（Original unclustered data）　　　　（Clustered data）

K-Means聚类

K-Means是一种迭代聚类算法，它的目的是在每次迭代中找到局部最大值。首先，选择所需数量的聚类。由于已经知道涉及3个类，因此通过将参数"n_clusters"传递到K-Means模型中，将数据分组为3个类。

现在随机将三个点（输入）分成三个聚类。基于每个点之间的质心距离，下一个给定的输入被分为所需的聚类。然后，重新计算所有聚类的质心。

聚类的每个质心是特征值的集合，定义生成的组。检查质心特征权重可以定性地解释每个聚类代表什么类型的组。从sklearn库导入K-Means模型，拟合特征并进行预测。

分层聚类

分层聚类是一种构建聚类层次结构的算法。该算法从分配给它们自己的一个cluster的所有数据开始，然后将最近的两个cluster加入同一个cluster。最后，当只剩下一个cluster时，算法结束。分层聚类的完成可以使用树状图来表示。

K-Means聚类与分层聚类的区别

• 分层聚类不能很好地处理大数据，但K-Means聚类可以。因为K-Means的时间复杂度是线性的，即 $O(n)$，而分层聚类的时间复杂度是二次的，即 $O(n^2)$。

• 在K-Means聚类中，当从聚类的任意选择开始时，多次运行算法产生的结果可能会有所不同。不过结果可以在分层聚类中重现。

• 当聚类的形状是超球形时（如2D中的圆形，3D中的球形），K-Means聚类更好。

• K-Means聚类不允许嘈杂的数据，而在分层聚类中，可以直接使用嘈杂的数据集进行聚类。

t-SNE聚类

t-SNE聚类是用于可视化的无监督学习方法之一。t-SNE表示t分布的随机近邻嵌入。它将高维空间映射到可以可视化的2维或3维空间。具体而言它通过二维点或三维点对每个高维对象进行建模，使得相似的对象由附近的点建模，而不相似的对象很大概率由远离的点建模。Python中的t-SNE聚类实现，数据集是Iris数据集：

DBSCAN聚类

DBSCAN（Density-Based Spatial Clustering of Applications with Noise，具有噪声的基于密度的聚类方法）是一种流行的聚类算法，用作预测分析中 K-Means的替代。它不要求输入聚类的数值才能运行。但作为交换，你必须调整其他两个参数。

scikit-learn实现提供了eps和min_samples参数的默认值，但这些参数通常需要调整。eps参数是在同一邻域中考虑的两个数据点之间的最大距离。min_samples参数是被认为是聚类的邻域中的数据点的最小量。

13.人工智能芯片

人工智能芯片主流供应商见表3-2。

表3-2 人工智能芯片主流供应商

公司	芯片	说明
高通	骁龙	发布骁龙神经处理引擎软件开发工具包挖掘骁龙 SoC AI 计算能力；与 Facebook AI 研究所合作研制 AI 芯片；收购 NXP 致力于发展智能驾驶芯片
英伟达	GPU	适合并行算法，占目前 AI 芯片市场最大份额，应用领域涵盖视频游戏、电影制作、产品设计、医疗诊断等各个门类
谷歌	TPU	专为深度学习算法 Tensor Flow 设计的专用集成芯片，也用在 AlphaGo 系统、StreetView 和机器学习系统 RankBrain 中
AMD	GPU	GPU 第二大市场
英特尔	FPGA/Xeon Phi Knights Mill	来自 167 亿美元收购的 Altera，峰值性能逊色于 GPU，指令可编程，且功耗也要小很多，适用于工业制造、汽车电子系统等，可与至强整合 / 能快速计算，并根据概率和联系做决策。其设计将为计算带来更多的浮点性能。适用于包括深度学习在内的高性能计算，能充当主处理器
微软	FPGA	自主研发，已被用于 Bing 搜索，能支持微软的云服务 Azure，速度比传统芯片快很多
IBM	TrueNorth 真北类脑芯片	基于神经形态工程，在不借助云计算基础设施的情况下，让移动计算机以极低能耗运行先进机器智能软件。二代神经元集成了 4096 个内核，100 万个神经元、2.56 亿个可编程突触，28nm 工艺，540 万个晶体管；每秒可执行 460 亿次突触运算
苹果	Apple Neural Engine	定位于本地设备 AI 任务处理，把面部识别、语音识别等 AI 相关任务集中到 AI 模块上，提升 AI 算法效率，未来更多的嵌入到苹果终端设备中

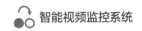
公司	芯片	说明
华为	麒麟970	嵌入式神经网络处理器（NPU）芯片，解决端侧 AI 挑战；单元架构能够对深度学习的神经网络架构实现通用性的支撑，以超高的性能功耗比实现 AI 训练及应用在移动端的落地
百度	XPU	基于 FPGA 的云计算加速芯片，256 核、拥有 GPU 的通用性和 FPGA 的高效率和低能耗
中星微电子	星光智能一号	嵌入式神经网络处理器（4 个 NPU）芯片，加速人工神经网络模型
Xilinx	FPGA	世界最大的 FPGA 制造厂商，2016 年年底推出支持深度学习的 reVision 堆栈
Mobileye	EyeQ5	用于汽车辅助驾驶系统
Movidius	Myriad 图形处理器	Myriad 系统图形处理器已经被联想用来开发下一代虚拟现实产品；谷歌 Project Tango 3D 传感器技术背后的功臣
地平线机器人	BPU	推出 BPU 架构，第一代 BPU 在 FPGA 和 ARM 架构上实现，重点面向自动驾驶领域
深鉴科技	DPU	基于 Xilinx FPGA 推出 DPU
寒武纪	Cambricon-1A 寒武纪一号	嵌入式神经网络处理器（NPU）芯片，加速人工神经网络模型
比特大陆	TPU	2017 年比特大陆最新发布的 BM1680 专用芯片是其定制化的 ASIC AI 芯片，适用于 CNN/RNN 等深度学习网络模型的预测和训练计算加速，32 位浮点运算性能达到 4TFLOPS
西井科技 Westwell	DeepSouth(深南)/DeepWell(深井)	仿生类脑神经元芯片，第三代脉冲神经网络芯片 SNN，基于 STDP 的算法构建完整的突触神经网络，由电路模拟真实生物神经元产生脉冲的仿生学芯片，通过动态分配的方法能模拟出高达 5000 万级别的神经元 / 深度学习类脑神经元芯片，处理模式识别问题的通用智能芯片，基于在线伪逆矩阵求解算法对芯片中神经元间的连接权重进行学习和调整；拥有 12800 万个神经元，通过专属指令集调整芯片中神经元资源的分配
启英泰伦	CI1006	语音识别 ASIC 芯片
云知声	UniOne/IVM-M/Unitoy	IVM-M 芯片基于高通 Wifi 模组 /Unitoy 基于 Linux 系统
人人智能	FaceOS	基于 ARM 的人脸机芯
云天励飞	IPU	视角智能芯片

人工智能芯片主要分为 GPU、ASIC、FPGA。代表分别为 NVIDIA Tesla 系列

GPU、Google的TPU、Xilinx的FPGA。GPU的优势在于性能强大、生态成熟，但从另一个角度来说，跟FPGA、ASIC等板卡比起来也会遇到功耗较大、价格较贵、某方面性能不够极致等弱点。

GPU：GPU（Graphics Processing Unit）又称图形处理器，之前是专门用作图像运算工作的微处理器。相比CPU，GPU由于更适合执行复杂的数学和几何计算（尤其是并行运算），刚好与包含大量的并行运算的人工智能深度学习算法相匹配，因此在人工智能时代刚好被赋予了新的使命，成为人工智能硬件首选，在云端和终端各种场景均率先落地。目前，在云端作为AI"训练"的主力芯片，在终端的安防、汽车等领域，GPU也率先落地，是目前应用范围最广、灵活度最高的AI硬件。

FPGA：FPGA（Field-Programmable Gate Array）即现场可编程门阵列，是一种用户可根据自身需求进行重复编程的"万能芯片"。编程完毕后功能相当于ASIC（专用集成电路），具备效率高、功耗低的特点，但同时由于要保证编程的灵活性，电路上会有大量冗余，因此成本上不能像ASIC做到最优，并且工作频率不能太高（一般主频低于500MHz）。FPGA相比GPU具有低功耗优势，同时相比ASIC具有开发周期快，更加灵活编程等特点。FPGA于"应用爆发"与"ASIC量产"夹缝中寻求发展，是效率和灵活性的较好折中，"和时间赛跑"，在算法未定型之前具较大优势。在现阶段云端数据中心业务中，FPGA以其灵活性和可深度优化的特点，有望继GPU之后在该市场爆发；在目前的终端智能安防领域，目前也有厂商采用FPGA方案实现AI硬件加速。

ASIC：ASIC（Application Specific Integr-ated Circuit）即专用集成电路，特指专门为AI应用设计、专属架构的处理器芯片。近年来涌现的类似TPU、NPU、VPU、BPU等令人眼花缭乱的各种芯片，本质上都属于ASIC。无论是从性能、面积、功耗等各方面，AISC都优于GPU和FPGA，长期来看无论在云端和终端，ASIC都代表AI芯片的未来。但在AI算法尚处于蓬勃发展、快速迭代的今天，ASIC存在开发周期较长、需要底层硬件编程、灵活性较低等劣势，因此发展速度不及GPU和FPGA。

2016年5月，谷歌在I/O大会上首次公布了TPU（张量处理单元），并且称这款芯片已经在谷歌数据中心使用了一年之久，李世石大战 AlphaGo 时，TPU 也在应用之中，并且谷歌将 TPU 称之为 AlphaGo 击败李世石的"秘密武器"。

2017年9月2日华为推出的麒麟970手机芯片，9月13日苹果推出A11手机芯片。两者都属于ASIC芯片，根据特定的需求而专门设计并制造出的芯片。

2017年9月26日，NVIDIA推出新版TensorRT 3深度学习应用平台；推出世界第一款机器人芯片XAVIER。

AI芯片功能分类

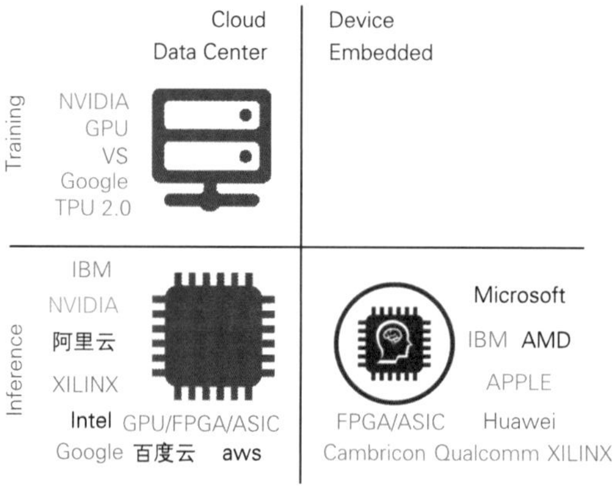

图3-18　AI芯片分类

资料来源：怪诞笔记《AI芯片产业生态梳理》。

从AI芯片的功能来看，可以分为Training（训练）和Inference（推理）两个环节。

Training环节通常需要通过大量的数据输入，或采取增强学习等非监督学习方法，训练出一个复杂的深度神经网络模型。训练过程由于涉及海量的训练数据和复杂的深度神经网络结构，运算量巨大，需要庞大的计算规模，对于处理器的计算能力、精度、可扩展性等性能要求很高。目前在训练环节主要使用NVIDIA的GPU集群来完成，Google自主研发的ASIC芯片TPU2.0也支持训练环节的深度网络加速。在深度学习的Training阶段，由于对数据量及运算量需求巨大，单一处理器几乎不可能独立完成一个模型的训练过程，因此，Training环节目前只能在云端实现。

Inference环节指利用训练好的模型，使用新的数据去"推理"出各种结论，如视频监控设备通过后台的深度神经网络模型，判断一张抓拍到的人脸是否属于黑名单或者白名单。虽然Inference的计算量相比Training少很多，但仍然涉及大量的矩阵运算。在推理环节GPU、FPGA和ASIC都有很多应用价值。在Inference环节，由于训练出来的深度神经网络模型大多仍非常复杂，其推理过程仍然是计算密集型和存储密集型的，因此云端推理目前在人工智能应用中需求更为明显。GPU、FPGA、ASIC等都已应用于云端Inference环境。在设备端Inference领域，如ADAS、VR等设备对实时性要求很高，推理过程不能交由云端完成，还存在一定的需求。

AI芯片产业生态

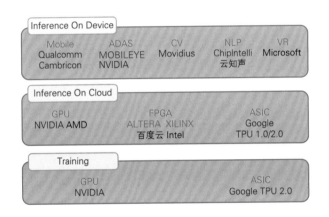

图3-19 AI芯片产业生态

资料来源：怪诞笔记《AI芯片产业生态梳理》。

目前AI芯片的市场需求主要是三类：

▶ Training需求：面向于各大人工智能企业及实验室研发阶段的Training需求，主要还是应用在云端，设备端Training需求目前尚不明确。

▶ Inference On Cloud：云从科技、出门问问、Siri、Cortana等主流人工智能应用均通过云端提供服务。

▶ Inference On Device：面向智能手机、智能摄像头、机器人/无人机、自动驾驶、

VR等设备的设备端推理市场，需要高度定制化、低功耗的AI芯片产品。如华为麒麟970搭载了"神经网络处理单元(NPU，实际为寒武纪的IP)"、苹果A11搭载了"神经网络引擎(Neural Engine)"，如图3-19所示。

AI芯片在云端的应用

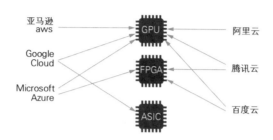

图3-20　主流云平台主要采用芯片示意图

AI芯片在云端主要是基于大数据，核心负责"训练"工作。云端的特征就是"大数据+云计算"，依靠大数据可进行充分的数据分析和数据挖掘、提取各类数据特征，与人工智能算法充分结合进行云计算，从而衍生出服务器端各种AI+应用。AI芯片是负责加速人工智能各种复杂算法的硬件。由于相关计算量巨大，CPU架构被证明不能满足需要处理大量并行计算的人工智能算法，需要更适合并行计算的芯片。AI芯片在云端可同时承担人工智能的"训练"和"推断"过程。

云端芯片现状：GPU占据云端人工智能主导市场，以TPU为代表的ASIC目前只运用在巨头的闭环生态，FPGA在数据中心业务中发展较快。

14.国内安防企业在人工智能领域的研究和成果

作为老牌的视频监控企业，大华股份在人工智能领域积极布局，基于深度学习框架Caffe、Theano、Torch、Brainstorm、Chainer、Deeplearning、Marvin、ConvNetJS、MXNet、Neon、Tensorflow构建数据中心，通过基础算法打造核心算法产品：交通、人脸、行为、OCR识别等，可以基于NVIDIA、Intel、ARM、Movidius、HISILICON、XILINX、ALTERA等产品进行跨平台部署，并具备全系列的AI前后端产品。同时，大华股份在一些国际AI大赛中也获取了不错的成绩，尽管一些AI独角兽企业具备其他的技术优势，但大华的算法技术依然在某些领域领先。

2016年

· 人脸识别领域，LFW（Labeled Faces in the Wild）排行榜第一

2017年

· 文本识别领域，ICDAR Born-DigitalImages（Wed and Email）排行榜第一

· 文本识别领域，ICDAR Incidental Scene Text 排行榜第一

· 文本检测领域，ICDAR Robust Reading Incidental Scene Text 排行榜第一

· 场景识别领域，KITTI flow 排行榜第一

当然，另一家安防领头企业海康威视也取得了一些不错的国际比赛成绩。

从大华股份的AI战略可以看出传统视频监控厂商的努力和所获取的成绩。大华在全智能（基于人、车、物视频结构化数据挖掘、基于场景的智能化业务应用）、全计算（前端计算+后端计算+中心计算）、全感知（场景中多维感知采集与分析）、全生态（构建产业生态战略合作伙伴）4个方面积极布局，预想可以获知未来几年中国安防的AI趋势。

图3-21　大华股份的AI战略

15.人工智能市场规模

2017年，全球人工智能核心产业规模已超过370亿美元。其中，我国人工智能核心产业规模已达到56亿美元左右。在下一阶段，得益于技术持续进步和商业模式不断完善，全球人工智能市场需求将进一步快速释放，带动2020年全球人工智能核心产业规模超过1300亿美元，年均增速达到60%；其中，我国人工智能核心产业规模将超过220亿美元，年均增速接近65%。

图3-22　全球人工智能核心产业规模及年增长率

图3-23　我国人工智能核心产业规模及年增长率

资料来源：中国电子学会。

第三篇 系统篇

▌ 第四章 视频监控系统 ━━━━━━━━

1.视频监控系统的组成

　　尽管视频监控系统发展了60多年，但系统的基本组成原理却没有发生很大的变化。很多人说视频监控系统很复杂，对于初学者而言很难理解，往简单说视频监控就是一根线缆连接两个设备：摄像机通过视频线连接硬盘录像机（DVR）、硬盘录像机通过网线连接交换机、交换机通过网线连接视频服务器，十年前这样，十年后也是这样。同样的原理门禁系统、报警系统也是这样，读卡器通过控制线缆连接门禁控制器、门禁控制器通过网线连接门禁服务器、报警探测器通过控制线缆连接报警主机。再往大了说整个弱电（ELV）其他系统、智能化其他系统的基本组成也是这样，如图4-1所示。

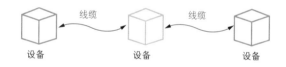

图4-1　系统基本组成原理图

　　尤其是在互联网时代，差不多主要的弱电系统都是网络型的，设备和设备之间的连接媒介主要是网线和光缆。有的人说，不用线缆也可以进行传输，是的，在不方便铺设线缆的场所可以采用无线的方式进行传输（比方说WiFi、蓝牙等）。但不管怎么说，所有的设备还是需要供电的，故整个系统还要构建在电源线之上。

　　不论一个视频监控系统有多么的复杂，多由前端系统、本地传输系统、本地显示系统、本地控制系统、本地存储系统、远程传输系统、远程控制系统、远程存储系统等组成，如图4-2所示。

　　当然在智能视频监控系统中系统的构建更为复杂，还包括一些视频分析设备、视频解析系统、视频图像信息数据库、云存储系统、大数据系统、流媒体服务器等，在后文有详细描述。

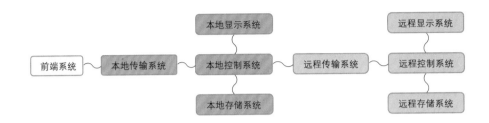

图4-2　视频监控系统组成图

2.前端系统

前端系统是指视频监控线缆前端连接的设备部分，主要是指的是监控系统的现场设备。现场设备主要包括摄像机、镜头、护罩、支架、立杆、变压器、电源、拾音器、云台、解码器、光端机、防雷器、接地体和抗干扰器等。

摄像机和镜头是前端系统也是视频监控系统的核心和必选设备，其余设备为配套设备。一般固定摄像机需要配置镜头，有的半球摄像机可以自配镜头，其余的摄像机大部分情况下配有镜头；护罩和支架每个摄像机均需要配置，主要分为室内和室外两种类型，部分摄像机自带防护罩和支架，在一些专业场所（比如卡口系统）需要配备专业防护罩（可以容纳更多的设备）；立杆是户外摄像机需要配置的，根据现场情况决定，一般需要定做，采用路灯灯杆的工艺制作，平安城市、雪亮工程采用的立杆更加专业，有的场所甚至需要采用龙门架安装（比如卡口和电警系统）；变压器和电源是必须配置的，如果是220VAC工作的摄像机可以不配置变压器；拾音器在大多数情况下不配置，有特别应用和需求的场所需要配置，用来监听现场的声音，不过在AI时代音频还会有更广阔的发展前景；云台和解码器逐渐被淘汰，在一些特定场景使用（比如高空瞭望），逐渐被高速球型摄像机所取代，通常配置在需要摄像机全方位转动的场所，有云台必定有解码器；光端机用于摄像机图像信号传输距离较长或者不便于采用视频线和网线传输的环境下配置，分1路、2路、4路、8路、16路、32路等多种规格；防雷器和接地体用于雷电多发地区的室外公共场所，比如城市道路、高速公路、变电站、工厂等场所（在"防雷与接地工程"中有详述）；抗干扰器主要用于模拟系统，环境对摄像机信号干扰严重的场所，比如有强电、强磁场、变频电机的干扰（后文有详述）。

本节主要讲解摄像机和镜头的分类和相关技术，其余设备在其他章节描述。大部分情况下，拾音器、云台、解码器、光端机、防雷器、接地体、信号放大器、抗干扰器属于可选设备，根据项目的实际情况选用。

2.1 摄像机的主要分类

摄像机（Camera）是整个视频监控系统的核心，相当于人体中的眼睛，采用光电转换技术进行成像，主要由镜头、芯片、机板、电源系统、外壳、辅助设备等组成。市面上的摄像机种类繁多，尤其是主流厂商（比如海康威视和大华股份）针对不同行业、不同场所设计了不同规格型号的摄像机，规格可能高达数千种，再加上新型的AI芯片，产生了更多类型的新型摄像机，可以说目前对摄像机没有统一的分类方法，本书对摄像机从多个角度进行分类，以方便大家对摄像机能够有一个深刻的了解。

（1）按成像芯片划分。

摄像机按照成像芯片划分，可分为CCD摄像机和DPS摄像机。如图4-3所示。

图4-3 按成像芯片划分摄像机

在模拟监控时代使用最多的就是CCD摄像机，而在数字时代和智能时代采用CMOS摄像机。这是视频监控系统发展的一个重大变化。

CCD是Charge Coupled Device的缩写，即电荷耦合组件。是指一系列摄像组件，此组件可将光线转变成电荷，并可将电荷储存及转移，且能令储藏之电荷取出，使电压发生变化。它是一种半导体成像器件，因而具有灵敏度高、抗强光、畸变小、体积小、寿命长、抗震动、抗磁场、无残影等特点等优点。是代替摄像管传感器的新型器件。CCD尺寸摄影机所使用之CCD可分为1"、1/1.8"、1/2"、1/2.8"、2/3"、1/3"、1/4"等尺寸类别。因为影像表面变小，图素数量及敏感度（Sensitivity）随之减少。为了节省成本，制造商多采用1/3"CCD和1/4"CCD，如果是500万像素以上的摄像机，多采用1"CCD。CCD的工作原理是：被摄物体反射光线，传播到镜头，经镜头聚焦到CCD芯片上，CCD根据光的强弱积聚相应的电荷，经周期性放电，产生表示一幅幅画面的电信号，经过滤波、放大处理，通过摄像头的输出端子输出一个标准的复合视频信号。这个标准的视频信号同家用的录像机、VCD机、家用摄像机的视频输出是一样的，所以也可以录像或接到电视机上观看。

DPS是Digital Pixel System的缩写，DPS是一种图像传感器，就像CCD图像传感器，功能是一样的。实际上它是一种COMS图像传感器，采用宽动态图像传感器和图像处理技术，内置全新的宽动态光电传感器件，故宽动态效果好于CCD摄像机，而且是一个纯数字化的图像传感器。DPS专利技术是美国PIXIM公司申请的图像传感器专利技术，使用这项专利技术的图像传感器就称作DPS图像传感器。利用DPS图像传感器，结合美国PIXIM公司的宽动态处理技术，是行业内公认的所能达到的最大动态范围。DPS是一种创新的视频捕获（传感器）和图像处理方式，视频传感器在曝光周期内对进入每个像素的光线进行多次取样，DPS不仅仅记录每个像素的光线总量，也计算光线的变化速率，对每个像素光线的处理可以达到比CCD 和CMOS 更宽的动态范围，在光线变化很大的情况下具有更出色的图像效果。图像处理系统对每个像素持续地进行模数转化并以并行方式发送，整个图像处理过程全数字化，因此可提供很高的信噪比和精确再现原始的画面质量，而且无任何拖尾/开花等现象。

CMOS(Complementary Metal-Oxide-Semiconductor)，中文名为互补金属氧化物半导体，它本是计算机系统内一种重要的芯片，保存了系统引导最基本的资料。CMOS的制造技术和一般计算机芯片没什么差别，主要是利用硅和锗这两种元素所做成的半导体，使其在CMOS上共存着带N（带-电）和 P（带+电）级的半导体，这两个互补效应所产生的电流即可被处理芯片记录和解读成影像。后来发现CMOS经过加工也可以作为数码摄影中的图像传感器，CMOS传感器也可细分为被动式像素传感器(Passive Pixel Sensor CMOS)与主动式像素传感器(Active Pixel Sensor CMOS)。

被动式像素结构，又叫无源式。它由一个反向偏置的光敏二极管和一个开关管构成。光敏二极管本质上是一个由P型半导体和N型半导体组成的PN结，它可等效为一个反向偏置的二极管和一个MOS电容并联。当开关管开启时，光敏二极管与垂直的列线（Column bus）连通。位于列线末端的电荷积分放大器读出电路（Charge integrating amplifier）保持列线电压为一常数，当光敏二极管存贮的信号电荷被读出时，其电压被复位到列线电压水平，与此同时，与光信号成正比的电荷由电荷积分放大器转换为电荷输出。

主动式像素结构，又叫有源式，几乎在CMOS PPS像素结构发明的同时，人们很快认识到在像素内引入缓冲器或放大器可以改善像素的性能，在CMOS APS中每一像素内都有自己的放大器。集成在表面的放大晶体管减少了像素元件的有效表面积，降低了"封装密度"，使40%～50%的入射光被反射。这种传感器的另一个问题是，如何使传感器的多通道放大器之间有较好的匹配，这可以通过降低残余水平的固定图形噪声较好地实现。由于CMOS APS像素内的每个放大器仅在此读出期间被激发，所以CMOS APS的功耗比CCD图像传感器的还小。

据之前的统计，投入CMOS研发、生产的厂商较多，美国有30多家、欧洲7家、日本约8家、韩国1家、中国台湾有8家。而居全球领先地位的厂商是Agilent(HP)，其市场占有率51%、ST(VLSI Vision)占16%、Omni Vision占13%、现代占8%、Photobit约占5%。

CCD与CMOS传感器是被普遍采用的两种图像传感器，两者都是利用感光二极管（Photodiode）进行光电转换，将图像转换为数字数据，而其主要差异是数字数据传送的方式不同。CCD传感器中每一行中每一个像素的电荷数据都会依次传送到下一个像素中，由最底端部分输出，再经由传感器边缘的放大器进行放大输出；而在CMOS传感器中，每个像素都会邻接一个放大器及A/D转换电路，用类似内存电路的方式将数据输出。造成这种差异的原因在于：CCD的特殊工艺可保证数据在传送时不会失真，因此各个像素的数据可汇聚至边缘再进行放大处理；而CMOS工艺的数据在传送距离较长时会产生噪声，因此，必须先放大，再整合各个像素的数据。

（2）按颜色划分。

摄像机按照颜色划分，可分为彩色摄像机、黑白摄像机和彩转黑摄像机(日夜转换摄像机)，如图4-4所示。

图4-4　按颜色划分摄像机

随着技术的发展和成本的降低，目前主流视频监控系统摄像机大部分采用彩色摄像机，因为彩色摄像机的画面更清晰、更真实，而逐渐淘汰了黑白摄像机。黑白摄像机出现较早而且应用时间较长，具有画面清晰度高，成本低廉的优势，在某些应用场合中还存在，另外在一些高端摄像机市场依然存在黑白摄像机，比方说工业面阵相机、工业线阵相机等。

图4-5　黑白工业面阵相机

尽管彩色摄像机有着明显的技术优势和市场优势，但受技术限制，当环境照明照度较低的情况下（比如晚上，一般是小于0.5Lux）彩色摄像机无法形成清晰的彩色图像，大部分情况下是"黑白"图像或者什么都看不到，而如果图像是"黑白"的话，可以在更低的照度形成清晰的"黑白"图像，故彩色转黑白摄像机应运而生。彩转黑（Day/Night，日/夜转换）摄像机大部分情况下都属于"宽动态"摄像机，当环境照度大于一定的值，会自动形成"彩色"图像，当照度低于一定的照度，彩色图像会自动切换为"黑白"图像（甚至在白天的情况下），大大提高了摄像机的适应范围和工作时间，适合于环境照明变化较大的场所应用（比如户外）。

图4-6　黑白工业线阵相机

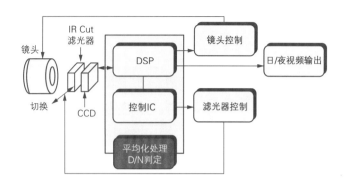

图4-7 彩转黑摄像机工作原理

有的彩转黑摄像机配置红外灯，可以在0Lux的环境中工作，依然可以形成清晰的黑白图像，故彩转黑摄像机将是未来的发展趋势。

随着技术的进步，市场上出现了星光摄像机（最低照度：彩色0.0007Lux，黑白

图4-8 星光摄像机

图4-9 黑光摄像机

0.0001Lux）和黑光摄像机（最低照度：彩色0.0004Lux，黑白0.0001Lux，红外0 Lux），有的采用了双sensor架构，而且把像素从200万提高到400万像素。

拥有了更低的照度、更高的像素就会有更大应用范围场景，比如就可以不受白天黑夜的限制，而且可以更大限度的发挥AI在智能视频监控系统中的应用。

（3）按制式划分。

摄像机按照制式划分，可分为PAL制式摄像机和NTSC制式摄像机，如图4-10

所示。

关于PAL制式和NTSC制式在前文已经有详述，我国主要采用PAL制式，故在国内销售的摄像机大部分都是PAL制式的。

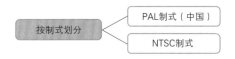

图4-10　按制式划分摄像机

市面上的有些摄像机同时支持PAL制式和NTSC制式，可自由切换。当然"制式"仅适用于模拟监控系统。

（4）按接线方式划分。

摄像机按接线方式划分，可分为无线摄像机、同轴摄像机和网络摄像机，如图4-11所示。

图4-11　按接线方式划分摄像机

无线摄像机由普通摄像机和音视频发射机组成，有的是二合一无线摄像机，也可以单独由普通摄像机和发射机组成，在后端需要配合音视频接收机使用，无线网络摄像机应用于不便于布线的场合使用（比如临时性的建筑工地、需要移动的或者现有的建筑场合），但也有缺陷，无线传送的距离较短而且容易收到干扰（比如强磁场）和阻隔（比如墙壁或者混凝土建筑），应用范围较小。当然采用专用的无线收发器可以增加传输距离和抗干扰性。

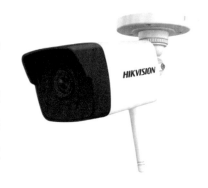

图4-12　无线摄像机

目前也有很多摄像机支持通过3G/4G/5G网络进行无线传输的，不过带宽成本太高，仅适用偶发性监控使用。

同轴摄像机是最常见而且是历史上应用最广的摄像机类型，通常称之为模拟摄像机，最常见的传输介质是同轴电缆，也有通过双绞线（相当于网线）传输的。同轴电缆因为本身的衰减特性导致传输距离不能过长（最远距离大约1500m）加之铜缆价格高企成本相对也比较高，故也有通过光缆进行传输的，通过光缆传输需要光端机（成对使用，一发一收），传输距离较大（最远可传输60km），可满足大部分远距离传输需要。

图4-13　模拟摄像机

采用同轴电缆传输的摄像机，在细分市场领域还可分为SDI数字高清摄像机、HDCVI和HDTVI摄像机。

随着互联网技术的发展，网络摄像机逐渐得到了普及并占绝了大多数市场。网络摄像机通过网络传输，不需要额外布线，通常不受传输距离限制，只要有网络的地方，就可以很容易构建一套网络传输系统。网络摄像机和传统的模拟摄像机相比，生成的信号是数字的而不是模拟的，便于传输、记录和保存。缺点是越高清的视频越占用带宽（通常每路图像需要2~10Mbit/s的带宽甚至更高）、画面质量较模拟摄像机差、成本也比较高。

图4-14　网络摄像机

目前，主流的视频监控系统多采用网络摄像机，民用市场尤其是家装市场采用无线摄像机较多（比如海康的萤石系统和大华的乐橙系统），同轴摄像机虽然目前的市场占比在逐渐下降，但依然拥有巨大的存量市场和特定的应用场景，依然是高清视频监控的较好选择。

（5）按分辨率划分。

摄像机按分辨率划分，可分为低分辨率摄像机、中分辨率摄像机和高分辨率摄像机，如图4-15所示。

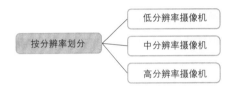

图4-15　按分辨率划分模拟摄像机

在模拟监控系统中，低分辨率摄像机的分辨率低于420线（相当于38万像素），随着技术的发展已经逐渐被淘汰；中分辨率摄像机的分辨率在420~520线之间（相当于38万~50万像素），是模拟监控系统中应用最多类型的摄像机；高分辨率摄像机的分辨率高于520线（相当于50万像素以上）属于高清摄像机，未来摄像机发展的趋势，向高清、高画质发展。电视线针对模拟监控系统而言，像素针对数字化监控系统而言，通常后端的显示设备分辨率要求高于前端摄像机的分辨率，否则就达不到摄像机的最佳监控效果。

在网络监控时代，摄像机的像素常见的分辨率有130、200、300、400、600万像素，再往上还有4K（4096×2160像素）和8K（7680×4320像素）分辨率的摄像机，如图4-16所示。

（6）按外形划分。

摄像机按外形划分，可分为枪式摄像机、半球摄像机、筒形摄像机、一体化摄像机、高速球

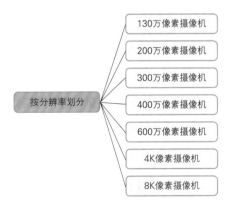

图4-16　按分辨率划分网络摄像机

型摄像机、针孔摄像机、全景摄像机、防腐蚀摄像机、防暴（爆）摄像机、机板型摄像机和子弹头摄像机，如图4-17所示。

枪式摄像机是最常见的摄像机类型，也是应用最广最成熟的摄像机，适用于各种场合，尤其适用于户外和安装环境复杂的场所，在卡口、电子警察等专业市场应用广泛，通常需要单独配置镜头和防护罩；半球摄像机外形小巧，适合电梯、公交车、户内环境安装，不需要额外配置护罩和支架，安装方便，造价低廉，一般内置镜头；筒形摄像机通常内置镜头、封装红外补光灯、内置护罩，容易安装，多用于民用市场；一体化摄像机相对枪式摄像机内置了大倍数变焦镜头，适合配套云台和高速球使用，相比枪式摄像机配置大变焦镜头要便宜，也可以单独配置固定护罩和支架使用；高速球型摄像机是内置云台、解码器、可360°旋转的摄像机，用于需要全方位监控的环境，比如出入口、人流量较大的区域、码头、生产车间等，可进行多种编程，实现花样、预置位等功能，较之固定

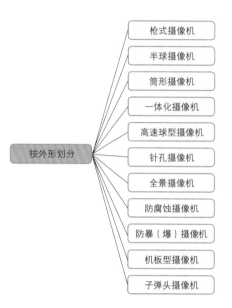

图4-17　按外形划分摄像机

摄像机、云台摄像机具有更大的使用范围和灵活性，是目前的一种主流应用；针孔摄像机外形小巧，安装隐蔽，适合ATM机、监狱和需要隐蔽安装的环境使用；全景摄像机可以进行180°或360°拍摄，有鱼眼式的也有多镜头拼接或者枪球联动类型的；防腐蚀摄像机是针对特定易腐蚀环境设计的，主要在于防护罩可以使用严苛的腐蚀环境使用；防暴（爆）摄像机安装有防暴（爆）护罩和支架，可防止外力破坏，适用于环境恶劣的环境，比如矿井、油田、监狱等需要更高安全环境的场所，防暴是防普通的外力破坏、防爆是防爆炸的环境；机板型摄像机功能简单、外形小巧，适合集成在其他设备或系统中使用；子弹头摄像机和针孔摄像机相类似，但较针孔摄像机要大，具有防水、防尘效果，适用于水小环境或者灰尘较大的环境。摄像机外形的不同主要是适应不同的安装环境。

各种类型的摄像机实物图如图4-18所示。

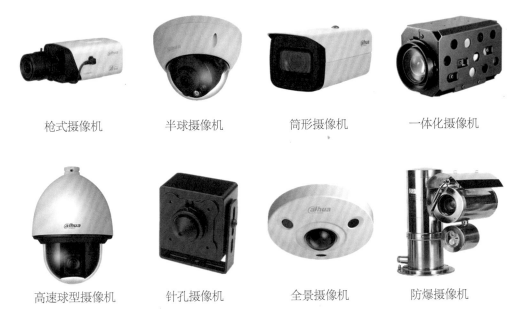

| 枪式摄像机 | 半球摄像机 | 筒形摄像机 | 一体化摄像机 |

| 高速球型摄像机 | 针孔摄像机 | 全景摄像机 | 防爆摄像机 |

图4-18　各种外观的摄像机

（7）按工作电压划分。

摄像机按工作电压划分，可分为9V DC摄像机、12V DC摄像机、24V AC摄像机、110V AC摄像机和220V AC摄像机，如图4-19所示。

工作电压是9V DC（9V直流电源）的摄像机比较少见，大多数情况下都是被微型摄像机所采用；12V DC（直流电源）和24V AC（交流电源）是常见的摄像机工作电压，大部分摄像机采用这两种类型的工作电压，或者同时支持两种电压工作模式；110V AC通常是NTSC制式摄像机的工作电压；220V AC通常是PAL制式摄像机的工作电压。

需要说明的是常见的一体化摄像机、高速球型摄像机多采用24V AC的工作电压，因为容易获取更高功率的电源；采用220V AC直接给摄像机供电，省去了变压器，但需要就近供电或者单独敷设管线供电，否则容易产生电磁干扰，这在工程施工的过程中需要注意。

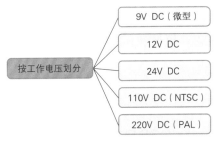

图4-19　按工作电压划分摄像机

（8）按最低照度划分。

摄像机按照最低照度划分，可分为普通型摄像机、月光型摄像机、星光型摄像机和红外型摄像机，如图4-20所示。

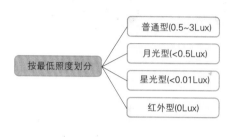

除此之外目前还有出现黑光型摄像机和激光型摄像机，都是星光型或红外型的变种。

关于照度在第二章视频监控技术中已经有详细描述，那么如何根据环境照度选择对应的摄像机最低照度呢？是不是环境最低照度就是摄像机的最低照度呢？看看表4-1就知道了。

图4-20　按最低照度划分摄像机

表4-1　照度与摄像机选择的关系

监视目标的照度	对摄像机最低照度的要求（在F/1.4情况下）
<50Lux	<=1Lux
50~100Lux	<=3Lux
>100Lux	<=5Lux

由表4-1可知，摄像机的最低照度并不是监控环境的最低照度，摄像机的最低照度要远远小于环境照度。一般摄像机机最低照度在0.5~3Lux被称之为普通型摄像机、在0.5Lux以下被称为月光型摄像机、在0.01Lux以下被称为星光型摄像机、最低照度为0Lux（完全无可见光的环境）的摄像机被称为红外摄像机。红外摄像机本身并不能实现0Lux的照度，而是依靠一定数量的红外灯同时要选用可感红外光的CCD，激光摄像机原理也类似。在缺乏补光的环境下多采用红外摄像机。

2.2　摄像机的组成部分和相关技术介绍

（1）CCD摄像机主要技术指标及发展历史。

1）CCD彩色摄像机的主要技术指标。

· CCD尺寸：亦即摄像机靶面。早期多为1/2in，之后1/3in得到普及，1/4in和1/5in也已商品化，现在1in、1/1.8in和1/2.8in也很常见。

- CCD像素：是CCD的主要性能指标，它决定了显示图像的清晰程度，分辨率越高，图像细节的表现越好。CCD是由面阵感光元素组成，每一个元素称为像素，像素越多，图像越清晰。

- 水平分辨率：主要适用于模拟摄像机，典型的彩色摄像机分辨率是在320~580电视线之间，主要有330、380、420、460、500线等不同档次。分辨率是用电视线（简称线TV LINES）来表示的，彩色摄像头的分辨率在330~500线之间。分辨率与CCD和镜头有关，还与摄像头电路通道的频带宽度直接相关，通常规律是1MHz的频带宽度相当于清晰度为80线。频带越宽，图像越清晰，线数值相对越大。

- 最小照度：也称为灵敏度。是CCD对环境光线的敏感程度，或者说是CCD正常成像时所需要的最暗光线。照度的单位是勒克斯（Lux），数值越小，表示需要的光线越少，摄像头也越灵敏。月光级和星光级等高增感度摄像机可工作在黑暗条件（夜间或无光环境）。

- 扫描制式：有PAL制和NTSC制之分。

- 信噪比：典型值为46dB，若为50dB，则图像有少量噪声，但图像质量良好；若为60dB，则图像质量优良，不出现噪声。

- 视频输出：模拟输出多为1Vp-p、75Ω，均采用BNC接头，网络摄像机的视频信号输出多为VGA、HDMI和DVI接头。

- CCD摄像机的工作方式：被摄物体的图像经过镜头聚焦至CCD芯片上，CCD根据光的强弱积累相应比例的电荷，各个像素积累的电荷在视频时序的控制下，逐点外移，经滤波、放大处理后，形成视频信号输出。视频信号连接到监视器或电视机的视频输入端便可以看到与原始图像相同的视频图像。

- 电子快门：电子快门的时间在1/50~1/100000s之间，摄像机的电子快门一般设置为自动电子快门方式，可根据环境的亮暗自动调节快门时间，得到清晰的图像。有些摄像机允许用户自行手动调节快门时间，以适应某些特殊应用场合。

- 外同步与外触发：外同步是指不同的视频设备之间用同一同步信号来保证视频信号的同步，它可保证不同的设备输出的视频信号具有相同的帧、行的起止时间。为了实现外同步，需要给摄像机输入一个复合同步信号(C-sync)或复合视频信号。外同步并不能保证用户从指定时刻得到完整的连续的一帧图像，要实现这种功能，必须使用一些特殊的具有外触发功能的摄像机。

- 光谱响应特性：CCD器件由硅材料制成，对近红外比较敏感，光谱响应可延伸至1.0μm左右。其响应峰值为绿光(550nm)。夜间隐蔽监视时，可以用近红外灯照明，人眼看不清环境情况，在监视器上却可以清晰成像。由于CCD传感器表面有一层吸收紫外的透明电极，所以CCD对紫外不敏感。彩色摄像机的成像单元上有红、绿、蓝3色滤光条，所以彩色摄像机对红外、紫外均不敏感。

2）CCD摄像机发展史。在全球光电产业中，数码相机和拍照手机产品正成为又一热门产品，其产业规模持续高速增长，取代传统相机的速度不断加快，成为各大公司重点投资、扩产的产品，其核心部件，CCD图像传感器更是成为业界关注的焦点，因为至今其技术仍然掌握在少数日本厂商手中。CCD产品问世已有30多年，从当时的20万像素发展到目前的1000万以上像素，无论其市场规模还是其应用面，都得到了巨大的发展，可以说是在平稳中逐步提高。据统计在CCD应用产品中，以数码相机所占比重最高，占45%，摄录像机占43%，视频监视摄影机等其他产品占13%。由于CCD的技术生产工艺复杂，目前，业界只有索尼、飞利浦、松下、富士和夏普等厂商可以批量生产，而其中最主要的供商应是索尼，是市场领导厂商。当然CCD摄像机逐渐被CMOS所替代。

目前的CCD组件，每一个像素的面积和开发初期比较起来，已缩小到1/10in以下。在应用产品趋向小型化，高像素的要求下，单位面积将会更加的缩小。

以下是索尼公司按年代划分而发展的CCD传感器简介。

1969年，美国的贝尔电话研究所发明了CCD。它是一个将"光"的信息转换成"电"的信息的魔术师。当时的索尼公司开发团队中，有一个叫越智成之的年轻人对CCD非常感兴趣，开始了对CCD的研究。但是由于这项研究距离商品化还遥遥无期，所以越智成之只能默默地独自进行研究。1973年，一个独具慧眼的经营者——时任索尼公司副社长的岩间发现了越智的研究，非常兴奋地说道："这才应该是由索尼半导体部门完成的课题！好，我们就培育这棵苗！"当时的越智仅仅实现了用64像素画了一个粗糙的"S"。然而，岩间撂了一句让越智大惑不解的话："用CCD造摄像机。我们的对手不是电器厂商，而是胶片厂商伊斯特曼·柯达！"当时的索尼和柯达可以说是风马牛不相及，为什么对手会是柯达？时间过去了近40年后的今天，当索尼推出使用800万像素的F828数码相机步入市场的时候，谜底终于揭穿了，岩间说的是"要以超过柯达的胶卷照片的图像质量为目标搞CCD开发！"

岩间是那种有远见的经营者，索尼开始引进晶体管时，站在第一线指挥的就是岩间，他亲自到美国考察，从美国不断地发回技术报告，靠着这些报告，索尼前身的东京通信工业生产出了晶体管，成长为世界一流的半导体厂家。当时，CCD只是实验室里的东西，谁也没有想到它能成为商品。因为按照当时的技术水平，人们普遍认为：运用大规模的集成电路技术、完美无缺地生产在一个集成块上具有10万元件以上的CCD，几乎是不可能的。一般的企业在搞清这个情况以后就从研究中撤了下来。但岩间却不这么认为，他的结论是："正因为机会谁都没有动手搞，我们才要搞！"

这在当时是一种边沿的研究，温吞水的努力是难以奏效的。而且，这还是一项很费钱的研究，据说从开发阶段直到实现商品化，索尼花在CCD上的钱高达200亿日元。项目研究虽然只花了30亿日元，但因为CCD的加工制造需要大量专有技术，实现大量生产时的技术积累过程难度最大，所以这方面投下了170亿日元。因此，这个项目如果没有优秀的经营者的支持根本办不到。岩间曾任索尼的美国分社长，回到日本索尼以后担任副社长兼索尼中央研究所的所长。据索尼开发团队带头人木原的回忆："回国最初，岩间视察了中央研究所的全体，随着时间的过去，他的关心逐渐移到了CCD开发方面。大家注意到他一天之中有一半是在从事 CCD研究的越智成之身旁度过的。到了1973年11月，CCD终于立了项，成立了以越智为中心的开发团队。"

在全公司的支援下，开发团队克服重重困难，终于在1978年3月制造出了被人认为"不可能的"、在一片电路板上装有11万个元件的集成块。以后，又花了2年的岁月去提高图像质量，终于造出了世界上第一个CCD彩色摄像机。在这个基础上再改进，首次实现了CCD摄像机的商品化。当时，CCD的成品率非常低，每100个里面才有一个合格的，生产线全开工运转一周也只能生产一块。有人开玩笑说：这哪里是合格率，这简直就是发生率！索尼接到全日空13台CCD摄像机的订单，其中用的CCD集成块的生产足足花了一年。

1980年1月，升任社长的岩间又给了开发团队新的目标："开发使用CCD技术的录像录音一体化的摄像机"。又是苦斗，经过了公布样品、统一规格、CCD 摄像机开发团队和普通摄像机开发团队的携手大奋战，1985年终于诞生了第一部8mm摄像机

"CCD-V8"。从开始着手CCD的研究，直到生产出第一台 8mmCCD摄像机，已经经历了15年的岁月了。

从CCD开发到数码摄像机的商品化，仅仅是一个开端。真正实现与光学相机相匹敌的图像质量，还有很长的路要走。数码相机上最初使用的CCD虽然是将录像机专用品转用的，但是很快在数码相机专用CCD方面出现了"像素竞争"，静止画面用CCD质量迅速地提高了。

以下是索尼公司进入20世纪80年代后，以年代为顺序，在CCD传感器技术方面的发展简介：

HAD感测器（80年代初期）：HAD（HOLE-ACCUMULATION DIODE）传感器是在N型基板，P型，N+2极体的表面上，加上正孔蓄积层，这是SONY独特的构造。由于设计了这层正孔蓄积层，可以使感测器表面常有的暗电流问题获得解决。另外，在N型基板上设计电子可通过的垂直型隧道，使得开口率提高，换句话说，也提高了感度。在20世纪80年代初期，索尼将其领先使用在 INTERLINE方式的可变速电子快门产品中，即使在拍摄移动快速的物体也可获得清晰的图像。

ON-CHIP MICRO LENS（80年代后期）：80 年代后期，因为CCD中每一像素的缩小，将使得受光面积减少，感度也将变低。为改善这个问题，索尼在每一感光二极管前装上经特别制造的微小镜片，这种镜片可增大CCD的感光面积，因此，使用该微小镜片后，感光面积不再因为感测器的开口面积而决定，而是以该微小镜片的表面积来决定。所以在规格上提高了开口率，也使感亮度因此大幅提升。

SUPER HAD CCD（90年代中期）：进入90年代中期后，CCD技术得到了迅猛发展，同时，CCD的单位面积也越来越小，受CCD面积限制，索尼1989年开发的微小镜片技术已经无法再提升 CCD的感亮度了，而如果将 CCD组件内部放大器的放大倍率提升，将会使噪声同时提高，成像质量就会受到较大的影响。为了解决这一问题，索尼将以前在 CCD上使用的微小镜片的技术进行了改良，提升光利用率，开发将镜片的形状最优化技术，即索尼 SUPER HAD CCD技术。这一技术的改进使索尼CCD在感觉性能方面得到了进一步的提升。

NEW STRUCTURE CCD（1998年）：在摄影机光学镜头的光圈F值不断的提升下，进入到摄影机内的斜光就越来越多，但更多的斜光并不能百分百地入射到CCD传感器上，从而使CCD的感光度受到限制。在1998年时，索尼公司就注意到这一问题对成像质量所带来的负面效果，并进行了技术公关。为改善这个问题，他们将彩色滤光片和遮光膜之间再加上一层内部的镜片。加上这层镜片后可以改善内部的光路，使斜光也可以完全地被聚焦到CCD感光器上，而且同时将硅基板和电极间的绝缘层薄膜化，让会造成垂直CCD画面杂讯的讯号不会进入，使SMEAR特性改善。

EXVIEW HAD CCD（1999年）：比可视光波长更长的红外线光，会在半导体硅芯片内做光电变换。可是至当前为止，CCD无法将这些光电变换后的电荷，以有效的方法收集到感测器内。为此，索尼在1999年新开发的"EXVIEW HAD CCD"技术就可以将以前未能有效利用的近红外线光，有效转换成为映像资料而用。使得可视光范围扩充到红外线，让感亮度能大幅提高。利用"EXVIEW HAD CCD"组件时，在黑暗的环境下也可得到高亮度的照片。而且之前在硅晶板深层中做的光电变换时，会漏出到垂直CCD部分的SMEAR成分，也可被收集到传感器内，所以影响画质的噪声也会大幅降低。

在模拟监控时代应用最广泛的是Super HAD CCD和EXVIEW HAD CCD，Super HAD CCD用于普通摄像机，EXVIEW HAD CCD用于低照度摄像机、日夜转换摄像机和红外摄像机。

虽然说CCD逐渐被CMOS代替，但依然具有相当大比例的摄像机采用CCD的解决方案，而且在工业领域CCD依然是较好的解决方案。

工业CCD主要有以下几种类型应用：

• 面阵CCD：面阵CCD可以在一次曝光中以任意的快门速度来捕捉动态对象，创建二维的影像，其主要应用在高阶数码相机、保安监视器和摄录机等方面。

• 线阵CCD：用一排像素扫描过图片，做三次曝光——分别对应于红、绿、蓝 三色滤镜，正如名称所表示的，线性传感器是捕捉一维图像。初期应用于广告界拍摄静态图像，线性阵列，处理高分辨率的图像时，受局限于非移动的连续光照的物体。广泛应用于扫描仪及复印机之类的处理静态图像的场合。

• 三线传感器CCD：在三线传感器中，三排并行的像素分别覆盖RGB滤镜，当捕捉彩色图片时，完整的彩色图片由多排的像素来组合成。三线CCD传感器多用于高端数码相机，以产生高的分辨率和光谱色阶。

• 交织传输CCD：这种传感器利用单独的阵列摄取图像和电量转化，允许在拍摄下一图像时在读取当前图像。交织传输CCD通常用于低端数码相机、摄像机和拍摄动画的广播拍摄机。

• 全幅面CCD：此种CCD具有更多电量处理能力，更好动态范围，低噪声和传输光学分辨率，全幅面CCD允许即时拍摄全彩图片。全幅面CCD由并行浮点寄存器、串行浮点寄存器和信号输出放大器组成。全幅面CCD曝光是由机械快门或闸门控制去保存图像，并行寄存器用于测光和读取测光值。图像投摄到作投影幕的并行阵列上。此元件接收图像信息并把它分成离散的由数目决定量化的元素。这些信息流就会由并行寄存器流向串行寄存器。此过程反复执行，直到所有的信息传输完毕。接着，系统进行精确的图像重组。

（2）DPS技术和宽动态技术。

要深刻认识DPS技术，就需要先了解宽动态技术（Wide Dynamic Range，WDR）。所谓动态是指动态范围，是指某一可改变特性的变化范围，那么宽动态那就是指这一变化范围比较宽，当然是相对普通的来说。针对摄像机而言，它的动态范围是指摄像机对拍摄场景中光线照度的适应能力，量化一下它的指标，用分贝(dB)来表示。举个例子，普通CCD摄像机的动态范围是3dB，宽动态一般能达到80dB，好的能达到100dB，即便如此，跟人眼相比，还是差了很多，人眼的动态范围能达到1000dB，而更为高级的是鹰的视力更是人眼的3.6倍。

那么所谓超级宽动态、超宽动态又是什么概念呢？有些厂家为了和别的厂家区分或者用来展示自己的宽动态效果比较好，就增加了一个Super（超级）。实际上目前只有所谓的一代，二代的区别。早期摄像机厂家为了提高自身摄像机的动态范围，采用两次曝光成像，然后叠加输出的做法。先对较亮背景快速曝光，这样得到一个相对清晰的背景，然后对实物慢曝光，这样得到一个相对清晰的实物，然后在视频内存中将两张图片叠加输出。这样做有个固有的缺点，一是摄像机输出延时，并且在拍快速运动的物体时存在严重的拖尾；二是清晰度仍然不够，尤其在背景照度很强，事物跟背景反差较大的情况下很难清晰成像。那么二代又是什么呢？这就是所要讲的DPS。

图像传感器一般分为三大类：CCD、CMOS、APS以及Pixim的数字像素系统技术（Digital Pixel System）。CCD传感器是原始的图像传感器技术，它需要复杂的实现系统和高制造成本的工艺，从而限制了其在许多市场中的发展。20世纪90年代早期，随着新兴CMOS制造技术的出现，CMOS APS (活动像素传感器)产品得到发展，并成为低端市场中CCD传感器的主要替代产品。DPS(数字像素系统)产品则源于20世纪90年代中期斯坦福大学(Stanford University)的技术突破。

DPS专利技术是美国PIXIM公司申请的图像传感器专利技术，早期所有使用DPS传感器的宽动态摄像机，都是基于PIXIM公司提供的方案，利用DPS图像传感器，结合美国PIXIM公司的宽动态处理技术，是行业内公认的所能达到的最大动态范围。

1）DPS技术优点。

· **宽动态**：90~120dB，距离来说明，比如在人在背光的时候，如果不开起背光补偿，CCD是看不清人面的，但开了背光补偿，就看不清后面强光的环境（如左侧图）。采用DPS技术可以看到清晰的图像，这是DPS技术最大的优点。

· **漏光控制**：CCD在看强光，比如太阳的时候，会有光栅出现，DPS就没有这个现象。

2）DPS技术缺点。

· **低照度差**：30Lux 以下就要补光，不然会开启 slow shutter，就变成拖影（这是曝光不足造成的拖影）。

· **运动图像拖影**：当运动问题以高速80K/M以上的时候，DPS拖影会很严重，这是DPS传感器（Sensor）结构决定的，但可以解决，加大曝光量（加大曝光量有两种方法：一是增加曝光时间，二增加环境照度)。但在监控市场上，工程这两种方法都不太理想。当你增加曝光时间，那就变成帧数不足，另外增加环境照度不是乙方可以随便控制的。

· DPS白平衡算法有少许问题：在看色温变化严重的环境，DPS 会变化很严重；

· 价格比较高：比一般的CCD芯片要贵一些。

· DPS摄像机适合环境：

→ 环境照度有保证的地方。

→ 有明暗的对比的地方。

· DPS摄像机不适合什么环境：

→ 照度太低的环境（低于30Lux），比如夜间监控。

→ 运动图像监控环境：比如主要出入口，车辆通道等。

（3）什么是CMOS。

CMOS全称为Complementary Metal-Oxide Semiconductor，中文翻译为互补性氧化金属半导体。CMOS的制造技术和一般计算机芯片没什么差别，主要是利用硅和锗这两种元素所做成的半导体，使其在CMOS上共存着带N（带﹣电）和 P（带+电）级的半导体，这两个互补效应所产生的电流即可被处理芯片记录和解读成影像。在"2.1 摄像机的主要分类"已经详细述及，这里不做过多描述。

（4）fps（每秒帧数）。

fps（Frames Per Second）每秒帧数。测量用于保存、显示动态视频的信息数量。这个词汇也同样用在电影视频及数字视频上。每一帧都是静止的图像；快速连续地显示帧便形成了运动的假象。每秒钟帧数 (fps) 越多，所显示的动作就会越流畅。通常，要避免动作不流畅的最低fps是PAL制式是25，NTSC制式是30。

模拟摄像机的输出帧数是固定的（PAL制式是25fps），对帧率的调整主要依靠后端设备（通常情况下是硬盘录像机），网络摄像机因为通过网络进行图像传输，越高的帧率需要更多的带宽，故摄像机的输出帧率可调。

（5）背光补偿（BLC）。

背光补偿控制（BLC，Back Light Compensation）能提供在非常强的背景光线前面目标的理想的曝光，无论主要的目标移到中间、上下左右或者荧幕的任一位置。一个不具有超强动态特色的普通摄像机只有如1/60s的快门速度和F2.0的光圈的选择，然而一个主要目标后面的非常亮的背景或一个点光源是不可避免的，摄像机将取得所有近来光线的平均值并决定曝光的等级，这并不是一个好的方法，因为当快门速度增加的时候，光圈会被关闭导致主要目标变得太黑而不被看见。为了克服这个问题，一种称为背光补偿的方法通过加权的区域理论被广泛使用在多数摄像机上。影像首先被分割成7块或6个区域（两个区域是重复的），每个区域都可以独立加权计算曝光等级，例如中间部分就可以加到其余区块的9倍，因此一个在画面中间位置的目标可以被看得非常清晰，因为曝光主要是参照中间区域的光线等级进行计算。然而有一个非常大的缺陷，如果主要目标从中间移动到画面的上下左右位置，目标会变得非常黑，因为现在它不被区别开来已经不被加权。

（6）γ校正。

伽玛校正（Gamma Correction）：所谓伽玛校正就是对图像的伽玛曲线进行编辑，以对图像进行非线性色调编辑的方法，检出图像信号中的深色部分和浅色部分，并使两者比例增大，从而提高图像对比度效果。计算机绘图领域惯以此屏幕输出电压与对应亮度的转换关系曲线，称为伽玛曲线（Gamma Curve）。以传统CRT（Cathode Ray Tube）屏幕的特性而言，该曲线通常是一个乘幂函数，$Y=(X+e)\gamma$，其中，Y为亮度、X为输出电压、e为补偿系数、乘幂值（γ）为伽玛值，改变乘幂值（γ）的大小，就能改变CRT的伽玛曲线。典型的Gamma值是0.45，它会使CRT的影像亮度呈现线性。使用CRT的电视机等显示器屏幕，由于对于输入信号的发光灰度，不是线性函数，而是指数函数，因此必需校正。

在电视和图形监视器中，显像管发生的电子束及其生成的图像亮度并不是随显像管的输入电压线性变化，电子流与输入电压相比是按照指数曲线变化的，输入电压的指数要大于电子束的指数。这说明暗区的信号要比实际情况更暗，而亮区要比实际情况更高。所以，要重现摄像机拍摄的画面，电视和监视器必须进行伽玛补偿。这种伽玛校正也可以由摄像机完成。对整个电视系统进行伽玛补偿的目的，是使摄像机根据入射光亮度与显像管的亮度对称而产生的输出信号，所以应对图像信号引入一个相反的非线性失真，即与电视系统的伽玛曲线对应的摄像机伽玛曲线，它的值应为$1/\gamma$，称为摄像机的伽玛值。电视系统的伽玛值约为2.2，所以电视系统的摄像机非线性补偿伽玛值为0.45。彩色显像管的伽玛值为2.8，它的图像信号校正指数应为$1/2.8＝0.35$，但由于显像管内外杂散光的影响，重现图像的对比度和饱和度均有所降低，所以现在的彩色摄像机的伽玛值仍多采用0.45。在实际应用中，可以根据实际情况在一定范围内调整伽玛值，以获得最佳效果。

（7）自动暗区补偿技术。

摄像机就好比人的眼睛一样，都是通过对光线的感应来捕捉物体或环境。当处于光线充足的环境中，摄像机可以获取清晰、明亮的图像，但是摄像机毕竟不是人眼，没有那么智能，当被监控的物体局部的光线照度较低的时候，对该局部的图像效果往往就会也有相当的限制。这也是传统的摄像机需要解决的关键技术之一。自动暗区补偿技术有别于超级宽动态技术，技术实现的手法和方法也不一样。自动暗区补偿技术是采用了新型的DSP（数字信号处理器），摄像机可自动探测出监控图像中的暗区，获取暗区周围图像的亮度数据，并通过计算每个区域的最佳修正曲线适时进行亮度调节。这种图像处理算法可以实时地并矫正背光以及暗区，再现自然、清晰的图像。

（8）自动增益控制（AGC）。

自动增益控制（Automatic Gain Control，AGC）所有摄像机都有一个将来自CCD的信号放大到可以使用水准的视频放大器，其放大量即增益，等效于有较高的灵敏度，可使其在微光下灵敏，然而在亮光照的环境中放大器将过载，使视频信号畸变。为此，需利用摄像机的自动增益控制（AGC）电路去探测视频信号的电平，适时地开关AGC，从而使摄像机能够在较大的光照范围内工作，此即动态范围，即在低照度时自动增加摄像机的灵敏度，从而提高图像信号的强度来获得清晰的图像。

（9）白平衡。

白平衡（White Balance）只用于彩色摄像机，其用途是实现摄像机图像能精确反映景物状况，有手动白平衡和自动白平衡两种方式。

1）自动白平衡。

▶ 连续方式：此时白平衡设置将随着景物色彩温度的改变而连续地调整，范围为2800~6000K。这种方式对于景物的色彩温度在拍摄期间不断改变的场合是最适宜的，使色彩表现自然，但对于景物中很少甚至没有白色时，连续的白平衡不能产生最佳的彩色效果。

▶ 按钮方式：先将摄像机对准诸如白墙、白纸等白色目标，然后将自动方式开关从手动拨到设置位置，保留在该位置几秒钟或者至图像呈现白色为止，在白平衡被执行后，将自动方式开关拨回手动位置以锁定该白平衡的设置，此时白平衡设置将保持在摄像机的存储器中，直至再次执行被改变为止，其范围为2300~10000K，在此期间，即使摄像机断电也不会丢失该设置。以按钮方式设置白平衡最为精确和可靠，适用于大部分应用场合。

2）手动白平衡。开手动白平衡将关闭自动白平衡，此时改变图像的红色或蓝色状况有多达107个等级供调节，如增加或减少红色各一个等级、增加或减少蓝色各一个等级。除此之外，有的摄像机还有将白平衡固定在3200K（白炽灯水平）和5500K（日光水平）等档次命令。

2.3　镜头的主要分类

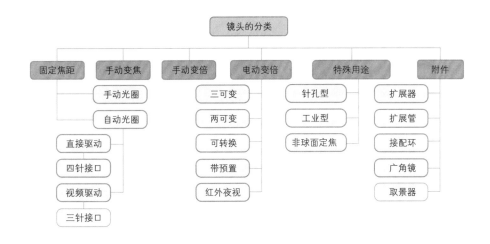

图4-21　镜头的分类

镜头（Lens）是摄像机也是监视系统的关键设备，它的质量（指标）优劣直接影响摄像机的整机指标，因此，摄像机镜头的选择是否恰当既关系到系统质量，又关系到工程造价。

镜头相当于人眼的晶状体，如果没有晶状体，人眼看不到任何物体；如果没有镜头，那么摄像头所输出的图像就是白茫茫的一片，没有清晰的图像输出，这与家用摄像机和照相机的原理是一致的。当人眼的肌肉无法将晶状体拉伸至正常位置时，也就是人们常说的近视眼，眼前的景物就变得模糊不清；摄像头与镜头的配合也有类似现象，当图像变得不清楚时，可以调整摄像头的后焦点，改变CCD芯片与镜头基准面的距离（相当于调整人眼晶状体的位置），可以将模糊的图像变得清晰。

由此可见，镜头在视频监控系统中的作用是非常重要的。工程设计人员和施工人员都要经常与镜头打交道：设计人员要根据物距、成像大小计算镜头焦距，施工人员经常进行现场调试，其中一部分就是把镜头调整到最佳状态。在一些成熟的民用市场通过选择半球、筒机、球机等已经内置镜头的产品节省配置和调试时间，但在一些专业市场（比如卡口和电子警察）对镜头的要求较高，需要根据监控场景进行配置。尤其是在AI当道的车牌识别和人脸识别领域对镜头、照度、高度要求更为苛刻，甚至需要在现场进行单独测试才可以选出适合的镜头。常见的镜头分类如图4-21所示。

如上图所示，镜头大体上可以分为固定焦距镜头、手动变焦/变倍镜头、电动变倍镜头和特殊用途镜头。在工程设计应用中，摄像机可以按照更多的分类方法进行分类，如下文所示。

（1）以镜头安装分类。

所有的摄像机镜头均是螺纹口的，CCD摄像机的镜头安装有两种工业标准，即C安装座和CS安装座。两者螺纹部分相同，但两者从镜头到感光表面的距离不同。

• C安装座：从镜头安装基准面到焦点的距离是17.526mm。

• CS安装座：特种C安装，此时应将摄像机前部的垫圈取下再安装镜头。其镜头安装基准面到焦点的距离是12.5mm。

如果要将一个C安装座镜头安装到一个CS安装座摄像机上时，则需要使用镜头转换器。

（2）以摄像机镜头规格分类。

摄像机镜头规格应视摄像机的CCD尺寸而定，两者应相对应。即

摄像机的CCD靶面大小为1/2in时，镜头应选1/2in。

摄像机的CCD靶面大小为1/3in时，镜头应选1/3in。

摄像机的CCD靶面大小为1/4in时，镜头应选1/4in。

如果镜头尺寸与摄像机CCD靶面尺寸不一致时，观察角度将不符合设计要求，或者发生画面在焦点以外等问题。

（3）以镜头光圈分类。

镜头有手动光圈（manual iris）和自动光圈（auto iris）之分，配合摄像机使用。

手动光圈镜头是的最简单的镜头，适用于光照条件相对稳定的条件下，手动光圈由数片金属薄片构成。光通量靠镜头外径上的一个环调节。旋转此圈可使光圈收小或放大。在照明条件变化大的环境中或不是用来监视某个固定目标，应采用自动光圈镜头，比如在户外或人工照明经常开关的地方。

自动光圈镜头因亮度变更时其光圈也作自动调整，故适用亮度变化的场合。自动光圈镜头有两类：一类是将一个视频信号及电源从摄像机输送到透镜来控制镜头上的光圈，称为视频输入型，另一类则利用摄像机上的直流电压来直接控制光圈，称为DC输入型。

自动光圈镜头上的ALC（自动镜头控制）调整用于设定测光系统，可以整个画面的平均亮度，也可以画面中最亮部分（峰值）来设定基准信号强度，供给自动光圈调整使

用。一般而言，ALC已在出厂时经过设定，可不作调整，但是对于拍摄景物中包含有一个亮度极高的目标时，明亮目标物之影像可能会造成"白电平削波"现象，而使得全部屏幕变成白色，此时可以调节ALC来变换画面。

另外，自动光圈镜头装有光圈环，转动光圈环时，通过镜头的光通量会发生变化，光通量即光圈，一般用F表示，其取值为镜头焦距与镜头通光口径之比，即：$F = f$（焦距）$/D$（镜头实际有效口径），F值越小，则光圈越大。

采用自动光圈镜头，对于下列应用情况是理想的选择，它们是：

· 在诸如太阳光直射等非常亮的情况下，用自动光圈镜头可有较宽的动态范围。

· 要求在整个视野有良好的聚焦时，用自动光圈镜头有比固定光圈镜头更大的景深。

· 要求在亮光上因光信号导致的模糊最小时，应使用自动光圈镜头。

在实际工程应用中，大多推荐自动光圈镜头。

（4）以镜头的视场大小分类。

以镜头的视场大小分类，可分为标准镜头、广角镜头、远摄镜头、变焦镜头、可变焦点镜头和针孔镜头。

· 标准镜头：视角30°左右，在1/2inCCD摄像机中，标准镜头焦距定为12mm，在1/3inCCD摄像机中，标准镜头焦距定为8mm。

· 广角镜头：视角90°以上，焦距可小于几毫米，可提供较宽广的视景。

· 远摄镜头：视角20°以内，焦距可达几米甚至几十米，此镜头可在远距离情况下将拍摄的物体影响放大，但使观察范围变小。

· 变倍镜头（zoom lens）：也称为伸缩镜头，有手动变倍镜头和电动变倍镜头两类。

· 可变焦点镜头（vari-focus lens）：它介于标准镜头与广角镜头之间，焦距连续可变，即可将远距离物体放大，同时又可提供一个宽广视景，使监视范围增加。变焦镜头可通过设置自动聚焦于最小焦距和最大焦距两个位置，但是从最小焦距到最大焦距之间的聚焦，则需通过手动聚焦实现。

· 针孔镜头：镜头直径几毫米，可隐蔽安装。

在工程设计中，如果室内环境建议采用广角镜头（视角更大），如果是户外环境或者需要变焦的环境采用变倍镜头可适应更多的环境采用（可灵活调整监控范围）。

（5）从镜头焦距上分。

从镜头焦距的大小分类，可分为：

· 短焦距镜头：因入射角较宽，可提供一个较宽广的视野。

· 中焦距镜头：标准镜头，焦距的长度视CCD的尺寸而定。

· 长焦距镜头：因入射角较狭窄，故仅能提供狭窄视景，适用于长距离监视。

· 变焦距镜头：通常为电动式，可作广角、标准或远望等镜头使用。

变焦距镜头（zoom lens）有手动伸缩镜头和自动伸缩镜头两大类。伸缩镜头由于在一个镜头内能够使镜头焦距在一定范围内变化，因此可以使被监控的目标放大或缩小，所以也常被称为变倍镜头。典型的光学放大规格有6倍（6.0~36mm，F1.2）、8倍（4.5~36mm，F1.6）、10倍（8.0~80mm，F1.2）、12倍（6.0~72mm，F1.2）、20倍（10~200mm，F1.2）、22倍（3.79~83.4mm，F1.6~F3.2）、23倍（3.84~88.4mm，F1.6~F3.2）、30倍（3.3~99mm，F1.6~F3.2）、35倍（3.4~119mm，F1.4）等档次，并以电动伸缩镜头应用最普遍。为增大放大倍数，除光学放大外还可施以电子数码放大。在电动伸缩镜头中，光圈的调整有三种，即自动光圈、直流驱动自动光圈、电动调整光圈。其聚焦和变倍的调整，则只有电动调整和预置两种，电动调整是由镜头内的马达驱动，而预置则是通过镜头内的电位计预先设置调整停止位，这样可以免除成像必须逐次调整的过程，可精确与快速定位。在球形罩一体化摄像系统中，大部分采用带预置位的伸缩镜头。另一项令用户感兴趣的则是快速聚焦功能，它由测焦系统与电动变焦反馈控制系统构成。

图4-22　定焦镜头

图4-23　变焦镜头

2.4 镜头相关技术介绍

（1）摄像机的规格。

摄像机CCD（Charge Coupled Device的缩写，即电荷耦合组件）的规格大小影响着观察视角，和镜头的选用密切相关，在使用相同镜头的条件下，CCD越小所获取的视角就越小。

对镜头的规格参数提出的要求是其所成图像能将CCD全部覆盖，例如使用和摄像机同一规格的镜头或比摄像机规格大的镜头。这也意味着1/3"规格的摄像机可以使用1/3"~1"的整个范围的镜头，该摄像机配置1/3"8mm的镜头同2/3"8mm的镜头获取的观察视角是一样的。只是由于使用后一种镜头时由于更多的利用了成型更精确镜头中心光路，所以可提供较好的图像质量和较高分辨率。

摄像机CCD的规格如图4-24所示。

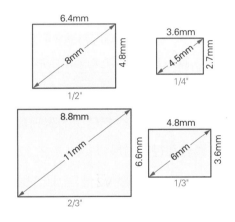

图4-24 CCD常见规格

（2）焦距。

焦距的大小决定着视场角的大小，焦距数值小，视场角大，所观察的范围也大，但距离远的物体分辨不很清楚；焦距数值大，视场角小，观察范围小，只要焦距选择合适，即便距离很远的物体也可以看得清清楚楚。由于焦距和视场角是一一对应的，一个确定的焦距就意味着一个确定的视场角，所以在选择镜头焦距时，应该充分考虑是观测细节重要，还是有一个大的观测范围重要。

93

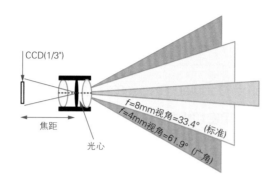

图4-25　镜头焦距和视角关系示意图

　　如果要看细节，就选择长焦距镜头；如果看近距离大场面，就选择小焦距的广角镜头。以1/3"镜头举例子（如图4-23所示），焦距为50mm的镜头视角大约5.5°（远望），焦距为8mm的镜头视角大约为33.4°（标准），焦距为4mm的镜头视角大约61.9°（广角）。

　　（3）光圈值。

　　光圈值：即光通量，用F表示，以镜头焦距f和通光孔径D的比值来衡量。每个镜头上都标有最大F值，例如6mm/F 1.4代表最大孔径为4.29mm。光通量与F值的平方成反比关系，F值越小，光通量越大。镜头上光圈指数序列的标值为1.4、2、2.8、4、5.6、8、11、16、22等，其规律是前一个标值时的曝光量正好是后一个标值对应曝光量的2倍。也就是说镜头的通光孔径分别是1/1.4、1/2、1/2.8、1/4、1/5.6、1/8、1/11、1/16、1/22，前一数值是后一数值的$\sqrt{2}$倍，因此光圈指数越小，则通光孔径越大，成像靶面上的照度也就越大。另外镜头的光圈还有手动（MANUAL IRIS）和自动光圈（AUTO IRIS）之分。配合摄像头使用，手动光圈适合亮度变化不大的场合，它的进光量通过镜头上的光圈环调节，一次性调整合适为止。自动光圈镜头会随着光线的变化而自动调整，用于室外、入口等光线变化大且频繁的场合。

　　（4）视角。

　　掌握摄取景物的镜头视角是重要的。视角随镜头焦距及摄像机CCD规格大小而变化。覆盖景物的焦距可利用下列公式计算。

$$f=vD/V \tag{4-1}$$

$$f=hD/H \tag{4-2}$$

式中　*f*——镜头焦距；

　　　v——CCD垂直尺寸；

　　　h——CCD横向尺寸；

　　　V——景物垂向尺寸；

　　　H——景物横向尺寸；

　　　D——镜头至景物距离。

镜头的*v*、*h*值参考表如表4-2所示。

表4-2　镜头*v*、*h*值参考表

格式	2/3"	1/2"	1/3"	1/4"
v(垂直)	6.6mm	4.8mm	3.6mm	2.7mm
h(水平)	8.8mm	6.4mm	4.8mm	3.6mm

举例说明（如图4-26所示）。

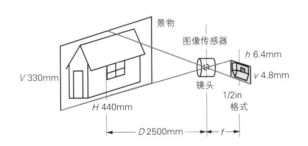

图4-26　摄像机成像示意图

1）垂直尺寸时。

1/2in摄像机　*v*=4.8mm。

景物垂直尺寸　*V*=330mm。

镜头至景物距离　*D*=2500mm。

将以上带入式（4-1）

$$f = 4.8 \times \frac{2500}{330} \approx 36 \text{（mm）}$$

2）横向尺寸时。

1/2in摄像机　　h=6.4mm

景物垂直尺寸　　H=440mm

镜头至景物距离　D=2500mm

将以上带入式（4-2）

$$f = 6.4 \times \frac{2500}{440} \approx 36 \text{（mm）}$$

（5）C型和CS型接口。

现在的摄像机和镜头通常都是CS型接口，CS型摄像机可以和C型和CS型镜头相接配，一旦C型镜头配接时，需要在摄像机和镜头之间加接5mm接配环以获得清晰图像。C型接口的摄像机不能同CS型的镜头相连接，因为实际上不可能使镜头的映像靠近CCD去获得清晰的图像。

C型和CS型接口如图4-27所示。

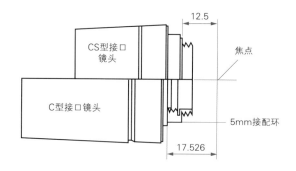

图4-27　C型和CS型接口镜头接口示意图

（6）IR镜头和无IR镜头。

由于白天和夜晚光的波长变化较大，普通镜头在夜间容易导致"焦点漂移"（在IR红外光线下无法正常聚焦）。IR镜头在光学设计上采用了ED玻璃，解决同一个镜头能昼夜不分连续24h完成拍摄，并不发生"焦点漂移"的难题。通过采用这种技术，即使在夜间全黑暗的环境下，借助使用红外线光源和日夜两用摄像机，就能完成昼夜连续的拍摄。

额外需要说明的是采用IR镜头的摄像机首先CCD要能够感应红外线、摄像机配置红外光源，目前市面上的感红外摄像机大多数都是一体机（配置了镜头、红外灯和红外感应型CCD）不需要额外考虑。

（7）镜头的分辨率。

描述镜头成像质量的内在指标是镜头的光学传递函数与畸变，但对用户而言，需要了解的仅仅是镜头的空间分辨率，以每毫米能够分辨的黑白条纹数为计量单位，计算公式为：镜头分辨率N = 180/画幅格式的高度。由于摄像机CCD靶面大小已经标准化，如1/2in摄像机，其靶面为宽6.4mm×高4.8mm，1/3in摄像机为宽4.8mm×高3.6mm。因此对1/2in格式的CCD靶面，镜头的最低分辨率应为38对线/mm，对1/3in格式摄像机，镜头的分辨率应大于50对线，摄像机的靶面越小，对镜头的分辨率越高。

（8）摄像机如何配置镜头，如何计算监控范围。

如果在知道被拍摄物体的大小和距离摄像机的距离，那么应该如何选用摄像机的CCD或者焦距，是大家最为关心的问题。首先看一组图像范围公式（可拍摄目标的大小和镜头焦距、CCD和距离之间的换算关系）。

1/4"CCD摄像机配镜头：

- 可拍摄的目标宽度（m）= (3.6×L) / f
- 可拍摄的目标高度（m）= (2.7×L) / f

1/3"CCD摄像机配镜头：

- 可拍摄的目标宽度（m）= (4.8×L) / f
- 可拍摄的目标高度（m）= (3.6×L) / f

1/2"CCD摄像机配镜头：

- 可拍摄的目标宽度（m）= (6.4×L) / f
- 可拍摄的目标高度（m）= (4.8×L) / f

备注：

- L：镜头和目标物之间的距离（m）。
- f：镜头焦距（mm）。
- W：物体宽度（m）。

- H：物体高度（m）。

运用以上公式，经过计算就可以得出如表4-3、表4-4所示结论。

表4-3　1/3"CCD摄像机配镜头时的图像范围

L (m)	超广角 f=2.8mm		广角 f=4mm		标准 f=8mm		望远 f=38mm		望远 f=58mm	
	W(m)	H(m)	W(m)	H(m)	W(m)	H(m)	W(m)	H(m)	W(m)	H(m)
1	1.71	1.29	1.20	0.90	0.60	0.45	0.13	0.09	0.08	0.06
3	5.14	3.86	3.60	2.70	1.80	1.35	0.38	0.28	0.25	0.19
5	8.57	6.43	6.00	4.50	3.00	2.25	0.63	0.47	0.41	0.31
8	13.71	10.29	9.60	7.20	4.80	3.60	1.01	0.76	0.66	0.50
10	17.14	12.86	12.00	9.00	6.00	4.50	1.26	0.95	0.83	0.62
20	34.29	25.71	24.00	18.00	12.00	9.00	2.53	1.89	1.66	1.24
30	51.43	38.57	36.00	27.00	18.00	13.50	3.79	2.84	2.48	1.86
50	85.71	64.29	60.00	45.00	30.00	22.50	6.32	4.74	4.14	3.10

表中左侧标注：镜头和目标物体之间的距离

表4-4　1/4"CCD摄像机配镜头时的图像范围

L (m)	超广角 f=2.8mm		广角 f=4mm		标准 f=8mm		望远 f=38mm		望远 f=58mm	
	W(m)	H(m)	W(m)	H(m)	W(m)	H(m)	W(m)	H(m)	W(m)	H(m)
1	1.29	0.96	0.90	0.68	0.45	0.34	0.09	0.07	0.06	0.05
3	3.86	2.89	2.70	2.03	1.35	1.01	0.28	0.21	0.19	0.14
5	6.43	4.82	4.50	3.38	2.25	1.69	0.47	0.36	0.31	0.23
8	10.29	7.71	7.20	5.40	3.60	2.70	0.76	0.57	0.50	0.37
10	12.86	9.64	9.00	6.75	4.50	3.38	0.95	0.71	0.62	0.47
20	25.71	19.29	18.00	13.50	9.00	6.75	1.89	1.42	1.24	0.93
30	38.57	28.93	27.00	20.25	13.50	10.13	2.84	2.13	1.86	1.40
50	64.29	48.21	45.00	33.75	22.50	16.88	4.74	3.55	3.10	2.33

表中左侧标注：镜头和目标物体之间的距离

3.本地传输系统

本地传输系统相对远程传输系统而言，一开始闭路监控电视系统的规模比较小，主要限于本地传输，不会牵涉到异地联网或者大型联网，传输相对简单。本地传输是指限于地理位置一定范围内的传输，一般传输的半径不超过60km就算本地传输，大部分情况下传输距离不会超过3000m。

随着闭路监控电视系统逐渐向视频监控系统转变，模拟监控向网络监控、数字监控转变，传输的放生了较大的变化，主要是传输媒介由同轴电缆向网络电缆改变。又随着云计算、大数据技术的发展，部分视频监控系统也可以部署在视频云上，产生了更高阶的应用。

尽管如此，在本章还是按照传统的本地传输方式分为两大块进行描述：即线路传输系统和抗干扰技术。重点探讨传统的同轴电缆传输方式，依然是传输系统的基础知识，网络传输的知识相信大家已经比较熟知了。

3.1　线路传输系统

线路传输系统按照传输方法主要分为模拟传输线路（以同轴电缆传输为主要介质）和网络传输线路（以网线和光缆为主要介质）。

（1）模拟传输线路。

模拟传输线路的主要特点是摄像机类型是模拟摄像机，线缆接口是模拟BNC接口，传输方式包括了同轴电缆传输、双绞线传输、光缆传输、无线传输和射频传输。

同轴电缆传输

图4-28　同轴电缆

同轴电缆传输是应用最早、最常见也是主流的模拟传输技术，摄像机和后端设备均直接支持同轴电缆连接，不需要额外的转换器。同轴电缆截面的圆心为导体，外用聚乙烯同心圆状绝缘体覆盖，再外面是金属编织物的屏蔽层，最外层为聚乙烯封皮。同轴电缆对外界电磁波和静电场具有屏蔽作用，导体截面积越大，传输损耗越小，可以将视频信号传送更长的距离。

同轴电缆的信号传输是以"束缚场"方式传输的，就是说把信号电磁场"束缚"在外屏蔽层内表面和芯线外表面之间的介质空间内，与外界空间没有直接电磁交换或"耦合"关系。所以同轴电缆是具有优异屏蔽性能的传输线；同轴电缆属于超宽带传输线，应用范围一般为0~2GHz以上；它又是唯一可以不用传输设备也能直接传输视频信号的线缆。

视频基带信号处在0~6M的频谱最低端，所以视频基带传输又是绝对衰减最小的一种传输方式。但也正是因为这一点，频率失真-高低频衰减差异大，便成为视频传输需要面对的主要问题；在视频传输通道幅频特性"-3dB"失真度要求内，75-5电缆传输距离约为120~150m；工程应用传输距离在三四百米以内还比较好，有的读者认为传输距离五六百米甚至1000m，实际上是没有标准的，也不具备参考加值。

同轴视频基带传输的主要技术问题是为实现远距离传输的频率加权放大和抗干扰问题。

在工程实际中，为了延长传输距离，要使用视频放大器。视频放大器对视频信号具有一定的放大，并且还能通过均衡调整对不同频率成分分别进行不同大小的补偿，以使接收端输出的视频信号失真尽量小。因此，在监控系统中使用同轴电缆时，为了保证有较好的图像质量，一般将传输距离范围限制在1000m左右。

另外，同轴电缆在监控系统中传输图像信号还存在着一些缺点：

• 同轴电缆较粗，在大规模监控应用时布线不太方便；

• 同轴电缆一般只能传视频信号，如果系统中需要同时传输控制数据、音频等信号时，则需要另外布线；

• 同轴电缆抗干扰能力有限，不适用于强干扰环境。

为了改善同轴电缆传输的缺点，又保持模拟视频画面无损、高清的特点，大华股份研发出了HDCVI同轴传输系统。HDCVI（High Definition Composite Video

Interface），即高清复合视频接口。HDCVI是大华股份于2012年发布的拥有完全自主产权的百万像素同轴高清技术。

　　HDCVI技术具备高清、无损、实时、超距、畅听等特点，具备120dB真实宽动态，满足逆光、背光等明暗对比强烈的场景监控。

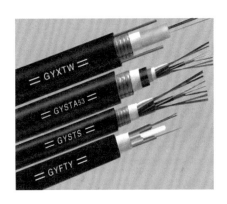

图4-29　光缆

光缆传输

　　光缆传输可同时适用于模拟视频监控和网络视频监控。模拟监控光缆传输由光纤和光端机组成。常用的光缆传输是"视频对射频调幅，射频对光信号调幅"的调制解调传输系统。技术源于远程通信系统，技术成熟程度很高，在单路、多路，单向、双向，音频、视频、控制，模拟、数字等，光缆传输技术都是远距离传输最有效的方式。传输效果也公认比较好。适于几公里到几十公里以上的远距离视频传输，比如高速公路、平安城市、雪亮工程、城市道路监控等。

　　光纤有多模光纤和单模光纤之分。单模光纤只有单一的传播路径，一般用于长距离传输，多模光纤有多种传播路径，多模光纤的带宽为50~500MHz/km，单模光纤的带宽为2000MHz/km，光纤波长有850nm，1310nm和1550nm等。850nm波长区为多模光纤通信方式；1550nm波长区为单模光纤通信方式；1310nm波长区有多模和单模两种；850nm的衰减较大，但对于2~3MILE（1MILE=1604m）的通信较经济。光纤尺寸按纤维直径划分有50μm缓变型多模光纤、62.5μm缓变增强型多模光纤和8.3μm突变型单模光纤，光纤的包层直径均为125μm，故有62.5/125μm、50/125μm、

9/125μm等不同种类。由光纤集合而成的光缆，室外松管型为多芯光缆，室内紧包缓冲型有单缆和双缆之分。

单模光纤在波长1.31μm或1.55μm时，每公里衰减可做到0.2~0.4dB以下，是同轴电缆每公里损耗的1%，因此模拟光纤多路电视传输系统可实现30km无中断传输，这个基本上能满足超远距离的视频监控系统。

光缆和光端机应用在监控领域里主要是为了解决两个问题：一是传输距离，二是环境干扰。双绞线和同轴电缆只能解决短距离、小范围内的监控图像传输问题，如果需要传输数公里甚至上百公里距离的图像信号则需要采用光纤传输方式。另外，对一些超强干扰场所、雷击，为了不受环境干扰影响，也要采用光缆传输方式。因为光纤具有传输带宽大、容量大、不受电磁干扰、受外界环境影响小等诸多优点，一根光纤就可以传送监控系统中需要的所有信号，传输距离可以达到上百公里。光端机可以提供一路和多路图像接口，还可以提供双向音频接口、一路和多路各种类型的双向数据接口（包括RS232、RS485、以太网等），将它们集成到一根光缆上传输。光端机为监控系统提供了灵活的传输和组网方式，信号质量好、稳定性高。近些年来，由于光纤通信技术的飞速发展，光纤和光器件的价格下降很快，使得光纤监控系统的造价大幅降低，甚至低于铜缆，所以光缆和光端机在监控系统中的应用越来越普及。

光纤中传输监控信号要使用光端机，它的作用主要就是实现电-光和光-电转换。光端机又分为模拟光端机和数字光端机。

· 模拟光端机：模拟光端机采用了PFM调制技术实时传输图像信号，发射端将模拟视频信号先进行PFM调制后，再进行电-光转换，光信号传到接收端后，进行光-电转换，然后进行PFM解调，恢复出视频信号。由于采用了PFM调制技术，其传输距离很容易就能达到30km左右，有些产品的传输距离可以达到60km，甚至上百公里。并且，图像信号经过传输后失真很小，具有很高的信噪比和很小的非线性失真。通过使用波分复用技术，还可以在一根光纤上实现图像和数据信号的双向传输，满足监控工程的实际需求。

· 数字光端机：由于数字技术与传统的模拟技术相比在很多方面都具有明显的优势，所以正如数字技术在许多领域取代了模拟技术一样，光端机的数字化也是一种必然趋势。数字图像光端机主要有两种技术方式：一种是MPEG II图像压缩数字光端机，另一种是非压缩数字图像光端机。图像压缩数字光端机一般采用MPEG II图像压缩技术，它能将活动图像压缩成N×2Mbit/s的数据流通过标准电信通信接口传输或者直接通过光纤传输。由于采用了图像压缩技术，它能大大降低信号传输带宽。

无线传输

无线传输主要由无线收发器组成，当然也可以通过3G/4G/5G网络进行传输（由于流量昂贵并未得到大面积普及），不需要线缆传输。在布线有限制或者已经不具备布线条件的环境中，近距离的无线传输是最方便的。无线视频传输由发射机和接收机组成，每对发射机和接收机有相同的频率，可以传输彩色和黑白视频信号，并可以有声音通道。无线传输的设备体积小巧，质量轻，一般采用直流供电。另外由于无线传输具有一定的穿透性，不需要布视频电缆等特点，也常用于视频监控系统（一般常用于铁路、医院、临时建筑、变电站等场所）。

为了更好地提高无线传输的距离和速率，市面上出现了各种无线传输产品，无线视频监控的传输方式主要包括模拟微波传输、数字微波传输、COFDM（多载波）移动、视频传输和3G/4G/5G无线传输。频率为700M的网桥，带宽有150M、300M、1000M；移动视频传输距离从1~100km不等，延时只要200ms；模拟无线传输的频率有1.0～1.7G 、2.4G、5.8G、10GHz，距离可以从500m~50km不等。

• 模拟微波传输。此种方式传输就是将视频信号直接调制在微波的通道上，通过天线发射出去，监控中心通过天线接收微波信号，再通过微波接收机解调出原来的视频信号。此种监控方式没有压缩损耗，几乎不会产生延时，因此可以保证视频质量，但其只适合点对点单路传输，不适合规模部署，此外因没有调制校准过程，抗干扰性差，在无线信号环境复杂的情况下几乎不可以使用。而模拟微波的频率越低，波长越长，绕射能力强，但极易干扰其他通信，因此，在20世纪90年代此种方式较多使用，现在使用较少，但价格

图4-30 数字光端机

也有优势。

· 数字微波传输。数字微波即是先将视频信号编码压缩，通过数字微波信道调制，再利用天线发射出去；接收端则相反，由天线接收信号，随后微波解扩及视频解压缩，最后还原为模拟的视频信号传输出去，此种方式也是目前国内市场较多使用的。数字微波的伸缩性大，通信容量最少可用十几个频道，且建构相对较易，通信效率较高，运用灵活。

· COFDM（多载波）传输。COFDM技术适合在城区、城郊、建筑物内等非通视和有阻挡的环境中应用，表现出卓越的"绕射""穿透"能力，适合高速移动中传输，可应用于车辆、船舶、直升机/无人机等平台；适合高速数据传输，速率一般大于4Mbit/s，满足高质量视音频的传输；在复杂电磁环境中，COFDM具备优异的抗干扰性能，图像清晰稳定，无雪花；图像可加密，有效防止信息泄露。

· 3G/4G/5G传输。是指借助联通、移动、电信的3G/4G/5G网络进行传输的一种无线传输方式。这种传输方式原理和简单，就是摄像机采集到的信号通过3G设备把信号上传至网络，然后后端只要能上网的地方就可以查看图像。

射频传输

射频传输方式继承了有线电视成熟的射频调制解调传输技术，并结合监控实际开发了一系列的相关产品。

射频传输是用视频基带信号，对几十兆赫到几百兆赫的射频载波调幅，形成一个8M射频调幅波带宽的"频道"，沿用有线电视技术，从46~800多MHz，可以划分成许多个8M"频道"，每一路视频调幅波占一个频道，多个频道信号通过混合器变成一路射频信号输出、传输，在传输末端再用分配器按频道数量分成多路，然后由每一路的解调器选出自己的频道，解调出相应的一路视频信号输出；传输主线路是一条电缆，多路信号共用一条射频电缆，这就是目前安防行业里所介绍的"共缆""一线通"等射频传输产品。

传输距离比较远，能在一条电缆中，同时传输多路视频，可以双向传输。这在某些摄像机分布相对集中，且集中后又需要远距离传输几公里以内的场合，应用射频调制解调传输方式比较合理。传输上单缆、多路，单向、双向，音频、视频、控制等同时进行和兼容等，都是射频调制解调传输方式的技术特点和优势；

由于射频传输方式继承了有线电视成熟的射频调制解调传输技术，理论上和实践上都有比较成熟的产品。射频传输在安防工程中应用，技术上是成熟的，但是应用较少。

（2）网络传输线路。

网络传输线路的主要特点是摄像机类型是网络摄像机（也有采用视频服务器或编解码器进行网络传输的，可以采用模拟摄像机），摄像机线缆接口是RJ-45网络接口，可以通过局域网、广域网进行传输，总之计算机可以连通的网络都可以进行网络摄像机信号传输。网络传输线路已经成为当前主流的传输方式，随着互联网技术的迅速发展，很多视频监控系统部署在视频云上，以适应云计算、大数据的发展趋势。

网络传输从原理上彻底避免了模拟信号传输对失真度的苛刻要求，技术上也已经有了足够的传输分辨率和图像清晰度，如考虑互联网，传输距离几乎是无限的。而且谁都不否认这将是未来视频传输的主流方向。但目前就安防行业而言，技术瓶颈仍然是网络带宽和存储记录介质的容量制约，使适用的传输分辨率和图像清晰度目前大多处于130万~300万像素之间，当然目前最先进的技术可以支持到4K分辨率甚至8K分辨率。按照笔者的经验以CIF分辨率传输大约需要512kbit/s的带宽，以D1分辨率传输大约需要2Mbit/s的传送带宽，如果传输1080P的分辨率大约需要6Mbit/s带宽。最新的H.265视频编码标准相较H.264标准可大大节约传输带宽。

大多数网络摄像机支持双码流传输，即采用H.264和H.265两种码流，最大程度优化图像质量和带宽资源。可根据项目的实际带宽情况进行技术调节。

3.2　抗干扰技术

（1）同轴视频传输的方式。

抗干扰通常是针对同轴电缆而言，网络传输介质的传输受到的干扰要小很多。

同轴电缆是一种超宽带传输介质，从直流到微波都可以传输。同轴传输的理论基础是电磁场理论，与一般电工电路理论有重要区别。如电缆连接采用芯线、屏蔽网分别焊接、扭接，又如用"三通"做视频信号分配等，这从电工电路角度看是合理的，但从同轴传输角度看是一种原理性错误。同轴视频有线传输的方式主要有两种：基带同轴传输和射频同轴传输，还有一种"数字视频传输"，如互联网，属于综合传输方式。

• 同轴视频基带传输：这是一种最基本，最普遍，应用最早，使用最多的一种传输方式。同轴电缆低频衰减小，高频衰减大，是人人都明白的道理，但射频早在30多年以前就实现了多路远距离传输，而视频基带传输却长期停留在单路100m上下的水平上；视频监控工程中在降低对图像质量要求情况下，也只能用到五六百米。这里面技术进步的难点就是同轴视频基带传输的频率失真太严重的问题。射频传输，一个频道的相对带宽（8M）只有百分之几，高低频衰减差很小，一般都可以忽略；但在同轴视频基带传输方式中，低频10~50Hz与高频6MHz，高低频相差十几万到几十万倍，高低频衰减（频率失真）太大，而且不同长度电缆的衰减差也不同，不可能用一个简单的、固定的频率加权网路来校正电缆的频率失真，用宽带等增益视频放大器，也无法解决频率失真问题。所以说要实现同轴远距离基带传输，就必须解决加权放大技术问题，而且这种频率加权放大的"补偿特性"，必须与电缆的衰减和频率失真特性保持相反、互补、连续可调，以适应工程不同型号，不同长度电缆的补偿需要，这是技术进步最慢的历史原因。

• 射频同轴传输：也就是有线电视的成熟传输方式，是通过视频信号对射频载波进行调幅，视频信息承载并隐藏在射频信号的幅度变化里，形成一个8M标准带宽的频道，不同的摄像机视频信号调制到不同的射频频道，然后用多路混合器，把所有频道混合到一路宽带射频输出，实现用一条传输电缆同里传输多路信号，在末端，再用射频配器分成多路，每路信号用一个解调器解调出一个频道的视频信号。对一个频道（8M）内电缆传输产生的频率失真，应该由调制解调器内部的加权电路完成，对于各频道之间宽带传输频率失真，由专用均衡器在工程现场检测调试完成；对于传输衰减，通过计算和现场的场强检测调试完成，包括远程传输串接放大器、均衡器前后的场强电平控制；射频多路传输对于几公里以内的中远距离视频传输有明显优势。射频传输方式继承了有线电视的成熟传输方式，在视频监控行业应用，其可行性，可信度和可靠性，在技术上是不用怀疑的。射频同轴传输也就是经常说的"共缆"和"一线通"系统，宣传多过实际应用，主要原因在于射频网络的设计和调试复杂、对工程技术人员要求的素质较高、同时需要专业的连接设备和调试设备。

在本章所描述的抗干扰技术主要针对同轴视频基带传输系统。

（2）视频干扰的主要表现形式。

视频监控系统在不同环境、不同安装条件和不同施工人员下，由于线路、电气环境的不同，或是在施工中疏忽，容易引发各种不同的干扰。这些干扰就会通过传输线缆进入视频监控系统，造成视频图像质量下降、系统控制失灵、运行不稳定等现象，直接影响到整个系统的质量。

视频干扰的主要表现形式

• 在监视器的画面上出现一条黑杠或白杠，并且向上或向下滚动。也就是所谓的50Hz工频干扰。这种干扰多半是由于前端与控制中心两个设备的接地不当引的电位差，形成环路进入系统引起的；也有可能是由于设备本身电源性能下降引起的。

• 图像有雪花噪点。这类干扰的产生主要是由于传输线上信号衰减以及耦合了高频干扰所致。

• 视频图像有重影，或是图像发白、字符抖动，或是在监视器的画面上产生若干条间距相等的竖条干扰。这是由于视频传输线或者是设备之间的特性阻抗不是75Ω而导致阻抗不匹配造成的。

• 斜纹干扰、跳动干扰、电源干扰。这种干扰的出现，轻微时不会淹没正常图像，而严重时图像扭曲就无法观看了。这种故障现象产生的原因较多也较复杂，比如视频传输线的质量不好，特别是屏蔽性能差，或者是由于供电系统的电源有杂波而引起的，还有就是系统附近有很强的干扰源。

• 大面积网纹干扰，也称单频干扰。这种现象主要是由于视频电缆线的芯线与屏蔽网短路、断路造成的故障，或者是由于BNC接头接触不良所致。

（3）视频干扰的干扰源。

工程中的干扰可以概括分成3类：

• 源干扰：视频信号源内部，包括电源产生的干扰，这种干扰视频源信号中已经包含干扰。

• 终端干扰：终端设备，包括设备电源产生的干扰，这种干扰能对输入的无干扰视频信号加入新的干扰。

• 传输干扰：传输过程中通过传输线缆引入的干扰，主要是电磁波干扰，包括地电

位干扰类。

源干扰和终端干扰，尽管工程中也常遇到，但都属于设备本身问题，不属于工程抗干扰范畴。故本书与以讨论，主要讨论传输干扰。在视频传输的过程中产生的干扰主要来源以下几个方面：

· 由传输线引入的空间辐射干扰：这种干扰现象的产生，主要是因为在传输系统、系统前端或中心控制室附近有较强的、频率较高的空间辐射源。这种情况的解决办法一个是在系统建立时，应对周边环境有所了解，尽量设法避开或远离辐射源；另一个办法是当无法避开辐射源时，对前端及中心设备加强屏蔽，对传输线的管路采有钢管并良好接地。

· 接地干扰：前端设备的"地"与控制室设备的"地"相对"电网地"的电位不同，即两处接地点相对电网"地"的电势差不同，那么通过电源在摄像机与控制设备形成电源回路，视频电缆屏蔽层又是接地的，这样50Hz的工频干扰进入矩阵或者硬盘录像机或者画面处理器，产生干扰。对于此类干扰，由于很难使各处的"地"电位与"电网地"的电位差完全相同，比较有效有方法是切断形成地环流的路径，采用切断地环回路的方法。值得一提的是，由于同轴电缆过长，中间免不了有接头，如接头处理不好，屏蔽网碰到金属线槽也会产生此种干扰，因此在处理时也要注意到此种情况。

· 电源干扰：由于供电系统的电源不"洁净"而引起的。这里所指的电源不"洁净"，是指在正常的电源上叠加有干扰信号。而这种电源上的干扰信号，多来自本电网中使用可控硅的设备，特别是大电流、高电压的可控硅设备，对电网的污染非常严重，这就导致了同一电网中的电源不"洁净"。这种情况的解决方法比较简单，只要对整个系统采用净化电源或在线UPS供电就基本上可以得到解决。

· 阻抗不匹配：由于传输线的特性阻抗不匹配引起的故障现象。这是由于视频传输线的特性阻抗不是75Ω或者是设备本身的特性阻抗不是75Ω而导致阻抗失配造成的。对于此类干扰应尽量使系统内各设备阻抗匹配。

（4）干扰产生了，如何判断干扰的部位。

指干扰产生在"前端、本地传输系统、本地控制系统"哪个部分。排除干扰，分清部位，缩小范围，对症下药，事半功倍。

· 前端系统：主要是摄像机和电源，可以使用监视器直接观察视频信号，用直流小监视器观察可避免交流电路干扰影响；

　　• 本地传输系统：主要包括各种线缆，线缆头和线缆中间接点质量；用视频加权抗干扰器"有效，无效"可以准确判断；

　　• 本地控制系统：主要包括矩阵控制主机、分配器、分割器、硬盘录像机等相关设备，末端供电系统和接地线路引入的干扰；用12V电池供电的摄像机信号，直接送给末端设备判断。

　　不同系统的干扰解决的方法不同：只有中间传输部分的干扰，属于常见的"环境电磁干扰"，用各类视频抗干扰器解决，一般都有一定的效果。一般通过抗烦扰器就可以解决。

　　如果是前端和后端设备干扰，用各类型抗干扰器的结果都应该是"无效或效果不明显"；这类干扰包括两种：一是设备故障和问题，包括摄像机本身问题、电源问题、电压降低问题，后端设备、电源本身问题等，解决办法是查找和排除设备故障；二是干扰属于"传导干扰"：包括监控设备之间通过连线和电源线相互耦合的干扰，监控设备通过供电系统、接地系统传导引入的各种干扰；排除这类干扰，有一定难度，需要进行各种各个样的测试方能确定。

　　（5）干扰的解决方案。

　　要解决抗烦扰，主要通过以下方法进行：

　　• "防"：对干扰设防，把干扰"拒之门外"。常见的有效措施有：给传输线缆一个屏蔽电磁干扰的环境，这是最基本、最有效的防止干扰"入侵"的手段。将传输线缆穿镀锌铁管，走镀锌线槽，深埋地下布线等，这对于包括变电站超高压环境下安全传输视频信号都是有效的。不足之处是成本较高，不能架空布线，施工较麻烦；也可以采用专业采用双绝缘双屏蔽抗干扰同轴电缆，但是成本价高；同时摄像机与护罩绝缘，护罩接大地，尽可能通过防雷系统或者接地系统做好接地工作。

　　• "避"：避开干扰，另选一条"传输线路"，改变源信号传输方式。属于这一类的技术有：光缆传输、射频、微波、数字变换等各种传输方式都属于"信息调制和变换"方式，或"频分方式"，它能有效避开源信号传输中0~6M频率范围的直接干扰；这种方式抗干扰很有效。目前也有一些不肯介绍原理的产品，如采用编码和向上移动信号频带的方法等，大概也属于这一类产品。采用"避"的技术，工程中还应考虑两个问题：一是成本和复杂度的提高，二是变换损失——失真和信噪比的降低，不要一个矛盾掩盖另一个矛盾。最常见的方法就是采用光端机或者网络传输的方法进行。

• "抗"：视频信号传输过程中，如果干扰已经"混"进视频信号中，使信噪比（指信号/干扰比）严重降低，必须采用抗干扰设备抑制干扰信号幅度，提高信噪比。目前主要技术措施有：传输变压器抑制50/100Hz低频干扰有一定效果，但局限性较大，通用性较差，应用面还较少；"斩波"技术，原理上是吸收或衰减干扰信号频率分量。问题是难以应付工程中千变万化的干扰频率，对于谐波分量丰富的干扰（如变频电机干扰）抑制能力较差，值得注意的是这种办法在吸收干扰的同时，也吸收掉一部分有用信号，造成新的失真；视频预放大提高"信号/干扰"比（信噪比）技术：原理是线路干扰大小是不会再变的，可以在线路前端，先把摄像机视频信号大幅度提升，从而提高了整个传输过程中的"信号/干扰"比（信噪比），在传输末端再恢复视频源信号特性，达到抑制干扰的目的。理论上、实践上这种抗干扰技术都应该是可行的、有效的。问题是具体技术实现起来有一定难度，市场上有一种这类产品，确实有一定的抗干扰效果。但没考虑线缆传输失真、放大失真问题，没有真正解决视频信号的有效恢复问题，图像传输质量没有真正解决。市面上出现了一种新的产品"加权抗干扰器"。它同时具有抑制干扰和视频恢复双重功能，可有效抑制从50Hz~10MHz的广谱干扰，加权技术的成功应用，使频率越高抗干扰能力越强，进一步提高了高频干扰的抑制能力，并继承了加权视频放大专利技术高质量的视频恢复功能。

• "补"：补偿电缆传输和信号变换造成的视频信号传输损失，恢复视频源信号特性。电缆越长，产生干扰的概率越大，干扰幅度也越高。从视频传输角度考虑，在抗干扰的同时，必须考虑信号衰减和失真问题。线缆引起的衰减、失真和抗干扰设备引起的附加衰减和失真，只有有效的补偿措施才能算真正的、有效的视频传输设备。

3.3 线缆传输相关技术知识

随着互联网的大面积普及，几乎音视频信号都可以通过网络（有线或者无线）进行传输，但专业的设备完成专业的需求依然存在。本节内容不是试图探讨网络线缆传输知识，而是探讨专业的音视频线缆传输知识，即使在今天的网络时代也依然适用。

（1）什么是视、音频线缆。

图4-31　单根视频线

视频连接线，简称视频线，由视频电缆和连接头两部分组成，其中，视频电缆是特征阻抗为75Ω的同轴屏蔽电缆，常见的规格按线径分为-3和-5两种，按芯线分有单芯线和多芯线两种，连接头的常见的规格按电缆端连接方式分有压接头和焊接头两种，按设备端连接方式分有BNC（俗称卡头），RCA（俗称莲花头）两种。视频线是视频监控系统的重要组成部分，线缆质量的好坏直接影响视频通道的技术指标，质量差的视频线有可能造成信号反白、信号严重衰减，设备不同步，甚至信号中断。在视频系统中除少量控制信号线外，视频信号、同步信号、键控信号等信号都是由视频线传输，因而视频线发生问题是造成设备和系统故障常见的故障源之一。选择电缆首先应注意其标称的阻抗，有一种特征阻抗为50Ω的电缆在外观上和视频电缆很接近，切不可混淆。

图4-32　成捆的视频线

在工程施工过程中应注意电缆或连接头有没有发生氧化的情况，该电缆或连接头应当报废或者视情况进行处理，否则，氧化物将造成焊点虚焊，导致信号严重衰减，甚至中断。在连接头的选择上尽量符合设备需要，避免使用转换头，规格应按电缆的规格对应使用。其次，必须保证良好的压接质量或焊接质量。使用压接方式的接头，对电缆的各层线径和压接的工艺要求很严格，表面上制作起来较省事，但稍不注意，就可能虚接，如果经常拔插，可靠性就更低，应尽量避免使用这种类型的接头，不得已要使用时，最好压接后，再加焊一下，同时在拔插时，避免在电缆上用力。相对而言，焊接型的接头对工艺要求就低一些，但仍然需要注意接头的规格要和电缆规格一致，焊接要求和焊接普通电子电路板的要求相同，焊点要光滑，平整，没有虚焊。最后，必须检查是否有开路或短路的情况。每当做好一条视频线，无论是什么接头，长度多少，都要用万用表进行一次检查，确定没有开路或短路的情况后，才算完成。

音频连接线，简称音频线，由音频电缆和连接头两部分组成，其中，音频电缆一般为双芯屏蔽电缆，连接头常见的有RCA（俗称莲花头）、XLR（俗称卡侬头）、TRS JACKS（俗称插笔头）。在专业的音频市场上，尤其是发烧级HIFI音响系统中更加需要专业的音频线缆获取不失真的音频信号。

音频线相对视频线要复杂一些，除了以上视频线三个方面的注意事项外，还有一个平衡和不平衡接法的问题。所谓平衡接法就是用两条信号线传送一对平衡的信号的连接方法，由于两条信号线受的干扰大小相同，相位相反，最后将使干扰被抵消。由于音频的频率范围较低，在长距离的传输情况下，容易受到干扰，因此，平衡接法作为一种抗干扰的连接方法，在专业设备的音频连接中最为常见。不平衡接法就是仅用一条信号线传送信号的连接方法，由于这种接法容易受到干扰，所以只一般在家用电器上或一些要求较低的情况下使用。

（2）同轴电缆传输技术。

同轴电缆以硬铜线为芯，外包一层绝缘材料。有两种广泛使用的同轴电缆：一种是50Ω电缆（如RG-8、RG-58等），用于数字传输，由于多用于基带传输，也叫基带同轴电缆；另一种是75Ω电缆（如RG-59等），用于模拟传输，即本书主要讨论的宽带同轴电缆。这种区别是由历史原因造成的，而不是由于技术原因或生产厂家。同轴电缆的这种构，使它具有高带宽和极好的噪声抑制特性。同轴电缆的带宽取决于电缆长度。1km的电缆可以达到1~2Gb/s的数据传输速率。还可以使用更长的电缆，但是传输率要降低或使用中间放大器。

使用有线电视电缆进行模拟信号传输的同轴电缆系统被称为宽带同轴电缆。"宽带"这个词来源于电话业，指比4kHz宽的频带。然而在计算机网络中，"宽带电缆"却指任何使用模拟信号进行传输的电缆网。由于宽带网使用标准的有线电视技术，可使用的频带高达300MHz（常常到450MHz）；由于使用模拟信号，需要在接口处安放一个电子设备，用以把进入网络的比特流转换为模拟信号，并把网络输出的信号再转换成比特流。宽带系统又分为多个信道，电视广播通常占用6MHz信道。每个信道可用于模拟电视、CD质量声音(1.4Mb/s)或3Mb/s的数字比特流。电视和数据可在一条电缆上混合传输。

同轴电缆不可绞接，各部分是通过低损耗的连接器连接的。连接器在物理性能上与电缆相匹配。中间接头和耦合器用线管包住，以防不慎接地。若希望电缆埋在光照射不到的地方，那么最好把电缆埋在冰点以下的地层里。如果不想把电缆埋在地下，则最好采用电线杆来架设。同轴电缆每隔100m设一个标记，以便于维修。必要时每隔20m要对电缆进行支撑。在建筑物内部安装时，要考虑便于维修和扩展，在必要的地方还需提供管道，保护电缆。

同轴电缆一般安装在设备与设备之间。在每一个用户位置上都装备有一个连接器，为用户提供接口。接口的安装方法如下：

- 细缆：将细缆切断，两头装上BNC头，然后接在T型连接器两端。
- 粗缆：粗缆一般采用一种类似夹板的Tap装置进行安装，它利用Tap上的引导针穿透电缆的绝缘层，直接与导体相连。电缆两端头设有终端器，以削弱信号的反射作用。

同轴电缆具有足够的可柔性，能支持254mm(10in)的弯曲半径。中心导体是直径为2.17mm±0.013mm的实芯铜线。绝缘材料必须满足同轴电缆电气参数。屏蔽层是由满足传输阻抗和ECM规范说明的金属带或薄片组成，屏蔽层的内径为6.15mm，外径为8.28mm。外部隔离材料一般选用聚氯乙烯（如PVC）或类似材料。同轴电缆安装则比较简单，造价低，但由于安装过程要切断电缆，两头须装上基本网络连接头(BNC)，然后接在T型连接器两端，所以当接头多时容易产生接触不良的隐患，这是目前运行中的以太网所发生的最常见故障之一。为了保持同轴电缆的正确电气特性，电缆屏蔽层必须接地。同时两头要有终端器来削弱信号反射作用。

最常用的同轴电缆有下列几种：

· RG-8或RG-11 50Ω

· RG-58 50Ω

· RG-59 75Ω

· RG-62 93Ω

计算机网络一般选用RG-8以太网粗缆和RG-58以太网细缆。RG-59 用于闭路电视监控和有线电视系统。RG-62 用于ARCnet网络和IBM3270网络。

在一些军用市场、电力系统和通信系统中还存在大量的E1线路或者铜缆线路，因其可靠、安全、抗干扰性强等特点，还广泛存在于各种系统中。

（3）常用监控线缆及选型。

在视频监控系统和弱电系统中常用的电缆有以下几种类型：

· RG：物理发泡聚乙烯绝缘接入网电缆，用于同轴光纤混合网（HFC）中传输数据模拟信号。

· SYV：同轴电缆，视频监控系统、无线通信、广播工程和有关电子设备中传输射频信号（含综合用同轴电缆），是最常见的模拟监控传输线缆之一。

· SYWV(Y)/SYKV：有线电视、宽带网专用电缆；结构：（同轴电缆）单根无氧圆铜线+物理发泡聚乙烯（绝缘）+（锡丝+铝）+聚氯乙烯（聚乙烯），多用于射频传输和可视对讲系统。

· RV、RVP：聚氯乙烯绝缘电缆。

· RVV（227IEC52/53）：聚氯乙烯绝缘软电缆；多用于电源线和不需要屏蔽传输的控制线，即使在网络时代，电源的传输还是使用RVV线缆。

· RVS、RVB：适用于家用电器、小型电动工具、仪器、仪表及照明连接用电缆。

· RVVP：铜芯聚氯乙烯绝缘屏蔽聚氯乙烯护套软电缆，电压300V/300V，2-24芯，多用于控制信号传输，通常是需要屏蔽传输的控制信号或者数字信号。

· BV、BVR：聚氯乙烯绝缘电缆。用途：适用于电器仪表设备及动力照明固定布线用。

· UTP：局域网电缆。用途：传输电话、计算机数据、防火、防盗保安系统、智能楼宇信息网。

• SFTP：双绞线、传输电话、数据及信息网。

那么SYV和SYWV代表的具体含义是什么呢？电缆型号的组成每个字母都是代表一定含义的，按照相关标准和规范，线缆的表示组成如下：

分类代号 绝缘 护套 派生——特性阻抗——芯线绝缘外径——结构序号

例如：S F T——50——3

S：分类代号 F：绝缘 T：护套 50：特性阻抗 3：芯线绝缘外径

常见字母代号及其意义如表4-5所示。

表4-5　常见线缆字母代号及其意义

分类代号		绝缘		护套		派生	
符号	意义	符号	意义	符号	意义	符号	意义
S	同轴射频电缆	Y	聚乙烯	V	聚氯乙烯	P	屏蔽
SG	高压射频电缆	F	氟塑料	Y	聚乙烯	Z	综合式
ST	特种射频电缆	D	稳定聚乙烯空气绝缘	F	氟塑料		
SL	漏泄同轴射频电缆	U	聚四氟乙烯	R	辐照聚乙烯		
SC	耦合器同轴射频电缆	R	辐照聚乙烯	J	聚氨酯		
SM	水密、浮力电缆	YF	发泡聚乙烯半空气	T	铜管		
SW	稳相电缆	YK	纵孔聚乙烯半空气	B	玻璃丝编织浸有机硅漆		
		YD	垫片小管聚乙烯半空气				
		FC	F_4 打孔（微孔）半空气				
		YW	物理发泡聚乙烯半空气				

由上表可知SYV的S表示同轴射频电缆、Y表示聚乙烯绝缘、V表示聚氯乙烯护套。在工程设计中，到底如何选用各种规格的线缆，大家都很关心，这里给出部分参考值。

视频线：

- 摄像机到监控主机距离≤200m，用SYV 75-3视频线。

- 摄像机到监控主机距离>200m，用SYV 75-5视频线。

- 摄像机到监控主机距离>500m，用SYV 75-7视频线。

- 摄像机到监控主机距离>700m，建议采用视频放大器或者加权放大器或者视频恢复主机。

- 如果距离超过1000m，建议采用光缆传输。

- 最新的HDCVI同轴传输系统的传输距离更远一些。

云台控制线：

- 云台与控制器距离≤100m，用RVV 6×0.5护套线。

- 云台与控制器距离>100m，用RVV 6×0.75护套线。

- 如果是解码器控制线，则选用RVVP 2×1.5护套线（典型情况）。

镜头控制线：

- 采用RVV4×0.5护套线。

摄像机电源线：

- 摄像机到电源接入点的平均距离≤20m，用RVV 2×0.75护套线。

- 摄像机到电源接入点的平均距离>20m，用RVV 2×1.0护套线。

- 摄像机到电源接入点的平均距离>50m，用RVV 2×1.5护套线。

- 超过100m不建议采用DC12V/AC24V进行集中供电。

- 如果供电系统需要单独考虑接地，则需要使用3芯电源线。

线缆的选型包括视频线、控制线、音频线和电源线，不同视频监控产品需要的线缆有所差异（比如普通模拟监控和高清视频监控就有所区别），不同品牌的线缆传输距离也有差异，以上选型仅供参考。

（4）视频线和射频线的主要区别是什么。

- SYV：实心聚乙烯绝缘，PVC护套，国标代号是射频电缆——又叫"视频电缆"。

- SYWV：聚乙烯物理发泡绝缘，PVC护套，国标代号是射频电缆。

相同点：

- 特性阻抗一样：75Ω。

- 外层护套，屏蔽层结构，绝缘层外径，编数选择，材质选择，屏蔽层数等基本相同。

不同点：

- 绝缘层物理特性不同：SYV是100%聚乙烯填充，介电常数ε=2.2~2.4；而SYWV也是聚乙烯填充，但充有80%的氮气气泡，聚乙烯只含有20%，宏观平均介电常数ε=1.4左右；$\varepsilon=\varepsilon'+j\varepsilon''$，其中，$\varepsilon''$为损耗项，空气的$\varepsilon''$基本为"0"，这一工艺成就于20世纪90年代，它有效降低了同轴电缆的介电损耗；第一个不同是ε大小不同，绝缘介质的衰减不同。

- 芯线直径不同：以75-5为例，由于-5电缆结构标准规定，绝缘层外径（即屏蔽层内径）是4.8mm，不能改变，为了保证75Ω的特性阻抗，而特性阻抗只与内外导体直径比和绝缘层的介电常数ε大小有关，ε大芯线细，ε小芯线粗，芯线直径：SYV是0.78~0.8mm，SYWV是1.0mm；芯线结构形式都可以是单股或多股；这一区别，导致了芯线电阻的不同。

上述两项根本区别，决定了两种电缆的传输特性传输衰减不同，频率失真程度不同。

- 关于高编电缆，一般指96~128编以上的电缆。高编电缆明显特点是：屏蔽层的直流电阻小，200kHz以下的低频衰减少，对抑制低频干扰有利，实测表明，200kHz~6MHz频率，由于"趋肤效应"，128编和64编衰减一样。（高频电流只在芯线外表面，屏蔽层内表面层流动）。从频率失真（高低频衰减差异）看，高编电缆反而严重。频率失真直接影响就是视频信号的各种频率成分的正常比例失真，直接影响到图像失真。

- 铜包钢芯线：这是SYWV电缆的一种，用于有线电视46MHz以上的射频传输，由于"趋肤效应"，电流只在钢丝外面的铜皮里流动，衰减特性和纯铜芯线一样，可抗拉强度却远高于铜线；但这种电缆用于视频传输不行，0~200kHz低频衰减太大。

- SYWV电缆视频射频传输特性都优异，而且由于有巨大的有线电视市场的支撑，产量很大，价格也有优势。

（5）什么是PoE技术。

随着模拟系统数字化、传输线路网络化，摄像机等前端设备需要更加先进和便捷的

供电方式，而通过局域网络直接给摄像机供电，必将成为大势所趋。

结构化布线是当今所有数据通信网络的基础，随着许多新技术的发展，现在的数据网络正在提供越来越多的新应用及新服务：如在不便于布线或者布线成本比较高的地方采用无线局域网技术（WLAN）可以有效地将现有网络进行扩展。全球的安全市场发生了巨大的变化，直接推动了用户考虑在现有以太网络架构之上尽可能地布置一些网络安全摄像机及其他一些网络安全设备。目前此类新的应用已经越来越被用户所接受并且得到了快速的发展。所有这些支持新应用的设备由于需要另外安装AC供电装置，特别是如无线局域网及IP网络摄像机等都是安置在距中心机房比较远的地方更是加大了整个网络组建的成本。为了尽可能方便及最大限度地降低成本，美国电子电气工程师协会IEEE于2003年6月批准了一项新的以太网供电标准（POE，Power Over Ethernet）IEEE 802.3af，确保用户能够利用现有的结构化布线为此类新的应用设备提供供电的能力。

以太网供电（POE）这项创新的技术，指的是现有的以太网CAT-5/6/7布线基础架构在不用作任何改动的情况下就能保证在为如IP电话机、无线局域网接入点AP、安全网络摄像机以及其他一些基于IP的终端传输数据信号的同时，还能为此类设备提供直流供电的能力。POE技术用一条通用以太网电缆同时传输以太网信号和直流电源，将电源和数据集成在同一有线系统当中，在确保现有结构化布线安全的同时保证了现有网络的正常运作。

大部分情况下，POE的供电端输出端口在非屏蔽的双绞线上输出44~57V的直流电压（但无论如何是不能超过60Vdc的）、350~400mA 的直流电流，为一般功耗在15.4W以下的设备提供以太网供电。典型情况下，一个IP电话机的功耗约为3~5W，一个无线局域网访问接入点的功耗约为6~12W，一个网络安全摄像机设备的功耗约为10~12W。

POE标准供电系统的主要供电特性参数如表4-6所示。

表4-6　POE标准供电特性参数表

类别	802.3af （PoE）	802.3at （PoE plus）
分级 (Classification)	0 ~ 3	0 ~ 4
最大电流	350mA	600mA

类别	802.3af（PoE）	802.3at（PoE plus）
PSE 输出电压	44 ~ 57V DC	50 ~ 57V DC
PSE 输出功率	<=15.4W	<=30W
PD 输入电压	36 ~ 57V DC	42.5 ~ 57V DC
PD 最大功率	12.95W	25.5W
线缆要求	Unstructured	CAT-5e or better
供电线缆对	2	2

一个完整的PoE系统包括供电端设备（Power Source Equipment，PSE）和受电端设备（Powered Device，PD）两部分，两者基于IEEE802.3af标准建立有关受电端设备PD的连接情况、设备类型、功耗级别等方面的信息联系，并以此为根据控制供电端设备PSE通过以太网向受电端设备PD供电。

供电端设备PSE可以是一个 Endspan（已经内置了PoE功能的以太网供电交换机）和 Midspan（用于传统以太网交换机和受电端设备PD之间的具PoE功能的设备）两种类型，而受电端设备PD则是如一些具PoE功能的无线局域网、IP电话机等终端设备。

PoE以太网供电的线对选择根据IEEE 802.3af的规范，有两种方式选择以太网双绞线的线对来供电，分别称为选择方案A与选择方案B。

· 方案A是在传输数据所用的电缆对（1/2和3/6）之上同时传输直流电，其信号频率与以太网数据信号频率不同以确保在同对电缆上能够同时传输直流电与数据。

· 方案B使用局域网电缆中没有被使用的线对（4/5和7/8）来传输直流电，因为在以太网中，只使用了电缆中四对线中的两对来传输数据，因此可以用另外两对来传输直流电。

4.本地控制系统

本地控制系统相对远程控制系统而言，主要指设置在本地监控中心端的设备。主要包括控制部分、显示部分和录像及存储部分（包括智能分析设备）三个部分。在传统的视频监控系统中处于重要的位置，直接决定了监控系统建设的效果和质量。

在最新的智能视频监控系统中，出现了智能设备前置的现象，也就是说监控摄像机具备AI功能，部分视频结构化主机也可以部署在本地控制系统当中。一些大型的视频监控系统（如平安城市），也可以将联网平台部署在本地。

4.1 控制部分

控制部分主要包括对摄像机监控的音频、视频和控制信号的控制、切换和传输。主要设备包括云镜控制器、手动视频控制器、顺序视频切换器、矩阵切换控制主机、画面处理（分割）器、编解码器和视频服务器。

（1）单纯型的云台、镜头及防护罩控制器。

其功能是仅仅实现对单台或多台云台执行旋转、上下俯仰、对云台上的摄像机镜头控制聚焦、光圈调整及变焦变倍功能，较复杂的装置还可对云台上的防护罩作加热、除霜等控制。云镜控制器在早期的模拟监控系统中使用较多，在矩阵控制主机出现之后就逐渐被淘汰，现在已经很难见到了。

（2）视频矩阵切换与控制主机。

图4-33 矩阵切换器

所谓视频矩阵切换就是可以选择任意一台摄像机的图像或者音频在任一指定的监视

器上输出显示，犹如M台摄像机和N台监视器构成的M×N矩阵一般，根据应用需要和装置中模板数量的多少，矩阵切换系统可大可小，小型系统是4×1，大型系统可以达到3200×256或更大。

在以视频矩阵切换与控制主机为核心的系统中，每台摄像机的图像需要经过单独的同轴电缆传送到切换与控制主机；对云台与镜头的控制，则一般由主机经由双绞线或者多芯电缆先送至解码器，由解码器先对传来的信号进行译码，即确定执行何种控制动作。解码器具有的功能如下：

· 前端摄像机电源的开关控制；

· 对来自主机的命令进行译码，控制云台与镜头，可完成的动作有：云台的左右旋转、云台的上下俯仰、云台的扫描旋转（定速或变速）、云台预置位的快速定位、镜头光圈大小的改变、镜头聚焦的调整、镜头变焦变倍的增减、镜头预置位的定位、摄像机防护罩雨刷的开关、某些摄像机防护罩降温风扇的开关（大多数采用温度控制自动开关）、某些摄像机防护罩除霜加热器的开关；

· 通过固态继电器提高对执行动作的驱动能力；

· 与切换控制主机间的传输控制。

解码器所接受代码的形式不同，通常有三种类型的解码器：一是直接接受由切换控制主机发送来曼彻斯特码（或其他编码）的解码器；二是由控制键盘传送来或将曼彻斯特码（或其他编码）转换后接受的RS-232输入型解码器；三是经同轴电缆传送代码的同轴视控型解码器。因此，与不同解码器配合使用的云台则存在着相互是否兼容的选择。

视频矩阵切换控制主机是模拟视频监控系统的核心。多为插卡式箱体，内有电源装置，插有一块含微处理器的CPU板、数量不等的视频输入板、视频输出板、报警接口板等，有众多的视频BNC接插座、控制连线插座及操作键盘插座等。

具备的主要功能有：

· 接收各种视频装置的图像输入，并根据操作键盘的控制将它们有序地切换到相应的监视器上供显示或记录，完成视频矩阵切换功能。

· 编制视频信号的自动切换顺序和间隔时间。

· 接收操作键盘的指令，控制云台的上下、左右转动，镜头的变倍、调焦、光圈，室外防护罩的雨刷。

- 键盘有口令输入功能，可防止未授权者非法使用本系统，多个键盘之间有优先等级安排。

- 对系统运行步骤可以进行编程，有数量不等的编程程序可供使用，可以按时间来触发运行所需程序。

- 有一定数量的报警输入和继电器接点输出端，可接收报警信号输入和端接控制输出。

- 有字符发生器可在屏幕上生成日期、时间、场所摄像机号等信息。

- 还有与计算机的接口。

传统意义上讲矩阵切换与控制主机（Matrix）的视频输入和输出都是BNC接头，也就是标准的模拟监控系统，要求前端的摄像机和后端的监视器都需要支持BNC接口。不过随着技术的进步，模拟矩阵逐渐被新型的网络矩阵所代替，尽管如此，在为数众多的模拟视频监控系统中依然可以看到矩阵的身影，模拟监控矩阵属于无损、无压缩视频传输，稳定且画面清晰。

新型的网络矩阵主机，即矩阵控制主机可以直接通过局域网进行图像的传输、显示和控制，其原理是传统的矩阵控制主机内置视频服务器或者编码器。随着智能视频监控系统的出现，以矩阵为核心控制设备的闭路监控电视系统逐渐向数字化系统转变，而核心控制设备转向了网络硬盘录像机、控制服务器和联网平台软件上面。

以海康威视推出的视频综合平台DS-B21为例，参考ATCA（高级电信计算架构，Advanced Telecommunications Computing Architecture）标准设计，支持模拟及数字视频的矩阵切换、视频编解码、集中存储管理、网络实时预览等功能，是一款集图像处理、网络功能、日志管理、设备维护于一体的电信级综合处理平台。使用综合平台不仅可以让使整个监控系统更加简洁，也让安装调试，维护变得容易，并且具有良好的兼容性以及扩展性，可广泛应用于各种视频监控系统项目。

DS-B21的主要组成部分：机箱系统（标配，包括机箱、交换板、主控板、电源、触屏面板）、视音频编码子系统（选配/标配，包括DVI编码板、BNC 编码板、TVI 编码板、SDI 编码板）、视音频解码子系统（选配，包括：H.264 DVI解码板、H.265 DVI 解码板、H.265 HDMI 解码板、H.265 VGA 解码板），其他配套设备包括万能解码板、DP接入板。

图4-34　视频综合平台DS-B21

和传统矩阵切换器相比，视频综合平台具备大屏拼接功能，DS-B21最多支持40个显示屏的任意大屏拼接、单屏支持16个窗口、支持开窗和漫游功能、最多支持256个窗口、窗口支持1/4/6/8/9/16画面分割。

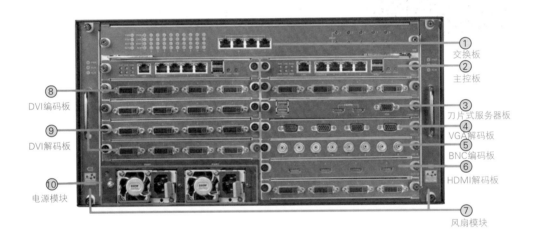

图4-35　视频综合平台DS-B21后视图

（3）编解码器和视频服务器。

传统的模拟摄像机不通过同轴电缆进行图像传输而需要通过网络传输的时候需要通过编解码器或视频服务器进行传输。

编码器（Encoder）和解码器（Decoder）合称编解码器，是将音频或视频信号在模拟格式和数字格式之间转换的硬件设备、压缩和解压缩音频或视频数据的硬件或软件（压缩/解压缩）；或是编码器/解码器和压缩/解压缩的组合。通常，编码解码器能够压缩未压缩的数字数据，以减少内存使用量。计算机工业定义通过24位测量系统的真彩色，这就定义了近百万种颜色，接近人类视觉的极限。现在，最基本的VGA显示器就有640×480像素。这意味着如果视频需要以每秒30帧的速度播放，则每秒要传输高达27MB的信息，1GB容量的硬盘仅能存储约37s的视频信息。因而必须对信息进行压缩处理。通过抛弃一些数字信息或容易被眼睛和大脑忽略的图像信息的方法，使视频的信息量减小。这个对视频压缩解压的软件或硬件就是编码解码器。编码解码器的压缩率从一般的2：1~100：1不等，使处理大量的视频数据成为可能。

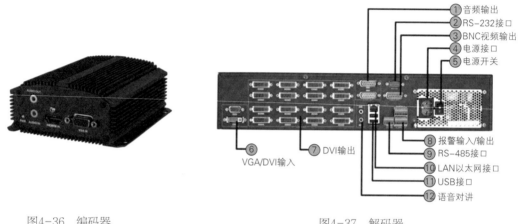

图4-36　编码器

图4-37　解码器

视频服务器（Video Server）是一种对模拟摄像机视音频数据进行压缩、存储及处理的专用硬件编码器，是编码器的一种，故有时候也被成为编码器。它在视频监控系统、多通道循环垫播、延时播出、硬盘播出及视频节目点播等方面都有广泛的应用。视频服务器一般采用M-JPEG或MPEG-2或MPEG-4或H.264或H.265等压缩格式，MPEG-2技术是早期的编码器广泛使用，称之为D1编码器清晰度高，目前主流的视频服务器（编码器）支持双码流技术（即同时支持Motion JPEG和MPEG-4两种码流传送图像信号），在符合技术指标的情况下对视频数据进行压缩编码，以满足存储和传输的要求。可配置多种网络接口（比如RJ-45接口或者光接口）进行组网，实现音视频数据的远程传输和共享。从某种角度上说，视频服务器可以看作是不带镜头的网络摄像机，或是不带硬盘的硬盘录像机，它的结构也大体上与网络摄像机相似，是由一个或多个模拟视频输入口、图像数字处理器、压缩芯片和一个具有网络连接功能的服务器所构成。视频服务器将输入的模拟视频信号数字化处理后，以数字信号的模式传送至网络上，从而实现远程实时监控的目的。由于视频服务器将模拟摄像机成功地"转化"为网络摄像机，因此它也是网络监控系统与当前模拟监控系统进行整合的最佳途径。可以这么理解，网络摄像机就相当于内置视频服务器的模拟摄像机。

图4-38　视频服务器

4.2　显示部分

　　显示部分用来显示前端监控摄像机拍摄的图像和采集到的各类数据，显示设备的好坏直接影响监控的最终应用效果，尤其是在大数据时代。显示部分主要由监视器、显示器、电视墙、操作台等组成。

　　对于模拟显示系统而言，显示图像形成的动作原理影像信号输入监视器（Monitor）后，Monitor必须将复合信号（Composite Signal）给予分离并解码。主要分离出 R、G、B（红、绿、蓝）三原色信号与H（水平）、V（垂直）两个同步信号。R、G、B三原色信号经过解码后，并加以放大以便推动CRT的阴极（Cathode），释放出电子束。此电子束经过Mask（屏幕）后撞击荧光(Phosphor)，而产生亮点。H（水平）与V（垂直）两个同步信号则分别经过放大处理以便使Monitor的偏向线圈产生扫描电流，此电流所产生的磁力带动电子束的运行方向。 如此配合便是所看到的影像画面了。这个就是CRT监视器的原理，也就和通常所说的电视机相类似。虽然很多显示设备同时具备模拟接口，但现在大多数商用的系统已经不采用这种架构了。

　　对于数字式显示系统而言，视频、图像信号经过网络传输到后端控制设备，控制设备通过VGA、HDMI、DVI等多种接口连接在显示器上，类似与计算机和显示器的连接方式。

（1）显示器（Display）、监视器（Monitor）分类。

显示器一般指计算机所用的显示设备，而监视器通常指采用传统CRT电视机技术的显示设备，在本书中二者概念等同。

基本上监视器也就是显示器的荧幕分为发光型与非发光型。

1）发光型。此种类型的荧幕本身可以发光，包括以下几种：

- CRT（Cathode Ray Tube）阴极射管线 。
- VFD（Vacuum Fluorescent Display）荧光显示管 。
- LED（Light Emitter Display）发光二极体 。
- PDP（Plasma Display Panel）等离子显示板及拼接屏。
- DLP（Digital Light Procession）数字光学显示器。
- EL（Electro Luminescent）电光光面板。

其中CRT是CCTV监视器最常采用的荧幕映像管，另外VFD与CRT类似，多用于小型管与数字显示；PDP分有AC与DC型，具有高亮度、多色彩、高解析度的侵点，常见于电视机的显示屏，不过已经被逐渐淘汰；EL于1935年为法国Destriau所发明，分有AC与DC型及有机无机型。可以作为 LCD的光源，柔软可弯曲、色彩多、价格低、轻、薄、省电，如常用于车上的冷光仪表板。

图4-39　CRT监视器

图4-40　LED显示屏

2）非发光型。此种荧幕本身不具有发光的功能，包
括以下几种：

* LCD（Liquid Crystal Display）液晶显示。
* ECD（Electro Chromic Chemical Display）电
化着色显示。
* EPID（Electrophoretic Indication Display）电
泳动显示。

图4-41　DLP显示器

LCD是属于较新的荧幕显示方式，具有省电与轻
薄的优点。计算机常用的显示器就是LCD，现在一些
CCTV的监视器也开始采用（同时具有BNC和VGA接口）。虽然LCD是监视器荧幕的
趋势，但是它仍然无法取代传统的CCTV 监视器。因为LCD本身不发光，如果装于室
外，便无法辨识；另外，LCD有视角上的问题，角度一偏斜，就会看不清楚。而监视器

图4-42　LCD显示器

多半置于室外或者环境照明比较高的场所，观看距离较
长，装置LCD监视器就会产生上述的问题。另外，ECD
属于电化学，是使用氧化还原法，可以着色与消色的达
到显示效果。目前仅CRT、LED、LCD、PDP可以达
到高解析度的要求；CRT、LED、PDP、VFD可达到
高亮度的要求；CRT、LED、VFD、EL、LCD可达到
多色彩的要求。

（2）常见的显示器输入信号接口。

常见显示器的视频输入包括BNC、VGA、复合视频、S-Video端子、HDMI、
DVI等多种格式。

* BNC接口：是一种用于同轴电缆的连接器，全称是Bayonet Nut Connector
（刺刀螺母连接器，这个名称形象地描述了这种接头外形），又称为British Naval
Connector（英国海军连接器，可能是英国海军最早使用这种接头）或Bayonet Neill
Conselman（这种接头是一个名叫Neill Conselman的人发明的）。BNC接头有别于
普通15针D-SUB标准接头的特殊显示器接口。由RGB三原色信号及行同步、场同步
五个独立信号接头组成。主要用于连接工作站等对扫描频率要求很高的系统。BNC接

头可以隔绝视频输入信号，使信号相互间干扰减少且信号频宽较普通D-SUB大，可达到最佳信号响应效果。BNC接头是最常见的同轴视频线接口而没有被淘汰，因为同轴电缆是一种屏蔽电缆，有传送距离长、信号稳定的优点。目前它还被大量用于通信系统中，如网络设备中的E1接口就是用两根BNC接头的同轴电缆来连接的，在高档的监视器、音响设备中也经常用来传送音频、视频信号。

图4-43　BNC接口传输线缆

· VGA（Video Graphic Array）接口，即显示绘图阵列，也叫D-Sub接口，是15针的梯形插头，分成3排，每排5个，传输模拟信号。VGA接口采用非对称分布的15针连接方式，其工作原理：是将显存内以数字格式存储的图像（帧）信号在RAMDAC里经过模拟调制成模拟高频信号，然后再输出到显示设备成像。VGA支持在640×480的较高分辨率下同时显示16种色彩或256种灰度，同时在320×240分辨率下可以同时显示256种颜色。简单点说，VGA最大的特点就是支持640×480的分辨率。VGA由于良好的性能迅速开始流行，厂商们纷纷在VGA基础上加以扩充，如将显存提高至1M并使其支持更高分辨率如SVGA（800×600）或XGA（1024×768），这些扩充的模式就称之为视频电子标准协会VESA(Video Electronics Standards Association)的SVGA（Super VGA）模式，现在显卡和显示设备基本上都支持SVGA模式。此外后来还有扩展的SXGA(1280×1024)、SXGA+(1400×1050)、UXGA（1600×1200）、WXGA（1280×768）、WXGA+（1440×900）、WSXGA（1600×1024）、WSXGA+(1680×1050)、WUXGA(1920×1200)、WQXGA(2560×1600)等模式，这些符合VESA标准的分辨率信号都可以通过VGA接口实现传输。目前大多数计算机与外部显示设备之间都是通过模拟VGA接口连接，计算机内部以数字方式生成的显示图像信息，被显卡中的数字/模拟转换器转变为R、G、B三原色信号和行、场同步信号，信号通过电缆传输到显示设备中。对于模拟显示设备，如模拟CRT显示器，信号被直接送到相应的处理电路，驱动控制显像管生成图像。而对于LCD、DLP等数字显示设备，显示设备中需配置相应的A/D（模拟/数字）转换器，将模拟信号转变为数字信号。在经过D/A和A/D2次转换后，不可避免地造成了一些图像细节的损失。VGA接口应用于CRT显示器无可厚非，但用于连接液晶之类的显示设备，则转换过程的图像损失会使显示效果略微下降。

• 复合视频接口：复合视频（Composite Video）信号定义为包括亮度和色度的单路模拟信号，也即从全电视信号中分离出伴音后的视频信号，这时的色度信号还是间插在亮度信号的高端。由于复合视频的亮度和色度是间插在一起的，在信号重放时很难恢复完全一致的色彩。这种信号一般可通过电缆输入或输出到家用录像机上，其信号带宽较窄，一般只有水平240线左右的分解率。早期的电视机都只有天线输入端口，较新型的电视机才备有复合视频输入和输出端（Video In，Video Out），也即可以直接输入和输出解调后的视频信号。视频信号已不包含高频分量，处理起来相对简单一些，因此计算机的视频卡一般都采用视频输入端获取视频信号。由于视频信号中已不包含伴音，故一般与视频输入、输出端口配套的还有音频输入、输出端口（Audio In、Audio Out），以便同步传输伴音。因此，有时复合式视频接口也称为AV（Audio Video）口。

• S-Video端子：目前有的电视机还备有两分量视频输入端口（S-Video In），S-Video 是一种两分量的视频信号，它把亮度和色度信号分成两路独立的模拟信号，用两路导线分别传输并可以分别记录在模拟磁带的两路磁迹上。这种信号不仅其亮度和色度都具有较宽的带宽，而且由于亮度和色度分开传输，可以减少其互相干扰，水平分解率可达420线。与复合视频信号相比，S-Video可以更好地重现色彩。两分量视频可来自于高档摄像机，它采用两分量视频的方式记录和传输视频信号。其他如高档录像机、激光视盘LD机的输出也可按分量视频的格式，其清晰度比从家用录像机获得的电视节目的清晰度要高得多。

• HDMI（High Definition Multimedia Interface）接口：高清晰度多媒体接口，是一种数字化视频/音频接口技术，适合影像传输的专用型数字化接口，可同时传送音频和影像信号，最高数据传输速度为48Gbit/s（2.1版）。同时无需在信号传送前进行数/模或者模/数转换。HDMI可搭配宽带数字内容保护（HDCP），以防止具有著作权

图4-44　VGA接口

的影音内容遭到未经授权的复制。HDMI所具备的额外空间可应用在日后升级的音视频格式中。而因为一个1080P的视频和一个8声道的音频信号需求少于0.5GB/s，因此HDMI还有很大余量。这允许它可以用一个电缆分别连接DVD播放器，接收器和PRR。HDMI不仅可以满足1080P的分辨率，还能支持DVD Audio等数字音频格式，支持八声道96kHz或立体声192kHz数码音频传送，可以传送无压缩的音频信号及视频信号。HDMI可用于机顶盒、DVD播放机、个人电脑、电视游乐器、综合扩大机、数字音响与电视机。HDMI可以同时传送音频和影像信号。HDMI支持EDID、DDC2B，因此具有HDMI的设备具有"即插即用"的特点，信号源和显示设备之间会自动进行"协商"，自动选择最合适的视频/音频格式。与DVI相比HDMI接口的体积更小，HDMI/DVI的线缆长度最佳距离均不超过8m。只要一条HDMI缆线，就可以取代最多13条模拟传输线。

图4-45　HDMI接口

• DVI（Digital Visual Interface）接口：数字视频接口。由1998年9月，在Intel开发者论坛上成立的数字显示工作小组发明了一种高速传输数字信号的技术，有DVI-A、DVI-D和DVI-I三种不同的接口形式。DVI-D只有数字接口，DVI-I有数字和模拟接口，目前应用主要以DVI-I(24+5)为主。DVI是基于TMDS(Transition Minimized Differential Signaling)，转换最小差分信号技术来传输数字信号，TMDS运用先进的编码算法把8bit数据(R、G、B中的每路基色信号)通过最小转换编码为10bit数据(包含行场同步信息、时钟信息、数据DE、纠错等)，经过DC平衡后，采用差分信号传输数据，它和LVDS、TTL相比有较好的电磁兼容

图4-46　DVI接口

性能，可以用低成本的专用电缆实现长距离、高质量的数字信号传输。数字视频接口（DVI）是一种国际开放的接口标准，在大屏幕拼接中得到广泛应用。

在模拟视频监控系统中，最长使用的就是BNC接口，而在数字视频监控系统中多采用VGA、HDMI和DVI接口。

4.3 录像、存储及智能分析部分

（1）录像系统。

视频监控系统本地录像常用的设备包括模拟磁带录像机和数字硬盘录像机两种。即使在大型的多级视频监控联网（比如平安城市和雪亮工程）应用建设中，因受传输带宽的限制，大部分录像工作也在本地进行。

1）磁带录像机VCR。磁带录像机（Video Cassette Recorder，VCR），即模拟视频磁带录像机，采用传统的模拟视频进行直接录像，不需要额外压缩和转换，采用磁带录像，故常常被称为磁带录像机，也被称为VCR。磁带录像机早期多用于电视节目制作、视频录制和家庭视频图像的录制和放映，逐渐被引入监控系统，随着硬盘录像机的技术发展和成本的不断下降磁带录像机已经被淘汰，毕竟磁带录像操作麻烦、保存麻烦、录像时间也特别短。尽管如此，用磁带作为存储介质依然是很多服务器的选择。

图4-47 磁带录像机

2）硬盘录像机DVR。硬盘录像机（Digital Video Recorder，DVR），即数字视频录像机，相对于传统的模拟视频录像机，采用硬盘录像，故常常被称为硬盘录像机，也被称为DVR。它是一套进行图像存储处理的计算机系统，具有对图像/语音进行长时间录像、录音、远程监视和控制的功能，DVR集合了录像机、画面分割器、云台镜头控制、报警控制、网络传输五种功能于一身，用一台设备就能取代模拟监控系统多个设备的功能。DVR采用的是数字记录技术，在图像处理、图像储存、检索、备份，以及网络传递、远程控制等方面也远远优于纯模拟监控设备，现在看来DVR是模拟监控和数字监控中间的过渡性产品，前端可以接入模拟信号的监控摄像机（BNC接口）、后端可以直接输出网络信号或者通过数字接口直接链接显示系统（比如VGA接口），目前DVR仅存在于模拟视频监控系统中，逐渐被新型的网络硬盘录像机所取代。

主流的DVR采用的压缩技术有MPEG-2、MPEG-4、H.264、H.265、M-JPEG，而H.264、H.265是国内最常见的压缩方式；从压缩卡上分有软压缩和硬压缩两种，软压受到CPU的影响较大，多半做不到全实时显示和录像，故逐渐被硬压缩淘汰；从摄像机输入路数上分为1、2、4、6、9、12、16、32路，甚至更多路数；总的来说，按系统结构可以分为两大类：基于PC架构的PC式 DVR和脱离PC架构的嵌入式DVR。国内的两家领头视频监控厂家海康威视和大华股份正是从压缩卡、DVR起步逐步发展壮大的。

· PC式DVR：这种架构的DVR以传统的PC机为基本硬件，以Windows、Linux为基本软件，配备图像采集或图像采集压缩卡，编制软件成为一套完整的系统。PC机是一种通用的平台，PC机的硬件更新换代速度快，因而PC式 DVR的产品性能提升较容易，同时软件修正、升级也比较方便。PC DVR各种功能的实现都依靠各种板卡来完成，比如视音频压缩卡、网卡、声卡、显卡等，这种插卡式的系统在系统装配、维修、运输中很容易出现不可靠的问题，不能用于工业控制领域，只适合于对可靠性要求不高的商用办公环境。

· 嵌入式DVR：嵌入式系统一般指非PC系统，有计算机功能但又不称为计算机的设备或器材。它是以应用为中心，软硬件可裁减的，对功能、可靠性、成本、体积、功耗等严格要求的微型专用计算机系统。简单地说，嵌入式系统集系统的应用软件与硬件融于一体，类似于PC中BIOS的工作方式，具有软件代码小、高度自动化、响应速度快等特点，特别适合于要求实时和多任务的应用。嵌入式DVR就是基于嵌入式处理器和嵌入式实时操作系统的嵌入式系统，它采用专用芯片对图像进行压缩及解压回放，嵌入式操作系统主要是完成整机的控制及管理。此类产品没有PC DVR那么多的模块和多余的软件功能，在设计制造时对软、硬件的稳定性进行了针对性的规划，因此，此类产品品质稳定，不会有死机的问题产生，而且在视音频压缩码流的储存速度、分辨率及画质上都有较大的改善，就功能来说丝毫不比PC DVR逊色。嵌入式DVR系统建立在一体化的硬件结构上，整个视音频的压缩、显示、网络等功能全部可以通过一块单板来实现，大大提高了整个系统硬件的可靠性和稳定性。

硬盘录像机的主要功能包括：监视功能、录像功能、回放功能、报警功能、控制功能、网络功能、密码授权功能和工作时间表功能等。

• 监视：监视功能是硬盘录像机最主要的功能之一，能否实时、清晰的监视摄像机的画面，这是监控系统的一个核心问题；

• 录像：录像效果是DVR的核心和生命力所在，在监视器看上去实时和清晰的图像，录下来回放效果不一定好，而事后取证效果最主要的还是要看录像效果，一般情况下录像效果比监视效果更重要。大部分DVR的录像都可以做到实时25帧/s录像，有部分录像机总资源小于5帧/s，通常情况下分辨率都是CIF或者4CIF，1路摄像机录像1h大约需要180MB~1GB的硬盘空间；

• 报警功能：主要指探测器的输入报警和图像视频移动侦测的报警，报警后系统会自动开启录像功能，并通过报警输出功能开启相应射灯，警号和联网输出信号。图像移动侦测是DVR的主要报警功能；

• 控制功能：主要指通过主机对于全方位摄像机云台，镜头进行控制，这一般要通过专用解码器和键盘完成；

• 密码授权功能：为减少系统的故障率，和非法进入，对于停止录像，布撤防系统及进入编程等程序需设密码口令，使未授权者不得操作，一般分为多级密码授权系统；

• 工作时间表：可对某一摄像机的某一时间段进行工作时间编程，这也是数字主机独有的功能，它可以把节假日，作息时间表的变化全部预排到程序中，可以在一定意义上实现无人值守。

图4-48 海康威视早期的一款硬盘录像机

图4-49　大华股份新款的H.265硬盘录像机

3）网络硬盘录像机NVR。网络硬盘录像机（Network Video Recorder，NVR）最主要的功能是通过网络接收IPC（网络摄像机）设备传输的数字视频码流，并进行存储、管理，从而实现网络化带来的分布式架构优势。简单来说，通过NVR，可以同时观看、浏览、回放、管理、存储多个网络摄像机。随着IP网络的快速发展，视频监控系统也进入了全网络化时代。全网络化时代的视频监控行业正逐步表现出IT行业的特征，作为网络化监控的核心产品NVR，从本质上已经变成了IT产品。NVR和DVR的最大区别在于取消了BNC模拟视频接口，其核心价值在于视频中间件，通过视频中间件的方式广泛兼容各厂家不同数字设备的编码格式，从而实现网络化带来的分布式架构、组件化接入的优势。尽管云计算、大数据大行其道，NVR现在依然是主流的视频存储设备，最大的优势是造价低廉。

视频数据编码后，在网络中往往利用流媒体技术。该技术通过对视频流的码率、帧率的控制，使视频在不同的网络带宽环境下达到比较好的传输效率。而流媒体(StreamingMedia)本身的数据特征可以产生更多的应用模式，甚至能轻易地嵌入到其他业务系统中成为业务系统的一部分。因此，通过流媒体和数据库技术的结合，可以使视频数据在其他业务系统中更为容易调用而产生更多的应用模式。通过NVR设备，可以组建一个以NVR设备为"节点"的分布式网络，从而更为适应现有的分布式多层结构网络环境，有效降低中心节点的网络传输和数据存储压力。

市面上在售的NVR支持1、4、8、16、32、64、128路IPC摄像机的接入，最大可支持256路。通常最大可支持到多大24块硬盘、单块硬盘最大可支持

图4-50　海康威视DS-96000系列NVR和解码上墙一体机

8TB。

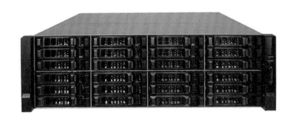

图4-51 大华股份DH-NVR624R-128-4KS2 24盘位专业型H.265 NVR

（2）存储系统。

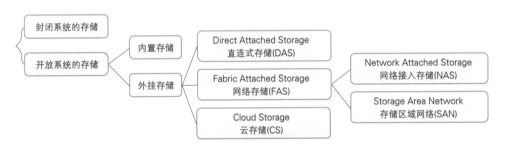

图4-52 存储的分类

1）存储的分类。视频监控系统主要用作事后查询和分析图像之用，故存储属于重
要的组成部分，如何准确合理的选用存储系统，事关存储的质量、时间和系统的建造成
本。存储系统根据服务器类型分为：封闭系统的存储和开放系统的存储。封闭系统主要
指大型机，开放系统指基于包括Windows、UNIX、Linux等操作系统的服务器。开放
系统的存储分为：内置存储、外挂存储和云存储。内置存储是指硬盘录像机本身自带的
存储容量，一般的硬盘录像机（含DVR和NVR）最大都可以支持24个IDE口或SATA
接口的存储，可连接最大24块8TB的硬盘；外挂存储根据连接的方式分为：直连式存储
（Direct Attached Storage，简称DAS）和网络化存储（Fabric Attached Storage，
简称FAS）；云存储主要指通过远端的云平台进行存储。开放系统的网络化存储根据传
输协议又分为：网络接入存储（Network Attached Storage，简称NAS）和存储区域

网络（Storage Area Network，简称SAN）。存储分类如图4-51所示。

存储方式的选择取决于项目的需要，在一些民用或商用项目上，推荐采用内置式存储；在专业领域视频监控项目上，在需要长时间录像的时候考虑外挂存储系统，不过随着硬盘单位成本的下降和技术的发展，大存储的容量必将成为未来监控系统发展的趋势。若是大型联网视频监控，需要更高的可靠性和更长久的保存时间，则可以考虑云存储，不过对带宽的要求很高。

2）什么是DAS、NAS和SAN。DAS（Direct Attached Storage，直接附属存储），也可称为服务器附加存储（Server Attached Storage，SAS）。DAS被定义为直接连接在各种服务器或客户端扩展接口下的数据存储设备，它依赖于服务器，其本身是硬件的堆叠，不带有任何存储操作系统。在这种方式中，存储设备是通过电缆（通常是SCSI接口电缆）直接到服务器的，I/O（输入/输入）请求直接发送到存储设备。

DAS适用于以下几种环境：

· 服务器在地理分布上很分散，通过SAN（存储区域网络）或NAS（网络直接存储）在它们之间进行互连非常困难；

· 存储系统必须被直接连接到应用服务器；

· 包括许多数据库应用和应用服务器在内的应用，它们需要直接连接到存储器上，群件应用和一些邮件服务也包括在内。

网络附属存储（Network Attached Storage，NAS），是一种专业的网络文件存储及文件备份设备，或称为网络直联存储设备、网络磁盘阵列。NAS是一种专业的网络文件存储及文件备份设备，它是基于LAN（局域网）的，按照TCP/IP协议进行通信，以文件的I/O（输入/输出）方式进行数据传输。一个NAS里面包括核心处理器，文件服务管理工具，一个或者多个的硬盘驱动器用于数据的存储。NAS可以应用在任何的网络环境当中。主服务器和客户端可以非常方便地在NAS上存取任意格式的文件，包括SMB格式（Windows）NFS格式（Unix，Linux）和CIFS格式等。NAS系统可以根据服务器或者客户端计算机发出的指令完成对内在文件的管理。

存储区域网络（Storage Area Network，SAN）。它是一种通过光纤集线器、光纤路由器、光纤交换机等连接设备将磁盘阵列、磁带等存储设备与相关服务器连接起来的高速专用子网。SAN由三个基本的组件构成：接口（如SCSI、光纤通道、ESCON

等）、连接设备（交换设备、网关、路由器、集线器等）和通信控制协议（如IP和SCSI等）。这三个组件再加上附加的存储设备和独立的SAN服务器，就构成一个SAN系统。SAN提供一个专用的、高可靠性的基于光通道的存储网络，SAN允许独立地增加它们的存储容量，也使得管理及集中控制（特别是对于全部存储设备都集群在一起的时候）更加简化。而且，光纤接口提供了10km的连接长度，这使得物理上分离的远距离存储变得更容易。

3）几种存储方式的比较。

a. NAS与DAS方式的区别

网络附加存储（NAS）特点：

- 通过文件系统的集中化管理能够实现网络文件的访问。
- 用户能够共享文件系统并查看共享的数据。
- 专业化的文件服务器与存储技术相结合，为网络访问提供高可靠性的数据。

直接连接存储（DAS）的特点：

- 只能通过与之连接的主机进行访问。
- 每一个主机管理它本身的文件系统，但不能实现与其他主机共享数据。
- 只能依靠存储设备本身为主机提供高可靠性的数据。

b. SAN与NAS的区别

SAN和NAS的区别如表4-7所示。

表4-7　SAN和NAS的区别

存储方式	SAN	NAS
协议	Fibre Channel Fibre Channel-to-SCSI	TCP/IP
应用	关键任务，基于交易的数据库应用处理 集中的数据备份 灾难恢复 集中存储	NFS 和 CIFS 中的文件共享 长距离的小数据块传输 有限的只读数据库访问

续表

存储方式	SAN	NAS
优点	高可用性 数据传输的可靠性 减少远网络流量 配置灵活 高性能 高可扩展性 集中管理	距离的限制少 简化附加文件的共享容量 易于部署和管理

（3）相关技术知识。

1）硬盘录像机的分辨率。要了解存储的具体设计方案，首先需要了解分辨率和视频压缩标准。硬盘录像机常见的分辨率有QCIF、CIF、2CIF、4CIF、DCIF、D1、1080P、2K、4K和8K。

QCIF全称Quarter Common Intermediate Format。QCIF是常用的标准化图像格式。在H.323协议簇中，规定了视频采集设备的标准采集分辨率，QCIF=176×144像素。

CIF是常用的标准化图像格式（Common Intermediate Format），在H.323协议簇中，规定了视频采集设备的标准采集分辨率，CIF=352×288像素。CIF格式具有如下特性：

• 电视图像的空间分辨率为家用录像系统（Video Home System，VHS）的分辨率，即352×288。

• 使用非隔行扫描(non-interlaced scan)。

• 使用1/2的PAL水平分辨率，即288线。

• 对亮度和两个色差信号(Y、Cb和Cr)分量分别进行编码，它们的取值范围同ITU-R BT.601。即黑色=16，白色=235，色差的最大值等于240，最小值等于16。

2CIF就是2个CIF，分辨率为704×288像素。

DCIF分辨率是经过研究发现一种更为有效的监控视频编码分辨率（DCIF），其像素为528×384。DCIF分辨率的是视频图像来历是将奇、偶两个HALF D1，经反隔行变换，组成一个D1（720×576），D1作边界处理，变成4CIF（704×576），4CIF经水平3/4缩小、垂直2/3缩小，转换成528×384，528×384的像素数正好是CIF像素数的两倍，为了与常说的2CIF（704×288）区分，被称之为DOUBLE CIF，简称DCIF。显然，DCIF在水平和垂直两个方向上，比Half D1更加均衡。

D1是数字电视系统显示格式的标准，共分为以下5种规格：

· D1：480i格式（525i）：720×480（水平480线，隔行扫描），和NTSC模拟电视清晰度相同，行频为15.25kHz，相当于4CIF（720×576）；

· D2：480P格式（525P）：720×480（水平480线，逐行扫描），较D1隔行扫描要清晰不少，和逐行扫描DVD规格相同，行频为31.5kHz；

· D3：1080i格式（1125i）：1920×1080（水平1080线，隔行扫描），高清放松采用最多的一种分辨率，分辨率为1920×1080i/60Hz，行频为33.75kHz；

· D4：720P格式（750P）：1280×720（水平720线，逐行扫描），虽然分辨率较D3要低，但是因为逐行扫描，市面上更多人感觉相对于1080I（实际逐次540线）视觉效果更加清晰。分辨率为1280×720P/60Hz，行频为45kHz；

· D5：1080P格式（1125P）：1920×1080（水平1080线，逐行扫描），目前民用高清视频的最高标准，分辨率为1920×1080P/60Hz，行频为67.5kHz。

其中D1和D2标准是一般模拟电视的最高标准，并不能称的上高清晰，D3的1080i标准是高清晰电视的基本标准，它可以兼容720P格式，而D5的1080P只是专业上的标准，并不是民用级别的。因为D1标准分辨率和4CIF相同，故被应用到视频监控系统中。

2K分辨率(2K Resolution)为一种具有2000像素分辨率的显示器或是其内容的总称。在电影放映中，数字电影联盟主导2K分辨率的标准。在数字电影制作中，2048×1556 为进入 2K 的门槛，分辨率的标准来自传统的超级35mm电影。主流2K分辨率为2560x1440。国内数字影院放映机主要采用这种分辨率。许多高端手机屏幕也开始使用这种分辨率。其他的2048×1536（QXGA）2560×1600（WQXGA），2560×1440(Quad HD)也可以作为2K的一种。1080P中的1920x1080（16：9）因也符合2K标准，但是1080P是以宽的像素数量来计算，与2K的长的像素数量不一样而有所争议，大部分厂商把1920x1080依照旧规定分类在1080P。

4K分辨率即4096×2160的像素分辨率，它是2K分辨率的4倍，属于超高清分辨率。在此分辨率下，人们可以看清画面中的每一个细节，每一个特写。4K分辨率是指水平方向每行像素值达到或者接近4096个，多数情况下特指4096×2160分辨率。而根据使用范围的不同，4K分辨率也有各种各样的衍生分辨率，例如Full Aperture 4K的4096×3112、Academy 4K的3656×2664以及UHDTV标准的3840×2160等，都属于4K分辨率的范畴。4K级别的分辨率可提供880万+像素，实现电影级的画质，相当于当前顶级的1080P分辨率的四倍还多。当然超高清的代价也是不菲的，每一帧的数据量都达到了50MB，因此无论解码播放还是编辑都需要顶级配置的设备（包括前端和后端）。

8K分辨率是一种实验中的数字视频标准，由日本放送协会（NHK）、英国广播公司（BBC）及意大利广播电视公司（RAI）等机构所倡议推动。2012年8月，联合国旗下的国际电讯联盟通过以日本NHK电视台所建议的7680x4320解像度作为国际的8K超高画质电视(SHV)标准，SHV作为超越现行数字电视的"超高精细影像系统"，由NHK从1995年开始研发。

目前，监控行业中硬盘录像机主要使用D1（704×576）和1080P两种分辨率，D1录像分辨率是主流分辨率，绝大部分产品都采用D1分辨率。虽然4K和8K分辨率具有更高的清晰度和解析度，因为占用带宽较大，尚未得到大面积普及。

图4-53　海康威视4K摄像机DS-2CD40C5F-(A)(P)

2）硬盘录像机所需存储容量的计算。前文论述过硬盘录像机分为PC式和嵌入式两种，常见的路数有1、2、4、8、9、12、16、32、64、128路和256路。不论是PC

式还是嵌入式硬盘录像机主板上基本都配置有多个硬盘接口（IDE或SATA），最大支持24块硬盘，单块硬盘最大容量8TB，也就是说，单台硬盘录像机最大支持192T的硬盘，就是目前的录像容量极限，如果超过这个容量，则需要增加外部存储设备。

硬盘录像机对视频信号的处理主要通过视频压缩卡进行，主流的视频压缩卡压缩输出码流为32~8192kbit/s可调，2048kbit/s就是常说的2M码流，由此可以计算1路摄像机分别按照最小、中等和最大码流录像1h所需的硬盘空间：

最小码流：

$$\text{容量} = 32\text{kbit/s} \div \frac{8\text{b}}{\text{B}} \times \frac{3600\text{s}}{\text{h}} \div \frac{1024\text{kB}}{\text{MB}} = 14.06\text{MB}$$

中等码流：

$$\text{容量} = 2048\text{kbit/s} \div \frac{8\text{b}}{\text{B}} \times \frac{3600\text{s}}{\text{h}} \div \frac{1024\text{kB}}{\text{MB}} = 900\text{MB}$$

最大码流：

$$\text{容量} = 8192\text{kbit/s} \div \frac{8\text{b}}{\text{B}} \times \frac{3600\text{s}}{\text{h}} \div \frac{1024\text{kB}}{\text{MB}} = 3600\text{MB}$$

说明：1Byte=8bit，1MB=1024kByte，1h=3600s。

在实际应用中，硬盘录像机的码流并不是按照最小码流或者最大码流计算的，一般来说如果是D1分辨率的硬盘录像机就可以按照1024bit/s进行计算每小时需要450MB的硬盘空间，如果是1080P分辨率的硬盘录像机就可以按照2048bit/s进行计算每小时需要900MB的硬盘空间，如果是4K分辨率的硬盘录像机就可以按照8192bit/s进行计算每小时需要3600MB的硬盘空间。由此可以计算256路硬盘录像机录像24h（1天）所需的容量：D1为2700GB（2.64TB）、1080P为5400GB（5.27TB）、4K为21600GB（21.09TB）。那么按照单台硬盘录像机顶配192T硬盘容量计算可录像天数：D1约为72天、1080P约为36天、4K约为9天。即使在云计算、大数据时代，建设了众多的城市云存储服务，视频流产生的数据依然是最大者之一。

正是因为视频录像要耗占大量的硬盘存储空间，对多达几万路、几十万路甚至上百万路的城市监控平安城市项目、雪亮工程项目，通常要求的录像保存时间为30天，重点部位要求60天，超过这个天数，视频数据就会重复覆盖。

为了更好的解决存储时效性的问题，视频结构化技术应运而生，智能视频监控系统采集到的是一张张人脸、一个个车牌和结构化特征，可以占用较少的硬盘空间，使得数据长期保存成为可能。

3）视频压缩标准MPEG。MPEG（Moving Picture Experts Group），是1988年成立的一个移动影像专家组。这个专家组在1991年制定了一个MPEG-1国际标准，其标准名称为"动态图像和伴音的编码"，用于速率小于每秒约1.5Mbit的数字存储媒体。这里的数字存储媒体指一般的数字存储设备如CD-ROM、硬盘和可擦写光盘等。MPEG的最大压缩可达约1：200，其目标是要把目前的广播视频信号压缩到能够记录在CD光盘上并能够用单速的光盘驱动器来播放，并具有VHS的显示质量和高保真立体伴音效果。MPEG采用的编码算法简称为MPEG算法，用该算法压缩的数据称为MPEG数据，由该数据产生的文件称MPEG文件，它以MPG为文件后缀。

MPEG视频压缩标准按发展的阶段分为MPEG-1、MPEG-2、MPEG-3和MPEG-4。

MPEG-1：广泛的应用在 VCD 的制作和一些视频片段下载的网络应用上面，可以说99%的VCD都是用 MPEG1格式压缩的。对于音乐格式的MP3，并不是MPEG-3，而是MPEG 1 layer 3，属于MPEG 1中的音频部分。MPEG 1的像质等同于VHS，存储媒体为CD-ROM，图像尺寸320×240，音质等同于CD，比特率为1.5Mbit/s。该标准分三个部分：

• 系统：控制将视频、音频比特流合为统一的比特流。

• 视频：基于H.261和JPEG。

• 音频：基于MUSICAM技术。

MPEG-2：应用在 DVD 的制作（压缩）方面，同时在一些 HDTV（高清晰电视广播）和一些高要求视频编辑、处理上面也有相当的应用面。

MPEG-3：原本针对于HDTV(1920×1080)，后来被MPEG-2代替。

MPEG-4：针对多媒体应用的图像编码标准，MPEG-4是一种新的压缩算法，使用这种算法的 ASF 格式可以把一部120min长的电影（为视频文件）压缩到 300M 左右的视频流，可供在网上观看。其他的 DIVX 格式也可以压缩到 600M 左右，但其图像质量比 ASF 要好很多。

MPEG4影像压缩标准可以提供接近DVD的质量，文件又更小的选择，通过对MPEG格式各阶段的了解，MPEG-1代表了VCD，MPEG-2代表了DVD，MPEG-4则在比DVD文件体积更小的情况下，提供接近DVD品质的目标，MPEG-4曾经是DVR的主流视频压缩标准。

4）视频压缩标准H.264/H.265。H.264标准是ITU-T的VCEG（视频编码专家组）和ISO/IEC的MPEG（活动图像专家组）的联合视频组（JVT，Joint Video Team）开发的标准，也称为MPEG-4 Part 10，"高级视频编码"。在相同的重建图像质量下，H.264比H.263节约50%左右的码率。因其更高的压缩比、更好的IP和无线网络信道的适应性，在数字视频通信和存储领域得到越来越广泛的应用。同时也要注意，H.264获得优越性能的代价是计算复杂度增加，据估计，编码的计算复杂度大约相当于H.263的3倍，解码复杂度大约相当于H.263的2倍。

H.264标准中的内部预测创造了一种从前面已编过码的一幅或多幅图像中预测新的模型。此模型是通过在参考中替换样本的方法做出来的（运动补偿预测）。AVC编码使用基于块的运动补偿。从H.261标准制定以来，每一个主要的视频标准都采用这个原理。H.264与以往标准的重要区别是：支持一定范围的图像块尺寸（可小到4x4）和更细的分像素运动矢量（在亮度组件中为1/4像素）。

H.264标准的主要特点：

· H.264具有较强的抗误码特性，可适应丢包率高、干扰严重的信道中的视频传输。

· H.264支持不同网络资源下的分级编码传输，从而获得平稳的图像质量。

· H.264能适应于不同网络中的视频传输，网络亲和性好。

· H.264的基本系统无需使用版权，具有开放的性质，能很好地适应IP和无线网络的使用，这对目前的因特网传输多媒体信息、移动网中传输宽带信息等都具有重要的意义。

由以上描述可知，H.264是MPEG-4 Part 10，故两种标准有很大的相似性，所以很多硬盘录像机所标识的压缩标准为H.264，实际上和MPEG-4是相类似的。

H.265技术在"第二章 视频监控技术"中已经描述过。H.265是ITU-T VCEG继H.264之后所制定的新的视频编码标准。比起H.264/AVC，H.265/HEVC提供了更多不同的工具来降低码率，以编码单位来说，H.264中每个宏块（macroblock/MB）大小都是固定的16x16像素，而H.265的编码单位可以选择从最小的8x8到最大的64x64。反复的质量比较测试已经表明，在相同的图像质量下，相比于H.264，通过H.265编码的视频大小将减少大约39%~44%。由于质量控制的测定方法不同，这个数据也会有相应的变化。通过主观视觉测试得出的数据显示，在码率减少51%~74%的情况下，H.265编码视频的质量还能与H.264编码视频近似甚至更好，其本质上说是比预期的信噪比（PSNR）要好。

5）RAID独立冗余磁盘阵列。磁盘阵列（Redundant Arrays of Independent Disks，RAID），有"独立磁盘构成的具有冗余能力的阵列"之意。磁盘阵列是由很多价格较便宜的磁盘，组合成一个容量巨大的磁盘组，利用个别磁盘提供数据所产生加成效果提升整个磁盘系统效能。利用这项技术，将数据切割成许多区段，分别存放在各个硬盘上。磁盘阵列还能利用同位检查（Parity Check）的观念，在数组中任意一个硬盘故障时，仍可读出数据，在数据重构时，将数据经计算后重新置入新硬盘中。RAID在视频监控系统的存储中占有很重要的地位，尤其是对数据的保护和存储有重要意义，采用不同的RAID方式，对计算录像时间也有影响。

RAID来源于加利福尼亚大学伯克利分校（University of California-Berkeley）在1988年发表的文章"A Case for Redundant Arrays of Inexpensive Disks"。文章中，谈到了RAID这个词汇，而且定义了RAID的5层级。伯克利大学研究目的是反映当时CPU快速的性能。CPU效能每年大约成长30%~50%，而硬磁机只能成长约7%。研究小组希望能找出一种新的技术，在短期内，立即提升效能来平衡计算机的运算能力。在当时，柏克莱研究小组的主要研究目的是效能与成本。另外，研究小组也设计出容错（fault-tolerance），逻辑数据备份（logical data redundancy），而产生了RAID理论。研究初期，便宜（Inexpensive）的磁盘也是主要的重点，但后来发现，大量便宜磁盘组合并不能适用于现实的生产环境，后来Inexpensive被改为independent，许多独立的磁盘组。独立磁盘冗余阵列（RAID）是把相同的数据存储在多个硬盘的不同的地方（冗余地）的方法。通过把数据放在多个硬盘上，输入输出操作能以平衡的方式交叠，改良性能。因为多个硬盘增加了平均故障间隔时间（MTBF），储存冗余数据也增加了容错。

RAID级别：RAID技术主要包含RAID 0～RAID 50等数个规范，它们的侧重点各不相同，常见的规范有如下几种：

• RAID 0：RAID 0连续以位或字节为单位分割数据，并行读/写于多个磁盘上，因此具有很高的数据传输率，但它没有数据冗余，因此并不能算是真正的RAID结构。RAID 0只是单纯地提高性能，并没有为数据的可靠性提供保证，而且其中的一个磁盘失效将影响到所有数据。因此，RAID 0不能应用于数据安全性要求高的场合。

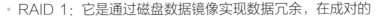

图4-54　RAID 0

• RAID 1：它是通过磁盘数据镜像实现数据冗余，在成对的独立磁盘上产生互为备份的数据。当原始数据繁忙时，可直接从镜像拷贝中读取数据，因此RAID 1可以提高读取性能。RAID 1是磁盘阵列中单位成本最高的，但提供了很高的数据安全性和可用性。当一个磁盘失效时，系统可以自动切换到镜像磁盘上读写，而不需要重组失效的数据。

图4-55　RAID 1

• RAID 01/10:根据组合分为RAID 10和RAID 01，实际是将RAID 0和RAID 1标准结合的产物，在连续地以位或字节为单位分割数据并且并行读/写多个磁盘的同时，为每一块磁盘作磁盘镜像进行冗余。它的优点是同时拥有RAID 0的超凡速度和RAID 1的数据高可靠性，但是CPU占用率同样也更高，而且磁盘的利用率比较低。RAID 1+0是先镜射再分区数据，再将所有硬盘分为两组，视为是RAID 0的最低组合，然后将这两组各自视为RAID 1运作。RAID 0+1则是跟RAID 1+0的程序相反，是先分区再将数据镜射到两组硬盘。它将所有的硬盘分为两组，变成RAID 1的最低组合，而将两组硬盘各自视为RAID 0运作。性能上，RAID 0+1比RAID 1+0有着更快的读写速度。可靠性上，当RAID

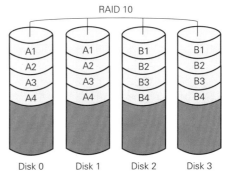

图4-56　RAID 10

1+0有一个硬盘受损，其余三个硬盘会继续运作。RAID 0+1 只要有一个硬盘受损，同组RAID 0的另一只硬盘也会停止运作，只剩下两个硬盘运作，可靠性较低。因此，RAID 10远较RAID 01常用，零售主板绝大部分支持RAID 0/1/5/10，但不支持RAID 01。

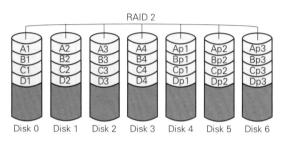

图4-57　RAID 2

- RAID 2：将数据条块化地分布于不同的硬盘上，条块单位为位或字节，并使用称为"加重平均纠错码（汉明码）"的编码技术来提供错误检查及恢复。

- RAID 3：它同RAID 2非常类似，都是将数据条块化分布于不同的硬盘上，区别在于RAID 3使用简单的奇偶校验，并用单块磁盘存放奇偶校验信息。如果一块磁盘失效，奇偶盘及其他数据盘可以重新产生数据；如果奇偶盘失效则不影响数据使用。RAID 3对于大量的连续数据可提供很好的传输率，但对于随机数据来说，奇偶盘会成为写操作的瓶颈。

- RAID 4：RAID 4同样也将数据条块化并分布于不同的磁盘上，但条块单位为块或记录。RAID 4使用一块磁盘作为奇偶校验盘，每次写操作都需要访问奇偶盘，这时奇偶校验盘会成为写操作的瓶颈，因此RAID 4在商业环境中也很少使用。

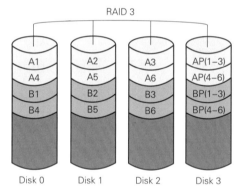

图4-58　RAID 3

- RAID 5：RAID 5不单独指定的奇偶盘，而是在所有磁盘上交叉地存取数据及奇偶校验信息。在RAID 5上，读/写指针可同时对阵列设备进行操作，提供了更高的数据流量。RAID 5更适合于小数据块和随机读写的数据。RAID 3与RAID 5相比，最主要的区别在于RAID 3每进行一次数据传输就需

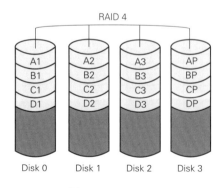

图4-59　RAID 4

涉及所有的阵列盘；而对于RAID 5来说，大部分
数据传输只对一块磁盘操作，并可进行并行操作。
在RAID 5中有"写损失"，即每一次写操作将产
生四个实际的读/写操作，其中两次读旧的数据及
奇偶信息，两次写新的数据及奇偶信息。

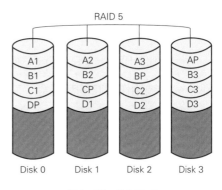

图4-60 RAID 5

　　• RAID 6：与RAID 5相比，RAID 6增加了
第二个独立的奇偶校验信息块。两个独立的奇偶系
统使用不同的算法，数据的可靠性非常高，即使两
块磁盘同时失效也不会影响数据的使用。但RAID 6需要分配给奇偶校验信息更大的磁
盘空间，相对于RAID 5有更大的"写损失"，因此"写性能"非常差。较差的性能和
复杂的实施方式使得RAID 6很少得到实际应用。

　　• RAID 7：这是一种新的RAID标准，其自身
带有智能化实时操作系统和用于存储管理的软件工
具，可完全独立于主机运行，不占用主机CPU资
源。RAID 7可以看作是一种存储计算机（Storage
Computer），它与其他RAID标准有明显区别。
除了以上的各种标准，我们可以如RAID 0+1那样结
合多种RAID规范来构筑所需的RAID阵列，例如，
RAID 5+3（RAID 53）就是一种应用较为广泛的阵

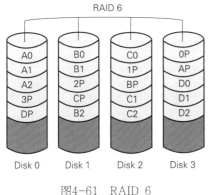

图4-61 RAID 6

列形式。用户一般可以通过灵活配置磁盘阵列来获得更加符合其要求的磁盘存储系统。

　　• RAID 5E(RAID 5 Enhancement):
RAID 5E是在RAID 5级别基础上的改进，
与RAID 5类似，数据的校验信息均匀分布
在各硬盘上，但是，在每个硬盘上都保留了
一部分未使用的空间，这部分空间没有进行
条带化，最多允许两块物理硬盘出现故障。
看起来，RAID 5E和RAID 5加一块热备盘
好像差不多，其实由于RAID 5E是把数据

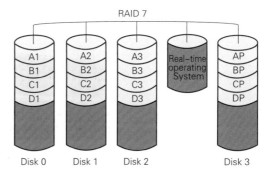

图4-62 RAID 7

147

分布在所有的硬盘上，性能会比RAID 5 加一块热备盘要好。当一块硬盘出现故障时，有故障硬盘上的数据会被压缩到其他硬盘上未使用的空间，逻辑盘保持RAID 5级别。

· RAID 5EE：与RAID 5E相比，RAID 5EE的数据分布更有效率，每个硬盘的一部分空间被用作分布的热备盘，它们是阵列的一部分，当阵列中一个物理硬盘出现故障时，数据重建的速度会更快。

· RAID 50：RAID 50是RAID 5与RAID 0的结合。此配置在RAID 5的子磁盘组的每个磁盘上进行包括奇偶信息在内的数据的剥离。每个RAID 5子磁盘组要求三个硬盘。RAID 50具备更高的容错能力，因为它允许某个组内有一个磁盘出现故障，而不会造成数据丢失。而且因为奇偶位分部于RAID 5子磁盘组上，故重建速度有很大提高。优势：更高的容错能力，具备更快数据读取速率的潜力。需要注意的是：磁盘故障会影响吞吐量。故障后重建信息的时间比镜像配置情况下要长。

（4）智能分析设备。

传统的模拟监控系统和网络监控系统具备简单的视频智能分析功能，通常由DVR、NVR或者软件来实现，在智能视频监控时代，摄像机即可具备人脸识别、人体特征识别、车牌识别、车辆特征识别、物体特征识别，这属于智能分析前置，如果不通过摄像机实现智能分析功能，则需要通过本地控制设备实现，就是智能分析设备，通常体现为视频结构化分析服务器。

以大华股份为例，在2017年3月推出的"睿智"视频结构化服务器，最多可支持192路高清视频实时结构化分析，采用NVIDIA Tesla P4 GPUs作为核心处理负载，功耗低，性能强。单块Tesla P4可以取代13台CPU服务器，与传统的CPU方案相比，处理推理应用的能效比与CPU相比提高了40倍，节省成本（包括服务器成本和电力成本）超过800%。

图4-63　"睿智"视频结构化服务器

"睿智"服务器把实时视频进行结构化分析，将复杂场景中的人、机动车、非机动车分离，全方位提取车辆特征，如车型、车系、车身颜色、车牌颜色、车牌号码识别、主副驾驶是否系安全带、是否打电话、有无遮阳板、有无年检标、有无挂坠、有无纸巾盒；针对行人，"睿智"服务器可以多方面分析其相关特征，包括性别、表情、年龄段、服饰特征（上下衣着颜色、眼镜）、携带物特征（背包、打伞）、运动特征等。经过结构化处理之后的视频数据，可以进行长期保存，用户按照寻找目标的特征，对人、机动车、非机动车的各种特征条件进行组合筛选，快速精确检索目标，提高查询效率。

安防大数据的发展依赖于视频数据的产生，而传统的智能分析产品所能产生的数据较为单一，无法满足智能分析需求。在交通、金融、楼宇等行业，"睿智"服务器的诞生，为日后大安防智能化提供了新的思路和建设模式。对于已建视频，同样可以接入"睿智"服务器进行视频结构化分析，避免系统重复建设，降低部署成本，使得智能化真正深入行业领域。

5.远程传输系统

远程传输系统相对于本地传输系统而言，远程传输系统不通过传统的同轴电缆、控制电缆传输图像信号而采用远距离网络进行传输，通常情况下与远程传输系统相对应的有远程控制中心。远程控制中心多设于较远的地方，从本地控制中心到远程控制中心不方便通过传统的方式由业主布线，即使可以布线但是成本很昂贵，故采用现有的电信网络进行传输。

常见的远距离传输系统就是互联网和视频专网。互联网传输主要包括电话线传输、E1线路传输、DDN传输、ISBN传输、移动通信互联网、宽带互联网和卫星传输。视频专网主要应用于大型的专用视频监控网络中，比较常见的就是平安城市、雪亮工程建设。

5.1　互联网

（1）电话线传输。

常见的长距离传输视频的方法是利用现有的电话线路。由于近几年电话的安装和普及，电话线路分布到各个地区，构成了现成的传输网络。电话线传输系统就是利用现有的网络，在发送端加一个发射机，在监控端加一个接收机，不需要电脑，通过调制解调器与电话线相连，这样就构成了一个传输系统。由于电话线路带宽限制和视频图像数据量大的矛盾，传输到终端的图像都不连续，而且分辨率越高，帧与帧之间的间隔就越长；反之，如果想取得相对连续的图像，就必然以牺牲清晰度为代价。

在PSTN网上，利用用户现有的电话线进行多媒体（尤其是视频信号）传输可以采用几种不同的方式：第一是采用MODEM接入，采用低数据速率的H.263会议电视视频压缩标准，将几十K的数据流通过28.8kbit/s的V.34 MODEM接入PSTN网，传输CIF、QCIF每秒5～15帧的图像。这样的传输系统基本上已经被淘汰，还存在于部门联网报警系统或较早的视频监控系统中；第二是采用XSDL接入，主要包括ASDL(下行速率1.5～9Mbit/s，上行速率16～640kbit/s，传输距离5.5km)，主要用于视频点播和视频广播；HSDL使用一对两对双绞线，双向速率为1.5～2Mbit/s，传输距离约为5km，可作电视会议或双向视频控制。

（2）E1线路。

1）E1帧结构。E1有成帧，成复帧与不成帧三种方式，在成帧的E1中第0时隙用于传输帧同步数据，其余31个时隙可以用于传输有效数据；在成复帧的E1中，除了第0时隙外，第16时隙是用于传输信令的，只有第1到第15，第17到第31共30个时隙可用于传输有效数据；而在不成帧的E1中，所有32个时隙都可用于传输有效数据。

E1线路的特点：

- 一条E1是2.048M的链路，用PCM编码。
- 一个E1的帧长为256个bit，分为32个时隙，一个时隙为8个bit。
- 每秒有8K个E1的帧通过接口，即8K×256=2048kbit/s。
- 每个时隙在E1帧中占8bit，8×8K=64K，即一条E1中含有32个64K。

2）E1基础知识。在E1信道中，8bit组成一个时隙（TS），由32个时隙组成了一个帧（F），16个帧组成一个复帧（MF）。在一个帧中，TS0主要用于传送帧定位信号（FAS）、CRC-4（循环冗余校验）和对端告警指示，TS16主要传送随路信令（CAS）、复帧定位信号和复帧对端告警指示，TS1至TS15和TS17至TS31共30个时隙传送话音或数据等信息。称TS1至TS15和TS17至TS31为"净荷"，TS0和TS16

为"开销"。如果采用带外公共信道信令（CCS），TS16就失去了传送信令的用途，该时隙也可用来传送信息信号，这时帧结构的净荷为TS1至TS31，开销只有TS0了。

3）E1接口。分为G.703非平衡的75ohm，平衡的120ohm 2 种接口。

4）使用E1有三种方法。

• 将整个2M用作一条链路，如DDN 2M；

• 将2M用作若干个64K及其组合，如128K，256K等，这就是CE1；

• 在用作语音交换机的数字中继时，这也是E1最本来的用法，是把一条E1作为32个64K来用，但是时隙0和时隙15是用作signaling即信令的，所以一条E1可以传30路话音。PRI就是其中的最常用的一种接入方式，标准叫PRA信令。

E1可由传输设备出的光纤拉至用户侧的光端机提供E1服务。E1这种传输方式在新的视频监控系统中已经看不到了，但在一些存量市场或一些专业市场还依然存在（比如说电力行业、政府行业）。

（3）*移动通信互联网。*

理论上来讲3G、4G、5G移动通信互联网是可以被用于视频监控系统中的，一些主流的硬件设备制造商生产制造3G、4G、5G相关的摄像机和周边配套产品。通常应用于不方便敷设有线网络的场所使用，比如说野外森林。

• 3G：是第三代移动通信技术，是指支持高速数据传输的蜂窝移动通信技术。3G服务能够同时传送声音及数据信息，速率一般在几百kbit/s以上。3G是指将无线通信与国际互联网等多媒体通信结合的新一代移动通信系统，目前3G存在3种标准：CDMA2000、WCDMA、TD-SCDMA。3G下行速度峰值理论可达3.6Mbit/s（一说2.8Mbit/s），上行速度峰值也可达384kbit/s。

• 4G：是第四代移动电话行动通信标准，该技术包括TD-LTE和FDD-LTE两种制式。4G是集3G与WLAN于一体，并能够快速传输数据、高质量、音频、视频和图像等。4G能够以100Mbit/s以上的速度下载，比目前的家用宽带ADSL（4Mbit/s）快25倍，并能够满足几乎所有用户对于无线服务的要求。

• 5G：第五代移动电话行动通信标准，也称第五代移动通信技术。也是4G之后的延伸，目前尚未商用。中国（华为）、韩国（三星电子）、日本、欧盟都在投入相当的资源研发5G网络。2017年12月21日，在国际电信标准组织3GPP RAN第78次全体会议上，5G NR首发版本正式冻结并发布。根据目前各国研究，5G技术相比目前4G技术，其峰值速率将增长数十倍，从4G的100Mbit/s提高到几十Gbit/s。也就是说，1s可以下载10余部高清电影，可支持的用户连接数增长到100万用户/平方公里，可以更好地满足物联网这样的海量接入场景，也适用于视频图像传输。同时，端到端延时将从4G的十几毫秒减少到5G的几毫秒。

国内有不少项目都尝试使用3G和4G网络来进行视频的传输，从实际的使用效果看，3G网络的速度较慢，适用于偶发性的监控查看需要，4G网络虽然带宽可以支持视频的传输，但动辄每秒8Mbit/s的码流使得流量费用居高不下，阻碍了4G视频监控的应用。我们期待5G网络更高的带宽和更低廉的资费（比如说不限流量套餐），这将大大促进视频监控的全域覆盖，可以更好的应用于偏远地区和无人地区。

（4）宽带互联网。

中国宽带互联网即（CHINANET），是由中国电信经营管理的中国公用Internet骨干网。CHINANET从1995年开始建设以来，经过多年扩容升级，目前，中国公用计算机互联网（CHINANET）成为中国带宽最宽、覆盖范围最广、网络性能最稳定、信息资源最丰富、网络功能最先进的互联网络，业务范围覆盖全国所有电话通达的地区。

中国宽带互联网与公用电话交换网（PSTN）、公用数字数据网（CHINADDN）、公用分组交换网（CHINAPAC）、公用帧中继（CHINAFR）等所有电信基础网络实现了互联，可以为客户提供多种不同的接入方式。同时，中国宽带互联网通过与国内各大互联网络运营商以及科研、教育网络实现了互联互通，并且与国际主要互联网服务运营商实现了对等合作，用户接入中国宽带互联网（CHINANET），可以使用CHINANET和INTERNET所有业务。

而宽带网络（BroadBand Network）一般指的是带宽超过155kbit/s以上的网络。和宽带网对应的是窄带网络。宽带网络可分为宽带骨干网和宽带接入网两个部分。骨干网又称为核心交换网，它是基于光纤通信系统的，能实现大范围的数据流传送。电信业一般认为传输速率达到了2Gbit/s的骨干网称作宽带网。接入网技术可根据所使用的传输介质的不同分为光纤接入、铜线接入、光纤同轴电缆混合接入和无线接入等多种类型。

随着光缆价格的降低，应用于视频监控系统的宽带接入网络多为光纤接入，可以满足大多数网络监控远程传输需要。

（5）卫星线路传输。

卫星传输系统覆盖地域广，施工量少，是其他传输系统无法替代的，特别是对移动的VSAT站，具有机动性，是军队国防部门通信的重要手段，卫星甚小口径地面站也是偏远地区的主要通信手段，一般用户可以向卫星运营公司租用卫星线路，如将64kbit/s串行数据转换为V.35接口建立视频连接。

理论上讲，卫星传输系统可以用于视频监控系统的远传，但在实际应用中非常少见。

5.2　视频专网

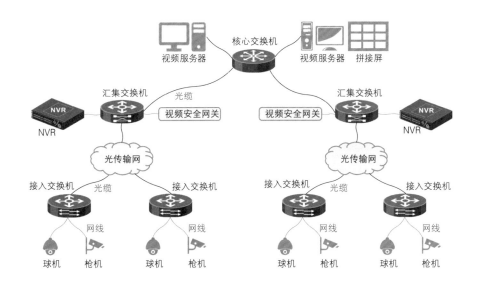

图4-64　视频专网设备连接示意图

在大型的平安城市项目或雪亮工程建设中，摄像机遍布城市/镇/村的各个角落，前端设备到中控中心的距离很远（几公里到几十公里不等甚至更远）。如果采用互联网传输无法确保数据的安全，另外线路费用昂贵；如果自行敷设光传输网，费用高企而且不容易施工。为了更好的解决视频监控远程传输的带宽和降低线路租用成本，视频专网应运而生。

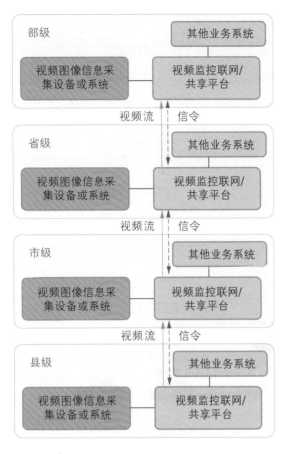

图4-65 视频专网四层架构示意图

视频专网多用于平安城市和雪亮工程，通常线路由运营商来承建，其余部分由专业承包商来建设。前端设备（比如球机和枪机）可以通过有线、无线、4G路由器、单纤环网等多种方式接入到接入层交换机（就近安装）；接入层交换机通过光传输网（视频专网的核心部分）连接到汇聚交换机（通常设在基层机构），通常在汇聚层部署存储设备或者智能分析设备；汇聚交换机继续通过光传输网接入至核心交换机，即中控中心，通常设在区级监控中心或市级监控中心，在中控中心通常会部署有视频监控联网/共享平台。

视频专网的前端接入点通常在城市的公共区域，如果不加以防范，会有较大的安全隐患，造成数据的泄露和网络安全事件。一般来讲视频专网需要从前端接入、数据传输、安全隔离、管理控制等方面综合考虑网络安全问题，常见的措施就是通过对摄像头实现身份准入、对传输通道进行加密、对访问权限进行控制等方式，保证视频信息完整性、可用性、机密性，提供全程安全的视频专网，在汇聚层增设视频安全网关。如果视频专网需要和其他网络进行视频对接，则需要考虑边界安全设备。

按照规范和标准，通常视频专网按照四层架构进行设计，如图4-65所示。

四层架构分别包括部级、省级、市级、（区）县级，在雪亮工程的建设中，可能会出现五级架构（主要是要视频监控覆盖到乡镇村）。

在上下级网络中，通常信令是双向传输的，而视频流是单向传输的（向上一级传输），视频专网里可以部署视频监控联网/共享平台、视图库、视频解析等系统。

6.远程控制系统

远程控制系统相对于本地控制系统而言。主要指设置在远程监控中心端的设备。比如视频专网中的市局控制中心或省级控制中心。主要组成部分包括控制部分、显示部分、录像及存储部分和软件系统平台四个部分。不同于本地控制系统，视频信号是通过网络传输过来的，受带宽影响不可能处理所有的视频信息，故显示部分不能显示所有的摄像机图像、存储系统也不能存储所有的录像资料。

（1）控制部分。

远程控制系统的控制部分不同于本地，主要是通过网络控制前端的摄像机、矩阵、硬盘录像机（DVR和NVR）、视频结构化服务器和编解码器等设备。常见的方式是通过安装在相应的硬件服务器的控制软件实现的，常见的控制软硬件包括：视频监控联网共享平台、流媒体服务器、电视墙管理服务器、集中存储服务器、报警服务模块、Web服务器、数据采集终端、前端监控端、主控终端、分控终端和远程用户等。流媒体服务器提供多用户并发访问同一路视频的流媒体服务，可有效提高带宽的利用率；电视墙服务器用来在远程端构建一个传统的模拟电视墙或者数字电视墙，现在多用LED小间距屏幕；Web服务器可以提供标准多的Web服务，用户通过浏览器即可远程访问监控系统的视频图像；数据采集终端用来远程采集前端的音视频信号然后传送给远程中心；前端监控端、主控终端、分控终端都是用来监视整套系统运行效果的控制部分，制式授权的权利不一样；远程用户是指用户通过远程的互联网就可以访问前端的音视频信号。

通过先进的控制软件能够实现传统的矩阵控制系统和电视墙一样的功能实现虚拟矩阵系统和电视墙显示系统。

（2）显示部分。

远程控制中心的显示部分和传统的显示部分大同小异，也可以组成的传统的模拟电视墙，或者新型的数字电视墙，或者大屏幕拼接系统，后文会详细描述LED小间距大屏系统，此处不多述。

（3）录像及存储部分。

受限于带宽和监控摄像机规模，目前的远程控制中心尚无法做到把前端所有的摄像机音视频信号上传上来。一般来讲一条标准的100Mbit/s宽带最多传输25路高清摄像机的图像，如果前端的摄像机超过了25路那么只能根据需要上传。故远程控制中心的录像及存储要求并没有本地系统那么严格，只需要将需要的摄像机视频（通常是报警联动或者手动设置录像）录制及保存即可，实现的方法同本地系统，此处不多述。当然卡口系统和电子警察系统例外，需要将前端图片流和视频流保存在后端。

在AI时代，常规的人脸识别摄像机和车辆识别摄像机传输的就是结构化处理之后的人脸和车牌、特征数据，通常需要将这些结构化的数据保存在后端，而且通常保存的时间会超过90天。

（4）软件系统平台。

视频监控系统发展到智能和数据时代，后端的软件系统趋于复杂化，而且随着云计算、大数据技术的成熟，后端的软件系统平台通常部署在"云"上。除了前文控制部分提到的视频联网共享平台、流媒体服务器、存储服务器之外，潜在的软件系统平台还包括：视频监控运维平台、一机一档、视频图像信息数据库、视频图像解析系统、人脸大数据平台、车辆大数据平台、视频云大数据平台以及各种各样的实战平台，这些将在本书第四篇给予详细描述。

7.典型应用分析

前文所述是从技术角度对视频监控系统进行了描述，本章节主要是用图来解说视频监控系统，从最小、最原始的监控系统一直到最复杂、最大型、最先进的系统进行详细论述。看不同的系统架构图，从侧面也可以看到视频监控系统的发展历程。

（1）最简单的模拟监控系统。

最早期也是最原始的监控系统就是模拟系统，非常的简单，由模拟摄像机、麦克风、电源、视频线、电源线、音频线和模拟监视器组成。早期的系统属于一对一系统，即一个摄像

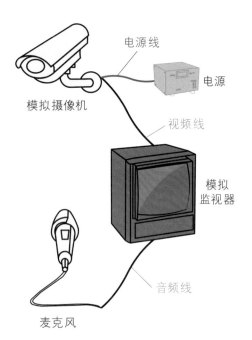

图4-66　最简单的模拟监控系统

机对应一个监视器，而且是黑白系统，没有图像的记录和存储设备，仅仅限于对前端图像的监视。这才是视频监控的本质：实时视频监控，在很多新式的IP摄像机的后面板通常也可以看到一路BNC输出，就是实现本地的模拟监视使用，可以用来调试也可以直接用来监视，如图4-66所示。

（2）带磁带录像机的模拟监控系统。

　　随着监控技术和磁带技术的发展，早期的模拟监控系统除了监视功能还开始具有录像功能，录像设备就是磁带录像机（Video Cassette Recorder，VCR），也就是传统的家庭磁带录像机，采用磁带（Video Home System，VHS）为存储介质，磁带录像机的出现使得模拟监控系统有了质的飞跃，在实时监视之外，实现了监控系统的事后防范功能（录像），为相关单位处理相关警情提供了有力的证据，系统组成如图4-67所示。

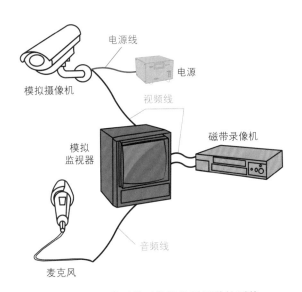

图4-67　带磁带录像机的模拟监控系统

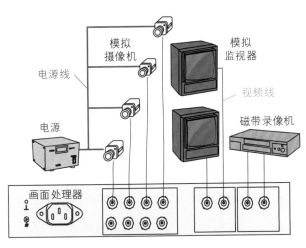

图4-68　带画面处理器的模拟监控系统

（3）带画面处理器的模拟监控系统。

　　早期简单的模拟监控系统虽然解决了监视和录像的问题，但是还没有解决画面分割和画面处理的问题，画面处理器应运而生。较早的系统需要监视器和摄像机一一对应、磁带录像机也和摄像机一一对应，如果系统的规模稍大一些，就需要很多台监视器和磁带录像机，不仅无处摆放而且造价昂贵。采用画面处理器后可实现多台摄像机（可以是4、6、9、16个甚至更多）共用一台画面处理器（可显示4、6、9、16分割等多种分割画面）和一台磁带录像机。

采用画面处理器的系统如图4-68所示，由图可以看出，每台画面处理器可以连接2台监视器，其中1台显示分割画面、1台显示定点画面（通过设置可显示任何一路的画面），画面处理器通过2跟视频线和磁带录像机相连，其中1路用于录像、1路用于录像资料回放。

随着硬盘录像机的出现和计算机技术的发展，磁带录像机逐渐被硬盘录像机所取代，随着硬盘录像机集成画面处理器功能，画面处理器已经退出了监控市场。

（4）带矩阵的模拟监控系统。

带有画面处理器的模拟监控系统解决了画面的分割、放大、轮巡和录像的问题，但是没有解决以下问题：

- 带云台摄像机的控制问题；
- 高速球型摄像机的控制、预置位、花样的控制问题；
- 报警探头的接入问题和报警和摄像机的联动问题；
- 音频的输入和输出问题；
- 将任意一路摄像机切换到任意一台显示器上去。

而矩阵控制系统的诞生就是解决以上问题的，当然矩阵控制系统的功能不限于此，采用矩阵控制主机可以灵活的构建一个大型的联网系统，可分级控制，连接多个键盘，通过网络的扩展还可以实现网络矩阵功能。而早期的监控巨头企业TycoSecurity就是依靠AD矩阵控制系统发展起来的，后来被JCI收购，这是后话。

矩阵最大的特点就是支持的输入和输出设备的多样性和强大的联动切换、报警功能。矩阵控制主机支持的常见输入设备包括：

- 固定摄像机（包括枪式摄像机和半球摄像机）；
- 带云台摄像机（包括摄像机、云台和解码器）；
- 高速球型摄像机（内置解码器）；
- 麦克风（音频输入）；
- 各类安防探头（比如红外双鉴探测器、红外对射探测器、窗门磁、紧急按钮、烟感等）。

矩阵控制主机支持的常见输出设备包括：

· 监视器/显示器（用来显示摄像机的画面）。

· 灯光设备（报警联动打开灯光）。

· 警笛（报警联动打开警笛报警）。

· 音箱（播放前端麦克风传来的音频）。

· 开关量设备（矩阵通过报警输出可以联动支持开关量的设备）。

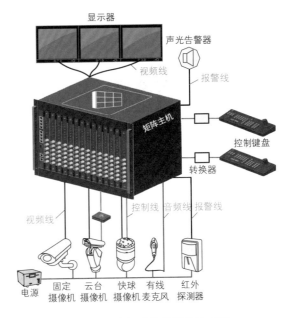

图4-69　带矩阵的模拟监控系统

由以上的描述可知矩阵是一套强大的控制集成系统，将传统的各类模拟监控系统设备集成在一起，实现强大的联动报警功能。同时矩阵控制系统的大小是可以灵活调整的，比如摄像机的输入数量可选（最小2路、最大3200路）、输出数量可选（通常最小输出2路、最大输出256路）。典型的矩阵控制系统如图4-69所示。

模拟监控系统中存在的大量的视频矩阵主机，其基本的输入输出接口还是BNC的模拟接口，而在数字视频监控系统中，摄像机的输入信号变为网络信号、显示器接口变为VGA/HDMI/DVI，但矩阵系统能够实现的功能还是需要保留的，那么网络型综合管理平台应运而生。

（5）采用无线方式传输的模拟视频监控系统。

采用无线方式传输的方式在本书的"第四章　3.1　线路传输系统"中有详细的文字描述。采用无线传输限于前端不便于敷设线缆的场景使用（甚至是无电源供应的情况），摄像机和麦克风接入专用的无线发射器，在后端接入设备（包括交换机、矩阵控制主机、硬盘录像机等）的前面采用无线接收机，可实现摄像机图像的无线传输，系统组成如图4-70所示。这样的传输模式适用于模拟视频监控系统也适用于网络视频监控系统。

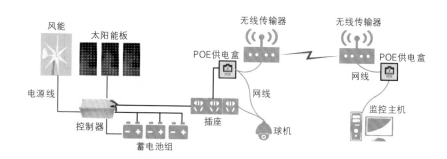

图4-70　采用无线方式传输的模拟视频监控系统

（6）采用光缆传输的模拟视频监控系统。

采用光缆传输的方式在本书的"第四章 3.1 线路传输系统"中有详细的文字描述。模拟视频监控系统可采用光缆直接传输模拟摄像机信号，在光缆的两端需要加装光端机（一端发射、另一端接收），采用光端机最大可传输16路甚至更多路数的视频图像，而且可以传输控制信号、报警信号和网络信号，传输距离也较同轴传输的距离要远，最大能够达到60km甚至更多。采用光缆传输的模拟监控系统如图4-71所示。

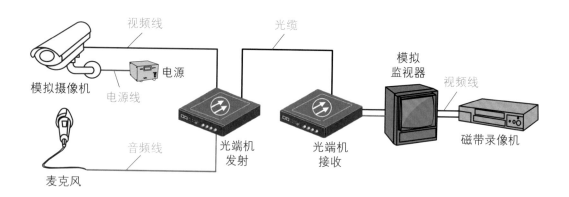

图4-71　采用光端机传输的模拟监控系统

（7）模拟摄像机硬盘录像机混合系统。

早期的磁带录像机需要手动更换磁带，且单盘磁带可录像时间过短，后来被技术成熟、价格低廉的硬盘录像机（DVR）所代替。硬盘录像机最大的特点就是可自动录像或预设录像，不需要手工额外干预，图像的监视、保存、调用都是通过软件和硬盘实现的，容易操作、传输和保存，这些特点是传统的磁带录像机所无法比拟的。

正是以上特征决定了大部分模拟监控系统都是这种模拟硬盘录像机（硬盘录像机可以视为半数字系统）混合系统，如图4-72所示。

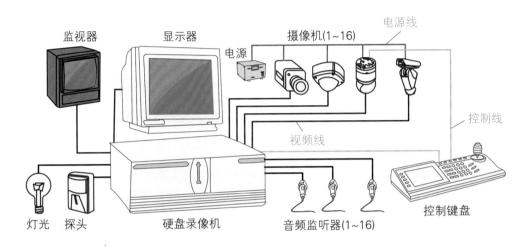

图4-72　模拟摄像机硬盘录像机混合监控系统

在前文中对硬盘录像机进行了的详细描述，硬盘录像机通常情况分为PC式和嵌入式两种。由于硬件成本的不断下降、集成度越来越高，使得嵌入式硬盘录像机较PC式便宜很多，故嵌入式硬盘录像机在国内大行其道。也就是视频监控系统进入DVR时代之后海康威视和大华股份迅速崛起，这两家公司最初都是以视频卡起步，逐步成为世界级的视频监控产品制造商。

早期嵌入式硬盘录像机仅能够支持四个IDE接口，每个IDE口目前最大支持2000GB的硬盘容量，也就是说每台嵌入式的硬盘录像机可以支持本地最大8000GB的硬盘存储空间，可满足大部分市场的图像存储时间需求。随着硬盘和硬盘录像机成本的不断降低，使得构建一个模拟数字混合系统变得更加容易和具有更高的性价比，迅速的占领了市场。后台基于DVR发展出来的NVR最大可以支持24块8TB的硬盘，拥有了更高的性价比和录像时间。

相对于PC式硬盘录像机，嵌入式硬盘录像机的操作系统和应用程序都集成到自带的芯片或者存储设备中，很难再安装一个第三方的应用软件，而这些恰恰就是PC式硬盘录像机最大的优势，很多PC式硬盘录像机是基于Windows或者Linux操作系统，支持标准的第三方应用，一般都预留有接口，很容易通过硬盘录像机实现和门禁管理系统和报警系统的联动。而这种PC式硬盘录像机多为国外品牌所采用的形式，国内生产的硬盘录像机多为嵌入式硬盘录像机。

硬盘录像机通常用英文称作为Digital Video Recorder（缩写为DVR），它和摄像机连接的接口是BNC型模拟同轴电缆接口，需要通过一张视频卡进行模拟数字转换工作，故严格意义上来讲，DVR并不是一个纯数字的设备，如果是一个纯数字型的设备，那么它的接口应该为网络接口（RJ-45或光纤接口），而这种纯数字化的设备被称作网络硬盘录像机（Network Video Recorder，NVR）或者IP DVR（IP Digital Video Recorder），通过网络直接和网络摄像机相连。由此可见DVR是一个模拟和数字的混合系统，实际上就是一种过渡型产品，最终将会被NVR所取代。

（8）简单的网络监控系统。

一个纯数字化的网络监控系统应该由网络摄像机（包括固定网络摄像机、半球网络摄像机、云台网络摄像机和高速球型网络摄像机）、通信网络、网络设备、网络硬盘录像机、应用管理软件、服务器、存储设备、大数据、云计算组成，如图4-73所示。

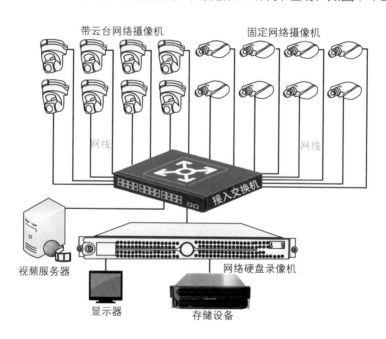

图4-73　简单的网络监控系统

网络摄像机通过网线直接和局域网或者广域网连接，通过PoE技术交换机可以直接供电给摄像机不需要额外的电源适配器，网络硬盘录像机（NVR）直接通过网线和网络相连接，可以管理所有的网络摄像机并可对摄像机进行各种控制操作。通过强大的软件管理平台能够实现传统的模拟监控系统的虚拟矩阵功能和电视墙显示功能。

对于有些品牌的网络摄像机没有对应的硬件NVR，只是提供一套管理软件，可以将这种安装有管理软件的计算机或者服务器当作NVR。

（9）采用编解码技术的混合系统。

在实际的项目建设中，大家会碰到各种各样的客户需求，而通过局域网构建一套模拟监控系统就是这样一种特殊的应用。具体来讲可能是这种情况，客户希望充分利用已建设的模拟摄像机，新建的部分采用网络摄像机，利用传统的矩阵控制主机构建一个大型的混合监控系统，而且需要一个大型的电视墙，这个项目的基础工程已经完工，已经不允许敷设同缆系统，但有建设好的局域网可供监控系统使用，而采用编解码器就是一种比较理想的解决方案。系统组成如图4-74所示（图中没有画出矩阵，但可以支持矩阵控制主机）。

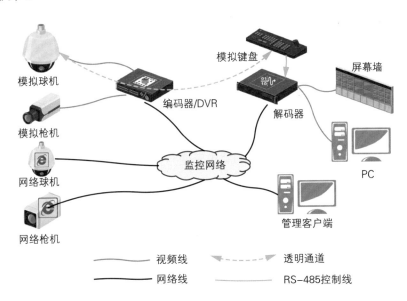

图4-74　采用编解码器的混合系统

编码器（Encoder）也常常被称作视频服务器（Video Sever），可以连接各种类型的模拟摄像机，包括固定摄像机、半球摄像机、云台摄像机和高速球型摄像机，能够控制云台及高速球的转动、镜头的拉伸，而且能够连接相应的报警探头和音频设备，通常情况下有单路、四路和十六路多种规格，编码器通过局域网可将视频、音频、控制、报警信号传输到局域网的另一端。在某种意义上来讲DVR就是带硬盘的编码器，或者说编码器是不带硬盘的DVR。

解码器（Decoder）用来接收编码器传送的信号，可以还原视频、音频、控制和报警信号，输出的信号相当于模拟系统，在后端感觉就相当于一个模拟系统。解码器分一对一和一对多两种解码方式，一对一的解码器要求编解码器成对使用；一对多的解码器可以通过设置解码任意一路编码器，那么就能够实现编码器多、解码器少的应用，可以降低系统的建设成本，相当于矩阵控制系统，比如前端可以有1024路模拟摄像机，后端可能只有8路解码器，但通过软件实现虚拟矩阵以后，可以任意切换摄像机的信号到大屏幕上或电视墙上。

解码还原后的视频信号可以接入矩阵控制主机、监视器或硬盘录像机。在有些应用场景中，前端采用网络摄像机、后端采用网络硬盘录像机，但是客户仍然希望视频信号可以通过BNC接口的同轴电缆将视频信号还原到电视墙上，那么也可以采用解码器的方式将视频还原成模拟信号。在另外一种应用场景中，客户采用硬盘录像机在前端充当视频服务器使用，通过网络将视频信号传输到后端，也希望能够将网络视频信号转换为模拟信号，那么也可以采用解码器（有时候采用解码卡，安装在计算机内）将网络信号还原成模拟信号。

（10）基于NVR的大型监控系统。

要构建一套视频监控系统，客户的需求千变万化，每个行业、每种场景都可能会有巨大的差别，所以组网的类型多种多样、传输的方式也是多种多样。那么基于NVR的大型视频监控联网系统就是其中一种。和模拟监控系统相比，网络监控系统更容易组网、升级和改造。大型的网络监控系统组成如图4-75所示。

在网络监控系统中，对前端摄像机是没有具体数量限制的，有网络的地方就可以接入网络摄像机，这也是网络监控系统的一个巨大的优势；通常来讲硬件网络硬盘录像机（厂家已经配置好软硬件设备）可以管理多达256台网络摄像机，基于软件的网络硬盘录像机（厂家仅提供管理软件而不提供硬件）可以管理256路网络摄像机甚至更多；基于网络的数字化监控系统是需要一个强大的中心管理软件，主要用来实现电视墙管理、虚拟矩阵主机和硬盘录像机的管理，如果配置有人脸摄像机、车牌识别摄像机或者视频结构化服务器，则可以构建视频大数据系统，进行视频的智能分析和应用。基本上每家网络摄像机的厂家或者厂家支持的第三方都可以提供这样的软件平台。

在很多情况下，网络监控系统需要构建多个分控中心，这是很容易实现的，只要有一台电脑安装一套分控软件就可以，非常的方便；在另一些情况下，客户希望构建一个全新的网络监控系统时还需要考虑兼容原有的模拟监控系统，有两种方法，一种是在原有的监控中心增加视频服务器，将模拟信号转为数字信号；另一种方法是直接改造整个系统，在模拟摄像机的旁边安装网络摄像机，然后通过网络传输视频信号，当然采用前一种方法更划算一些。

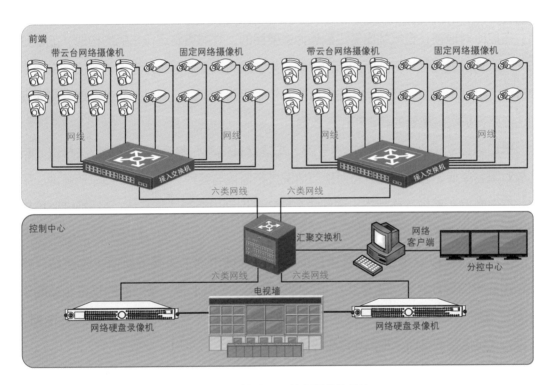

图4-75　基于NVR的大型监控系统

（11）卡口应用。

卡口是指有防守和检查设施的出入口。也指用卡、夹的方式连接或固定另一物体的构件。卡口和视频监控相结合就是常说的治安卡口，是视频监控的一种特别应用，也是

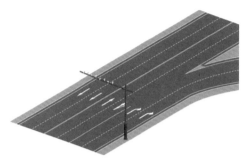

图4-76　治安卡口应用示意图

最早实施视频结构化处理的监控系统。治安卡口是道路交通治安卡口监控系统的简称，是指依托道路上特定场所，如收费站、交通或治安检查站等卡口点，对所有通过该卡口点的机动车辆进行拍摄、记录与处理的一种道路交通现场监测系统。车牌识别是最先发展出来的计算机识别技术的应用场景，被广泛的应用到治安卡口系统中。卡口的典型应用如图4-76所示。

卡口除了治安用途之外，也大量的应用在交通治理上面。故而卡口系统也被称之为"道路车辆智能监测记录系统"，以机动车图片抓拍、车辆号牌识别，车辆特征数据采集，布控比对报警，查报站出警拦截等为主要目的，并对道路运行车辆的构成、流量分布，违章情况进行常年不间断的自动记录。为快速纠正交通违章行为和快速侦破交通事故逃逸、机动车盗抢、套牌案件提供重要的技术手段和证据，同时为交通管理、交通规划、道路养护提供重要的基础和运行数据。

卡口可自动识别过往路口车辆号牌、车辆特征信息，验证出车辆的合法身份、自动核对黑名单库、自动报警。可对路口情况进行监控与管理，包括出入口车辆管理、采集、存储数据和系统工作状态，详细的车辆特征识别内容在"第五章　AI+视频监控系统"中有详细描述。

卡口系统可以安装在公路任意段面上，包括城市出入主要道路口、收费站、省际和市际卡口等处。室外摄像头和辅助照明安装在车道上方，与地面的垂直距离高于5.5m，抓拍摄像机和辅助照明采用不同支架安装，相应水平距离大于6m。常见的卡口建设方式包括雷达卡口、视频卡口和线圈卡口三种。

实现功能主要包括监视道路交通状况，包括交通流量、速度和通畅程度、道路交通信息的分析、处理车辆及其车牌信息的自动识别与处理，实现对交通违法、肇事逃逸和嫌疑车辆等的查控与处置。现在的新型的交通大脑的设计就离不开视频卡口，视频卡口是最佳的车牌识别系统。

道路车辆智能监测记录系统由卡口前端子系统、网络传输子系统和后端管理子系统组成。实现对通行车辆信息的采集、传输、处理、分析与集中管理，如图4-77所示。

• 前端子系统。负责完成车辆综合信息的采集，包括车辆特征照片、车牌号码与车牌颜色等。并完成图片信息识别、数据缓存以及压缩上传等功能，主要由卡口抓拍单元、补光灯、爆闪灯、终端服务器、外场工业交换机、光纤收发器、开关电源、防雷器等设备组成。

• 传输子系统。负责系统组网，完成数据、图片的传输与交换。因道路车辆智能监测记录系统的安全性需要，一般通过租用运营商光纤链路组建专网，每个前端点位到中心一条裸光纤，对于城区较密集的点位可通过EPON方式组网，对于偏远地区也可采用无线方式组网。

• 后端管理子系统。负责实现对辖区内相关数据的汇聚、处理、存储、应用、管理与共享，由中心管理平台和存储系统组成。中心管理平台由搭载平台软件模块的服务器组成，包括：管理服务器、应用服务器、Web服务器、图片服务器和数据库服务器等。

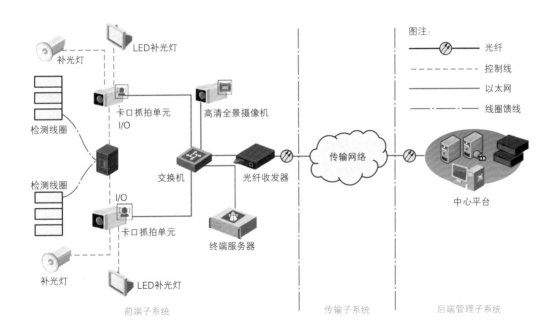

图4-77　治安卡口系统架构图

（12）电子警察。

电子警察是一种利用自动化检测与测量技术捕获交通违法或交通事故，利用网络将采集的信息传回公安部门进行分析处理，并以此为证据对肇事者进行处罚，以减少事故

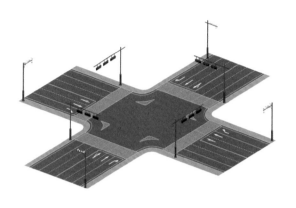

图4-78　电子警察应用示意图

发生、辅助交警工作的方法。"电子警察"一词之所以能够得到业内和社会的广泛认可，其关键一点是从字面上能够对实际使用中的设备与系统功能表述得比较准确。电子警察也可以简称为"电警"，"电子"涵盖了这类设备和系统具有现代化的先进技术，包括视频检测技术、计算机技术、现代控制技术、通信技术、计算机网络和数据库技术等。电子警察的典型应用如图4-78所示。

狭义电子警察俗称"闯红灯自动记录系统"，即可安装在信号控制的交叉路口和路段上并对指定车道内机动车闯红灯行为进行不间断自动检测和记录的系统。广义电子警察是指安装在交叉路口和路段上并对指定车道内机动车行驶行为进行不间断自动检测和记录的系统。

闯红灯电子警察系统利用先进的光电、计算机、图像处理、模式识别、远程数据访问等技术。利用每一辆车对应唯一的车牌号的条件，对监控路面过往的每一辆机动车的车辆和车号牌图像进行连续全天候实时记录。以地感线圈与视频检测进行车辆检测，当运动目标超过限速值时或路口信号在红灯状态下，一体化高清摄像机进行违章车辆抓拍，完整抓拍车辆违章过程的3张图片。图片清晰显示信号灯状态、停车线位置、违法车道、违法车辆的车牌号码、车牌颜色、车身颜色、车辆类型、违法时间、地点、车速和行驶方向等信息。所有抓拍数据通过网络传回到交警管理中心（通常也被称为智慧执法系统）进行处理。通过此信息与对应地区的车管库相连接，分析并获取当前车辆是否为合法车辆。同时，生成违法图像和速度信息数据库，数据具备联网查询功能。电子警察系统广泛应用于城市十字交叉路口、人行道口、限时道路、主辅路进出口、公交专用道等处，如图4-79所示。

常见的电子警察有四类：线圈触发电子警察、视频触发电子警察、线圈—视频混合触发电子警察和电子警察一体机。典型的电子警察系统组成部分包括抓拍单元、信号灯检测器、补光灯、终端服务器、传输网络和后端服务器。

电子警察主要用于抓拍车的尾部，而且是在车辆违章的情况下进行抓拍，而卡口主要抓拍头部（可采集人脸）、不间断采集信号，而城市治理在交通路口要求能够精确判断车辆相关实时过车数据，所以卡式电警应运而生。现在的新型的交通大脑的设计离不开卡式电警，需要采集车道级实时数据，实现完备的数据采集，而这依赖于完善的基础设施，通过新的卡式电警，可准确判断每个路口每个车道的车辆通行情况，而且可以和红绿灯信号系统相结合，这也是高德、百度地图做智慧交通不具备的功能。

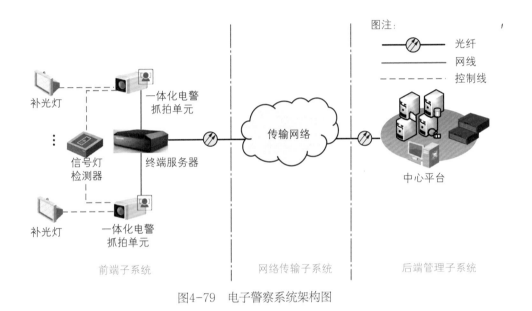

图4-79　电子警察系统架构图

8.LED显示系统

摄像机就像人的眼睛，使人可以通过监控系统回顾过去、分析当下、预知未来，尽管摄像机替代了人的眼睛，但最终呈现的结果还是要人眼看到，为了能够更好的将监控结果呈现出来供多人查看，自然离不开大屏拼接系统，前文已经述及显示部分，常见的大屏幕拼接系统包括等离子拼接（已被淘汰）、DLP投影拼接、LCD液晶拼接和LED小间距大屏幕系统。其他几个种类的拼接系统区域成熟，而目前市场上发展最快、应用最广、效果更好的当属LED小间距大屏幕系统。

8.1 系统基础知识

（1）什么是LED。

在某些半导体材料的P-N结中，注入的少数载流子与多数载流子复合时会把多余的能量以光的形式释放出来，从而把电能直接转换为光能。P-N结加反向电压，少数载流子难以注入，故不发光。这种利用注入式电致发光原理制作的二极管叫发光二极管，通称LED，LED是Light Emitting Diode的缩写。

LED是一种固态的半导体器件，它可以直接把电转化为光。LED的心脏是一个半导体的晶片，晶片的一端附在一个支架上，一端是负极，另一端连接电源的正极，使整个晶片被环氧树脂封装起来。半导体晶片由两部分组成，一部分是P型半导体，在它里面空穴占主导地位，另一端是N型半导体，在这边主要是电子。但这两种半导体连接起来的时候，它们之间就形成一个"P-N结"。当电流通过导线作用于这个晶片的时候，电子就会被推向P区，在P区里电子跟空穴复合，然后就会以光子的形式发出能量，这就是LED发光的原理。而光的波长也就是光的颜色，是由形成P-N结的材料决定的。

60年前人们已经了解半导体材料可产生光线的基本知识，最早应用半导体P-N结发光原理制成的LED光源问世于20世纪60年代初，当时所用的材料是GaAsP，发红光（$\lambda p=650nm$），在驱动电流为20mA时，光通量只有千分之几个流明，相应的发光效率约0.1Lm/W。70年代中期，引入元素In和N，使LED产生绿光（$\lambda p=555nm$），黄光（$\lambda p=590nm$）和橙光（$\lambda p=610nm$），光效也提高到1流明/瓦。到了80年代初，出现了GaAlAs的LED光源，使得红色LED的光效达到10流明/瓦。90年代初，发红光、黄光的GaAlInP和发绿、蓝光的GaInN两种新材料的开发成功，使LED的光效得到大幅度的提高。在2000年，前者做成的LED在红、橙区（$\lambda p=615nm$）的光效达到100lm/W，而后者制成的LED在绿色区域（$\lambda p=530nm$）的光效可以达到50Lm/W。

典型的发光二极管的构造如图4-80所示。

由上图可以看出，常见发光二极管的组成部分

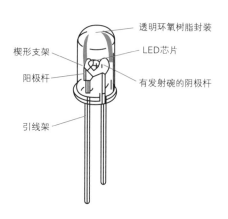

楔形支架
阳极杆
引线架
透明环氧树脂封装
LED芯片
有发射碗的阴极杆

图4-80　发光二极管的构造图

主要包括LED芯片、阳极杆、有发射碗的阴极杆、引线架、楔形支架和透明环氧树脂。

LED的发光颜色和发光效率与制作LED的材料和工艺有关，目前广泛使用的有红、绿、蓝三种。由于LED工作电压低（仅1.5~3V），能主动发光且有一定亮度，亮度又能用电压（或电流）调节，本身又耐冲击、抗振动、寿命长（10万h），所以在大型的显示设备中，目前尚无其他的显示方式与LED显示方式匹敌。

把红色和绿色的LED放在一起作为一个像素制作的显示屏叫双基色屏或伪彩色屏；把红、绿、蓝三种LED管放在一起作为一个像素的显示屏叫三基色屏或全彩屏。制作室内LED屏的像素尺寸一般是1~10mm，常常采用把几种能产生不同基色的LED管芯封装成一体，室外LED屏的像素尺寸多为12~26mm，每个像素由若干个各种单色LED组成，常见的成品称像素筒或像素模块，双色像素筒一般由3红2绿组成，三色像素筒用2红1绿1蓝组成。

LED显示屏如果想要显示图像，则需要构成像素的每个LED的发光亮度都必须能调节，其调节的精细程度就是显示屏的灰度等级。灰度等级越高，显示的图像就越细腻，色彩也越丰富，相应的显示控制系统也越复杂。在当前的技术水平下，256级灰度的图像，颜色过渡已十分柔和，图像还原效果令人满意，最新的LED技术已经接近人脸视网膜的分辨率。

资料显示，LED光源比白炽灯节电87%、比荧光灯节电50%，而寿命比白炽灯长20~30倍、比荧光灯长10倍。LED光源因具有节能、环保、长寿命、安全、响应快、体积小、色彩丰富、可控等系列独特优点，被认为是节电降能耗的最佳实现途径。

（2）LED的特点。

• 多变幻：LED光源可利用LED通断时间短和红、绿、蓝三基色原理，在计算机技术控制下实现色彩和图案的多变化，是一种可随意控制的"动态光源"。

• 寿命长：LED 光源无灯丝、工作电压低，使用寿命可达5万~10万h，也就是5~10年时间。

• 环保：生产中无有害元素、使用中不发出有害物质、无辐射，同时LED也可以回收再利用。

• 高新尖：与传统光源比，LED 光源融合了计算机、网络、嵌入式等高新技术，具有在线编程、无限升级、灵活多变的特点。

· 体积小：LED基本上是一块很小的晶片被封装在环氧树脂里面，所以它非常的小，非常的轻。

· 耗电量低：LED耗电非常低，一般来说LED的工作电压是2~3.6V。工作电流是0.02~0.03A。这就是说：它消耗的电不超过0.1W。

· 坚固耐用：LED是被完全的封装在环氧树脂里面，它比灯泡和荧光灯管都坚固。灯体内也没有松动的部分，这些特点使得LED可以说是不易损坏的。

（3）LED的分类。

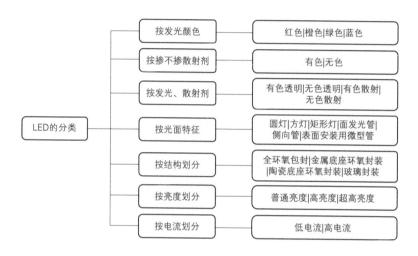

图4-81　LED的分类

常见的LED可以按照以下方式进行分类：

· 按发光管发光颜色：可分成红色、橙色、绿色（又可细分为黄绿、标准绿和纯绿）、蓝光等。另外，有的发光二极管中包含两种或三种颜色的芯片；

· 按发光二极管出光处掺或不掺散射剂：可以分为有色还是无色；

· 按照发光管发光颜色结合散射剂：还可分成有色透明、无色透明、有色散射和无色散射四种类型。散射型发光二极管不适合做指示灯用；

· 按发光管出光面特征：分为圆灯、方灯、矩形、面发光管、侧向管、表面安装用微型管等。圆形灯按直径分为φ2、φ4.4、φ5、φ8、φ10mm及φ20mm等。国外通常把φ3mm的发光二极管记作T-1；把φ5mm的记作T-1（3/4）；把φ4.4mm的记作T-1（1/4）。由半值角大小可以估计圆形发光强度角分布情况；

· 按发光二极管的结构：分有全环氧包封、金属底座环氧封装、陶瓷底座环氧封装及玻璃封装等结构；

· 按发光强度：分为普通亮度的LED（发光强度小于10mcd）、高亮度的LED（光强度在10~100mcd之间）、超高亮度的LED（发光强度大于100mcd）；

· 按工作电流：分有高电流LED（工作电流在十几mA至几十mA）、低电流LED（工作电流在2mA以下，亮度与普通发光管相同）。

LED的分类如图4-81所示。

（4）LED系统基础知识。

1）三原色和三基色。三原色是美术上的概念，指红黄蓝，因为这三种颜色的配合可以调出除了黑白以外的几乎所有颜色，故称为三原色。三基色是指的电视显像管的技术，电视显像管显示图像的色彩都是由红绿蓝三色（RGB）组成，所以这三种颜色被称为三基色，红、绿、蓝三种光通过不同的组合，可以获得各种不同颜色光，红、绿、蓝三种光是无法用其他色光混合而成的，这三种色光叫光的"三基色"。LED采用的就是三基色原理。

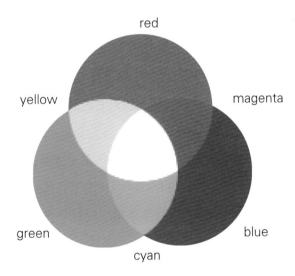

图4-82 三基色示意图

LED发出的红、绿、蓝光线根据其不同波长特性和大致分为紫红、纯红、橙红、橙、橙黄、黄、黄绿、纯绿、翠绿、蓝绿、纯蓝、蓝紫等，橙红、黄绿、蓝紫色较纯红、纯绿、纯蓝价格上便宜很多。三个原色中绿色最为重要，因为绿色占据了白色中69%的亮度，且处于色彩横向排列表的中心。因此在权衡颜色的纯度和价格两者之间的关系时，绿色是着重考虑的对象。

2）RGB模式。RGB是色光的色彩模式。R代表红色（Red），G代表绿色（Green），B代表蓝色（Blue），三种色彩叠加形成了其他的色彩。因为三种颜色都有256个亮度水平级，所以三种色彩叠加就形成1670万种颜色了。也就是真彩色，通过它们足以在现绚丽的世界。在RGB模式中，由红、绿、蓝相叠加可以产生其他颜色，因此该模式也叫加色模式。而LED大屏幕显示系统多采用这种模式。

就编辑图像而言，RGB色彩模式也是最佳的色彩模式，因为它可以提供全屏幕的24bit的色彩范围，即真彩色显示。但是，如果将RGB模式用于打印就不是最佳的了，因为RGB模式所提供的有些色彩已经超出了打印的范围之外，因此在打印一幅真彩色的图像时，就必然会损失一部分亮度，并且比较鲜艳的色彩肯定会失真的。这主要因为打印所用的是CMYK模式，而CMYK模式所定义的色彩要比RGB模式定义的色彩少很多，因此打印时，系统自动将RGB模式转换为CMYK模式，这样就难免损失一部分颜色，出现打印后失真的现象。

3）配色和白平衡。白色是红绿蓝三色按亮度比例混合而成，当光线中绿色的亮度为69%，红色的亮度为21%，蓝色的亮度为10%时，混色后人眼感觉到的是纯白色。但LED红绿蓝三色的色品坐标因工艺过程等原因无法达到全色谱的效果，而控制原色包括有偏差的原色的亮度得到白色光，称为配色。当为全彩色LED显示屏进行配色前，为了达到最佳亮度和最低的成本，应尽量选择三原色发光强度成大致为3∶6∶1比例的LED器件组成像素白平衡要求三种原色在相同的调灰值下合成的仍旧为纯正的白色。

4）发光强度。光的衡量单位有发光强度单位坎德拉、光通量单位流明和照度单位勒克斯。

在每平方米101325N的标准大气压下，面积等于$1/60\text{cm}^2$的绝对"黑体"（即能够吸收全部外来光线而毫无反射的理想物体）在纯铂（Pt）凝固温度（约2042K或1769°C）时，沿垂直方向的发光强度为1 坎德拉（Candela，简写cd）。发光强度为1坎德拉的点光源在单位立体角（1球面度）内发出的光通量为1流明（Lumen，简写lm）。光照度可用照度计直接测量。光照度的单位是勒克斯，是英文Lux的音译，也可写为lx，被光均匀照射的物体，在1m²面积上得到的光通量是1lm时，它的照度是1勒克斯（Lux，简写lx）。

　　光的衡量单位在智能化系统中是个重要的概念，一般主动发光体采用发光强度单位坎德拉CD，如白炽灯、LED等；反射或穿透型的物体采用光通量单位流明lm，如LCD投影机等；而照度单位勒克司Lux，一般用于视频监控等领域。三种衡量单位在数值上是等效的，但需要从不同的角度去理解。比如：一部LCD投影机的亮度（光通量）为1600lm，其投影到全反射屏幕的尺寸为60in（1m²），则其照度为1600lx，假设其出光口距光源1cm，出光口面积为1cm²，则出光口的发光强度为1600CD。而真正的LCD投影机由于光传播的损耗、反射或透光膜的损耗和光线分布不均匀，亮度将大打折扣，一般有50%的效率就很好了。

　　单个LED的发光强度以CD为单位，同时配有视角参数，发光强度与LED的色彩没有关系。单管的发光强度从几个mCD到5000mCD不等。LED生产厂商所给出的发光强度指LED在20mA电流下点亮、最佳视角上及中心位置上发光强度最大的点。封装LED时顶部透镜的形状和LED芯片距顶部透镜的位置决定了LED视角和光强分布。一般来说相同的LED视角越大，最大发光强度越小，但在整个立体半球面上累计的光通量不变。当多个LED较紧密规则排放，其发光球面相互叠加，导致整个发光平面发光强度分布比较均匀。

　　对于LED显示屏这种主动发光体一般采用CD/m²作为发光强度单位，并配合观察角度为辅助参数，其等效于屏体表面的照度单位勒克司；将此数值与屏体有效显示面积相乘，得到整个屏体的在最佳视角上的发光强度，假设屏体中每个像素的发光强度在相应空间内恒定，则此数值可被认为也是整个屏体的光通量。一般室外LED显示屏须达到4000CD/m²以上的亮度才可在日光下有比较理想的显示效果。普通室内LED，最大亮度在700～2000CD/m²左右。

　　5）LED的色彩与工艺。制造LED的材料不同，可以产生具有不同能量的光子，借此可以控制LED所发出光的波长，也就是光谱或颜色。历史上第一个LED所使用的材料是砷（As）化镓（Ga），其正向P-N结压降（VF，可以理解为点亮或工作电压）为1.424V，发出的光线为红外光谱。另一种常用的LED材料为磷（P）化镓，其正向P-N结压降为2.261V，发出的光线为绿光。基于这两种材料，早期LED工业运用GaAs1-

xPx材料结构，理论上可以生产从红外光一直到绿光范围内任何波长的LED，下标X代表磷元素取代砷元素的百分比。一般通过P-N结压降可以确定LED的波长颜色。其中典型的有GaAs0.6P0.4的红光LED，GaAs0.35P0.65的橙光LED，GaAs0.14P0.86的黄光LED等。由于制造采用了镓、砷、磷三种元素，所以俗称这些LED为三元素发光管。而GaN（氮化镓）的蓝光LED、GaP的绿光LED和GaAs红外光LED，被称为二元素发光管。才用混合铝(Al)、钙(Ca)、铟(In)和氮(N)四种元素的AlGaInN的四元素材料制造的四元素LED，可以涵盖所有可见光以及部分紫外光的光谱范围。

6）LED集束管。为提高亮度，增加视距，将两只以上至数十只LED集成封装成一只集束管，作为一个像素。这种LED集束管主要用于制作LED大屏幕。又称为像素筒。

7）色温。色温指的是光波在不同的能量下，人类眼睛所感受的颜色变化。在色温的计算上，是以Kelvin（开尔文）为单位，光源发射光的颜色与黑体在某一温度下辐射光色相同时，黑体的温度称为该光源的色温。黑体辐射的0ºKelvin=摄氏-273ºC作为计算的起点。将黑体加热，随着能量的提高，便会进入可见光的领域，例如在2800ºK时，发出的色光和灯泡相同，便认为灯泡的色温是2800ºK。可见光领域的色温变化，由低色温至高色温是由橙红到白再到蓝。

色温是测量和标志波长的数值。光波长不同，呈现出光的颜色不同，所以光源的色温对彩色摄影的影响非常大，尤其是自然光，随着时间、季节、地理位置的变化，其色温都会发生变化。

当太阳光在无云大气中，水平线上方40°照射时，色温是5500K，1983年世界组织公布以此为标准日光。

光源色温不同，光色也不同，色温在3300K以下有稳重的气氛，温暖的感觉；色温在3000~5000K为中间色温，有爽快的感觉；色温在5000K以上有冷的感觉。不同光源的不同光色组成最佳环境，如下：

- 色温>5000K：光色为清凉型（带蓝的白色），冷的气氛效果；
- 色温在3300~5000K：光色为中间（白），爽快的气氛效果；
- 色温<3300K：光色为温暖（带红的白色），稳重的气氛效果。

高色温光源照射下，如亮度不高则给人们有一种阴气的气氛；低色温光源照射下，亮度过高会给人们有一种闷热感觉。在同一空间使用两种光色差很大的光源，其对比将会出现层次效果，光色对比大时，在获得亮度层次的同时，又可获得光色的层次。

8）显色性。光源的显色性是由显色指数来表明，它表示物体在光下颜色比基准光（太阳光）照明时颜色的偏离能较全面反映光源的颜色特性。

显色分两种：

• 忠实显色：能正确表现物质本来的颜色需使用显色指数（Ra）高的光源，其数值接近100，显色性最好。

• 效果显色：要鲜明地强调特定色彩，表现美的生活可以利用加色法来加强显色效果。

采用低色温光源照射，能使红色更鲜艳；采用中色温光源照射，使蓝色具有清凉感；采用高色温光源照射，使物体有冷的感觉。

（5）LED大屏幕显示系统。

LED显示屏（LED Panel）是指通过一定的控制方式，用于显示文字、文本、图形、图像、动画、行情等各种信息以及电视、录像信号并由LED器件阵列组成的显示屏幕。由电路及安装结构确定的并具有显示功能的组成LED显示屏的最小单元。典型的LED显示屏如图4-83所示。

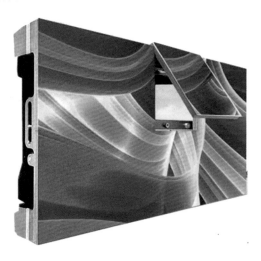

图4-83　LED显示屏

按照相关标准LED显示屏可以分为伪彩色LED显示屏（pseudo-color LED panel）和全彩色LED显示屏（all-color LED panel）。伪彩色LED显示屏包括单基色显示屏和双基色显示屏，是在LED显示屏的不同区域安装不同颜色的单基色LED器件构成的LED显示屏；全彩色LED显示屏是由红、绿、蓝三基色LED器件组成并可调出多种色彩的LED显示屏。

LED电子显示屏是由几万~几十万个半导体发光二极管像素点均匀排列组成。利用不同的材料可以制造不同色彩的LED像素点。目前应用最广的是红色、绿色、蓝色。LED显示屏分为图文显示屏和视频显示屏，均由LED矩阵块组成。图文显示屏可与计算机同步显示汉字、英文文本和图形；视频显示屏采用微型计算机进行控制，图文、图像并茂，以实时、同步、清晰的信息传播方式播放各种信息，还可显示二维动画、三维动画、录像、电视以及现场实况。LED显示屏显示画面色彩鲜艳，立体感强，静如油画，动如电影，广泛应用于指挥中心、调度中心、多功能会议室、车站、码头、机场、商场、医院、宾馆、银行、证券市场、建筑市场和其他公共场所。LED显示屏可以显示变化的数字、文字、图形图像；不仅可以用于室内环境还可以用于室外环境，具有投影仪、电视墙、液晶显示屏无法比拟的优点。

LED显示屏之所以受到广泛重视而得到迅速发展，是与它本身所具有的优点分不开的。这些优点概括起来是：亮度高、工作电压低、功耗小、小型化、寿命长、耐冲击和性能稳定。LED的发展前景极为广阔，目前正朝着更高亮度、更高耐气候性、更高的发光密度、更高的发光均匀性，可靠性、全色化方向发展。

LED大屏幕显示系统是一个集计算机网络技术、多媒体视频控制技术和超大规模集成电路综合应用技术于一体的大型的电子信息显示系统，具有多媒体、多途径、可实时传送的高速通信数据接口和视频接口。计算机网络技术的使用使显示制作、处理、存储和传输更加安全、迅速、可靠。采用网络系统控制技术，可以和计算机网络联网。

LED显示屏是发光二极管主要应用面之一，近年来发展迅速，目前LED显示屏制作技术逐渐向小间距迈进，面积大、无拼缝、亮度高。

8.2　系统的组成及分类

（1）LED显示屏相关技术。

1）LED芯片或LED晶片。人们使用MOVCD外延炉，以蓝宝石或者碳化硅为衬底，加入合适的元素材质在特定的温度、压力等条件下进行化学生长形成LED外延片

（PN结混合体），然后加入电极切割后形成"在特定电压电流下"发出"特定亮度颜色"的LED晶片/芯片。

图4-84　MOVCD外延炉

2）LED的封装技术。LED封装技术大都是在分立器件封装技术基础上发展与演变而来的，但却有很大的特殊性。一般情况下，分立器件的管芯被密封在封装体内，封装的作用主要是保护管芯和完成电气互连。而LED封装则是完成输出电信号，保护管芯正常工作，输出可见光的功能，既有电参数，又有光参数的设计及技术要求。

LED常见的封装类型包括引脚式封装（DIP直插型）、表面贴装封装（SMD）、功率型封装、板上芯片封装（COB）等几种。

引脚式封装即DIP封装（Dual In-line Package），也叫双列直插式封装技术，是一种最简单的封装方式。LED引脚式封装采用引线架作各种封装外形的引脚，是最先研发成功投放市场的封装结构，品种数量繁多，技术成熟度较高，封装内结构与反射层仍在不断改进。标准LED被大多数客户认为是目前显示行业中最方便、最经济的解决方案。DIP直插型工艺主要用于室外大间距屏幕系统。

图4-85　DIP直插型LED

　　表面贴装封装即SMD封装（Surface Mounted Devices），SMD表贴型主要用于室内外微/小间距屏幕系统。从2002年开始，从引脚式封装转向SMD符合整个电子行业发展大趋势，很多生产厂商推出此类产品。SMD LED很好地解决了亮度、视角、平整度、可靠性、一致性等问题，采用更轻的PCB板和反射层材料，在显示反射层需要填充的环氧树脂更少，并去除较重的碳钢材料引脚，通过缩小尺寸，降低重量，可轻易地将产品重量减轻一半，最终使应用更趋完美。

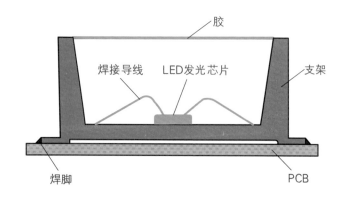

图4-86　SMD表贴型LED

功率型封装是指LED芯片及封装向大功率方向发展，在实际应用中，可将已封装产品组装在一个带有铝夹层的金属芯PCB板上，形成功率密度LED，PCB板作为器件电极连接的布线之用，铝芯夹层则可作热沉使用，获得较高的发光通量和光电转换效率。此外，封装好的SMD LED体积很小，可灵活地组合起来，构成模块型、导光板型、聚光型、反射型等多姿多彩的照明光源。功率型LED的热特性直接影响到LED的工作温度、发光效率、发光波长、使用寿命等，因此，对功率型LED芯片的封装设计、制造技术更显得尤为重要。

板上芯片封装即COB封装（Chip On Board），COB封装可将多颗芯片直接封装在金属基印刷电路板MCPCB，通过基板直接散热，不仅能减少支架的制造工艺及其成本，还具有减少热阻的散热优势。从成本和应用角度来看，COB成为未来灯具化设计的主流方向。COB封装的LED模块在底板上安装了多枚LED芯片，使用多枚芯片不仅能够提高亮度，还有助于实现LED芯片的合理配置，降低单个LED芯片的输入电流量以确保高效率。而且这种面光源能在很大程度上扩大封装的散热面积，使热量更容易传导至外壳。COB封装方式主要用于LED照明系统。

图4-87　COB型LED

无论SMD封装还是COB封装均有正装和倒装的应用，目前主流是正装，倒装是方向。COB将最原始的、裸露的芯片或者电子元件直接贴焊在电路板上，并用特种树脂做整体覆盖。

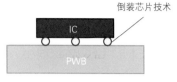

图4-88　COB正型　　　　　　　　　图4-89　COB倒型

以SMD三合一（3in1/1R1G1B）为例来看LED的封装LED灯珠和LED管芯。封装的核心为R、G、B三颗LED芯片（多为线性排列，少数品字形排列，线性排列出光整齐一致性更好，但占用空间较多，应用于小间距灯珠，技术要求高），由灯珠底座、支架（含焊接引脚/焊接点）、灯罩组成，LED芯片通过正装键合（对应倒装COB、键合材质可以是金线、铜线、合金线等）至支架，完成LED灯珠的封装。底座材料可选用环氧树脂或者硅胶，通常为环氧树脂。硅胶材质可以提高产品耐温性、抗UV、抗应力能力。LED灯罩多采用雾面处理，使得屏幕发光更柔和，使用大角度灯罩使得视角更大，使用深色或者黑色灯罩，提高对比度，使得显示效果更好。对于SMD的封装，常使用类似"SMDxxyy"的格式来标识规格，其指代："SMD"：表贴（三合一）技术，"xx"表示灯珠的长度尺寸、"yy"表示灯珠的宽度尺寸。举例："SMD1010"即使用表贴三合一技术的长约1.0mm、宽约1.0mm的LED灯珠；常见SMD型号：SMD1010、SMD1515、SMD2121、SMD0808/0909等。

3）LED的驱动。让LED灯珠发出人们希望的光（亮度、颜色、色深、位置、个数、刷新率等）靠的就是LED驱动IC（芯片）。

驱动芯片包括：恒流驱动和恒压驱动。恒流驱动电流恒定，可以最大限度的保护LED不受损害，目前所有全彩色LED显示屏，全部采用恒流驱动芯片驱动。

驱动方式分为：

• 静态驱动：从驱动IC的输出脚到像素点之间实行，"点对点"的控制叫静态驱动。

• 扫描驱动：从驱动IC的输出脚到像素列之间实行，"点对列"的控制叫动态扫描驱动。

静态驱动不需要行控制电路，成本较高、功耗大，但稳定性好、亮度高等，适合室外使用；扫描驱动它需要行控制电路，但成本低，功耗低，亮度低，适合室内使用。

4）色域。色域是对一种颜色进行编码的方法，也指一个技术系统能够产生的颜色的总和。在计算机图形处理中，色域是颜色的某个完全的子集。颜色子集最常见的应用是用来精确地代表一种给定的情况。例如一个给定的色彩空间或是某个输出装置的呈色范围。图4-90就显示出RGBLED和WhiteLED的色度图。

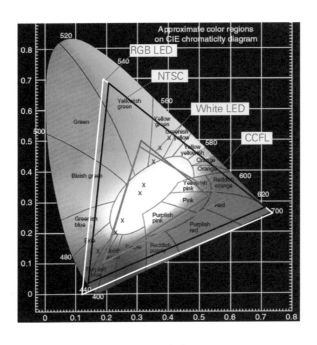

图4-90　色度图

5）亮度/明度。亮度是指在给定方向上每单位面积上的发光强度，单位是cd/m^2（nit尼特）。需要说明的是面光源多用单位cd/㎡（nit），点光源多用ANSI（lm流明），是指单位时间从光源向各个方向发散出光线的多少，也叫光通量/光功率，这在前文有述。所以LED显示产品多用前者描述参数。

6）灰度。所谓灰度色，就是指纯白、纯黑以及两者中的一系列从黑到白的过渡色。灰度色中不包含任何色相，即不存在红色、黄色这样的颜色。LED显示屏同一级亮度中从最暗到最亮之间能区别的亮度级数。每种基色的视频处理能力。

用于显示的灰度图像通常用每个采样像素8bits的非线性尺度来保存，这样可以有256种灰度（8bits就是2的8次方=256），这种精度刚刚能够避免可见的条带失真，并且非常易于编程。16bits灰度可以有65536种灰度，反映色彩还原能力。图4-91就是微间距LED显示屏的灰度条效果图。

图4-91　微间距LED显示屏灰度条

7）低亮高灰（LED特性）。在室内小间距方面，产品的好坏并不是比谁的屏做得更"亮"，而是谁的屏做得更"暗"，"暗"到在昏暗环境下不会对人眼造成刺激性伤害。然而降低亮度的同时会损失灰度、损失画质，如何实现小间距LED显示屏的亮度范围在100~300cd/m²区间（人眼感觉比较舒适）时，显示画面的灰度不损失，或者灰度损失的程度在人眼难以觉察的范围内。低亮高灰将是区分小间距LED显示屏产品品质高下的关键因素之一。对小间距产品而言，LED显示屏的较量将不再是比较谁家亮度高，而是比较谁家的显示屏可以做到降低亮度的同时不损失灰度与画质。

8）色温。按绝对黑体来定义的，光源的辐射在可见区和绝对黑体的辐射完全相同时，此时黑体的温度（单位K）就称此光源的色温。色温高，光线中偏蓝，给人感觉清凉，色温低，光线偏红，给人感觉温暖，在显示屏光线偏蓝或偏红或偏绿时，可以调节色温达到最佳显示效果。色温的可调范围才是LED显示屏需要关注的参数。色温条如图4-92所示。

图4-92　色温条

9）对比度。对比度是指在一定的环境照度下，LED显示屏最大亮度（发光亮度）和背景亮度（反射亮度）的比值。

$$对比度＝发光时的亮度/不发光时的亮度$$

例如，一个屏幕在全白屏状态时候亮度为500cd/m²，全黑屏状态亮度为0.5cd/m²，这样屏幕的对比度就是1000∶1，为了能够显示出亮度均一的文字和图像，不受周围光线的影响，屏幕应具有足够的对比度。LED显示屏提高对比度的方法就是让白色更亮让黑色更黑。

10）亮度控制等级和鉴别等级。亮度控制等级指的是设备手工/程控/自动控制亮度的级别，不同于灰度精细的控制为了合成颜色，主要指在同一色相下可通过UI界面进行调节的等级（合格256），与控制系统相关度更大，而鉴别等级指的是人眼可以识别出的等级（合格20）。

11）最佳视距。最佳视距是指能刚好完整地看到显示屏上的内容，且不扁色，图像内容最清晰的位置相对于屏体的垂直距离。

$$最佳可视距离=点间距/(0.3-0.8)$$

这是一个大概得范围。站的距离比最小距离近了，就能够分辨出显示屏的一个个的像素点，颗粒感比较强，站得远了呢，人眼就分辨不出细部的特征。

12）像素点。显示屏的最小发光单位/显示单元，显示屏中的每一个可被单独控制的发光单元称像素。

13）像素直径（单双基色）。像素直径ϕ是指每一LED发光像素点的直径，全彩色用像素的长宽尺寸标示，如SMD1010，单位为毫米。

14）像素点间距。显示屏的两像素间的中心距离称为像素间距，又叫点间距。点间距越密，在单位面积内像素密度就越高，分辨率也高，成本也高，像素直径越小，点间距就越小。

15）像素密度。像素密度就是每平方米像素点的个数：

$$像素密度=1/点间距/点间距$$

如P2：$1m²/2mm/2mm=25万点/m²$。

16）像素失控率。像素失控率是指显示屏的最小成像单元（像素）工作不正常（失控)所占的比例，合格指标为小于万分之一。

· 盲点，也就是瞎点，在需要亮的时候它不亮，称之为瞎点；

· 常亮点，在需要不亮的时候它反而一直在亮着，称之为常亮点。

一般地，像素的组成有2R1G1B（2颗红灯、1颗绿灯和1颗蓝灯）、1R1G1B、

2R1G等，而失控一般不会是同一个像素里的红、绿、蓝灯同时全部失控，但只要其中一颗灯失控，我们即认为此像素失控。

17）LED显示屏面罩。黑色面罩可以降低屏幕反光率，增加对比度；还能有效提高LED灯出光整齐化程度，将每一颗LED灯的侧发光差异因素降到最低；从侧面观看屏幕时，亮度均匀一致，加黑色面罩LED灯板如图4-93所示。

图4-93　加黑色面罩LED灯板

优缺点分析：

· 不会遮挡发光视角，可视角度大；

· 面罩均为粘贴，温度一高，容易起拱，影响显示效果；

· 有面罩不好维修；

· 结合面板喷墨技术，观看时均匀度和对比度与带面罩几无差距，性价比更高。

现在灯珠够黑、喷墨技术足够成熟，无面罩设计同样可以达到有面罩设计的好处，且避免了其带来的坏处，充分发挥无面罩的好处。

（2）系统组成。

1）LED显示单元的组成。将LED灯珠、驱动IC、电源管理IC等元器件按照设计需求贴合至PCB板上即形成LED显示单元板，LED显示单元由PCB板、LED箱体、LED后盖、接收卡组成。

· PCB板：墨色一致、表面不反光、或加装黑色面罩提高对比度。

· LED箱体：压铸铝/简易箱体/托架。

· LED后盖：独立后盖、一体化后盖等LED开关电源：提供220V交流到直流转换，使用带PFC[功率因数（PF值）校正]功能的开关电源。

· 接收卡和转接卡：接收转换需要显示的视频信号。

· LED显示箱体：至少有箱体、后壳、开关电源、LED显示单元板、接收和转接卡组成。

LED显示单元的组成如图4-94所示。

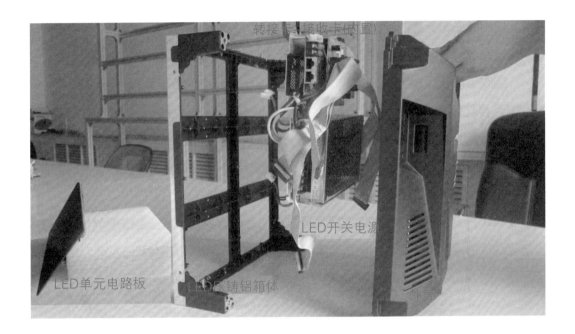

图4-94　LED显示单元的组成

2）LED显控系统的组成。以微间距LED显控系统为例，其组成部分包括：微间距LED显示屏、图像拼接控制系统和外围设备构成。微间距LED显示屏由LED显示单元、LED控制系统、LED安装支架构成；图像拼接控制系统由图像拼接控制器和大屏控制软件构成；外围设备包括配电柜、计算机接口、防雷接待等。系统组成架构如图4-95所示。

LED控制系统是显示屏的核心，通常由接收卡、发送卡（LED控制器）、多功能卡、LED播放软件、LED控制软件组成，功能是将接入LED发送卡/控制器的视频信号点对点忠实的显示，相当于LCD的控制背板/DLP的控制模块。

LED发送卡功能：

- 忠实的一对一显示输入的视频。
- 将DVI视频信号转换为LED适应的由网线传输的信号格式。
- 单网口带载65W、一卡双网口/四网口、有/无发送盒。

LED接收卡功能：

- 接受发送卡转换的信号格式并。

· 按照LED单元板的设计分配处理信号，配合驱动IC点亮LED。

LED转接卡功能：

· 接收卡与LED模组间的桥梁。

LED多功能卡：

· 配合温度、亮度等传感器实现。

· 温度监控、亮度自动调节。

· 配合智能PLC配电柜实现与配电系统的统一控制。

接收卡内置于单元箱体内，在接收卡与LED驱动板中间还有一个转接卡，用于接收卡与驱动板的匹配。转接卡也内置于单元箱体内。主流的LED控制系统厂商包括诺瓦、卡莱特、摩西儿、灵星雨和德普达。

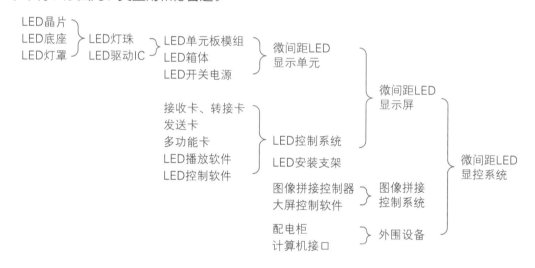

图4-95　微间距LED显控系统的组成

（3）LED显示屏的分类。

LED大屏幕显示系统可依据下列条件分类，如图4-96所示。

1）按使用环境分类。LED显示屏按使用环境分为室内LED显示屏和室外LED显示屏。

· 室内屏：在制作工艺上首先是把发光晶粒做成点阵模块（或数码管），再由模块拼接为一定尺寸的显示单元板，根据用户要求，以显示单元板为基本单元拼接成用户所需要的尺寸。根据像素点的大小，室内屏分为 ϕ 3、ϕ 3.75、ϕ 5、ϕ 8mm和 ϕ 10mm等显示屏；

· 室外屏：在制作工艺上首先是把发光晶粒封装成单个的发光二极管，称之为单灯，用于制作室外屏的单灯一般都采用具有聚光作用的反光杯来提高亮度；再由多只LED单灯封装成单只像素管或像素模组，而由像素管或像素模组成点阵式的显示单元箱体，根据用户需要及显示应用场所，以一个显示单元箱体为基本单元组成所需要的尺

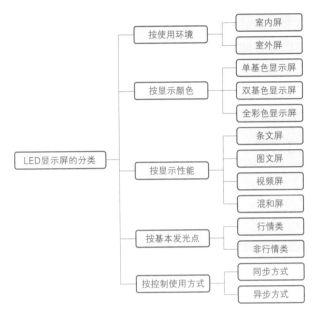

图4-96　LED显示屏的分类

寸。箱体在设计上应密封，以达到防水防雾的目的，使之适应室外环境。根据像素点的密度，室外屏分为8192、4096、2500、2066、1600点和1024点等规格。

2）按显示颜色分类。LED显示屏按显示颜色分为单基色LED显示屏（含伪彩色LED显示屏），双基色LED显示屏和全彩色（三基色）LED显示屏。按灰度级又可分为16、32、64、128、256级灰度LED显示屏等。

· 单基色：每个像素点只有一种颜色，多数用红色，因为红色的发光效率较高，可以获得较高的亮度，也可以用绿色，还可以是混色，即一部分用红色，另一部分用绿色，一部分用黄色，如图4-97所示。

图4-97　单基色显示屏

· 双基色：每个像素点有红绿两种基色，可以叠加出黄色，在有灰度控制的情况下，通过红绿不同灰度的变化，可以组合出最多65535种灰度颜色，如图4-98所示。

· 全彩色：也称三基色，每个

像素点有红、绿、蓝三种基色，在有灰度控制的情况下，通过红绿蓝不同灰度的变化，可以很好地还原自然界的色彩，组合出16、777、216种颜色，如图4-99所示。

图4-98 户内双基色显示屏

图4-99 户内全彩色显示屏

3）按显示性能分类。LED显示屏按显示性能分为条屏（文本LED显示屏）、图文LED显示屏，计算机视频LED显示屏和行情LED混合显示屏等。

• 条屏系列：这类显示屏主要用于显示文字，可用遥控器输入，也可以与计算机联机使用，通过计算机发送信息。可以脱机工作。因为这类屏幕多做成条形，故称为条屏。

• 图文屏系列：这类显示屏主要用于显示文字和图形，一般无灰度控制。它通过与计算机通信输入信息。与条屏相比，图文屏的优点是显示的字体字型丰富，并可显示图形，与视屏相比，图文屏最大的优点是一台计算机可以控制多块屏，且可以脱机显示。

• 视屏系列：这类显示屏屏幕像元与控制计算机监视器像素点呈一对一的映射关系，有256级灰度控制，所以其表现力极为丰富，配置多媒体卡，视屏还可以播放视频信号。视屏开放性好，对操作系统没有限制，软件也没有限制，能实时反映计算机监视器的显示。

• 混合屏系列：数码屏是最廉价的LED显示屏，广泛用于证券交易所股票行情显示、银行汇率、利率显示、各种价目表等。多数情况下，在数码屏上加装条屏来显示欢迎词、通知、广告等。支持遥控器输入。

4）基本发光点。非行情类LED显示屏中，室内LED显示屏按采用的LED单点直径可分为 ϕ3、ϕ3.75、ϕ5、ϕ8mm和 ϕ10mm等显示屏；室外LED显示屏按采用的像素直径可分为φ19、φ22mm和φ26mm等LED显示屏。

行情类LED显示屏中按采用的数码管尺寸可分2.0（0.8inch）、2.5（1.0inch）、3.0（1.2inch）、4.6 (1.8inch)、5.8（2.3inch）、7.6cm（3inch）等LED显示屏。

5）按控制或使用方式。按控制或使用方式分为同步和异步方式。

· 同步方式是指LED显示屏的工作方式基本等同于电脑的监视器，它以至少30场/s的更新速率点点对应地实时映射电脑监视器上的图像，通常具有多灰度的颜色显示能力，可达到多媒体的宣传广告效果。

· 异步方式是指LED屏具有存储及自动播放的能力，在PC机上编辑好的文字及无灰度图片通过串口或其他网络接口传入LED屏，然后由LED屏脱机自动播放，一般没有多灰度显示能力，主要用于显示文字信息，可以多屏联网。

（4）LED显示屏的配电。

配电系统对LED显示屏的工作至为重要，给LED显示屏及控制系统等相关设备提供电源。通常采用PLC智能配电箱，具备PLC智能模块，用于对LED显示屏的电源配给和控制，完全可满足大屏幕系统要求。PLC智能配电箱具备以下优势：

· 采用"分步加电"的上电方式，既避免了大负载对电网瞬间的冲击，又有效地保护了显示屏体的工作元件，延长了屏体的使用寿命。

· 支持远程上电，可对显示屏进行定时的自动开关控制，实现无人值守。

· 配备的保护措施包括过流、缺相、短路、断路、过压、欠压、温度过高等。

· 配备相应的故障指示装置，方便故障的检修工作。

LED屏供电配置建议：

· P2.5以上，1000W/m^2；

· P1.6~1.8，1500W/m^2；

· P1.2、1.4、1.5，2000W/m^2。

通常建议三相供电/380V电：

· 5芯电缆；

· 配电箱进线由用户或工程商负责；

· 线缆的线径需匹配供电功率的要求。

不建议单相供电，如不可避免则要求功率不高于10kW。

智能视频监控系统

（5）微间距LED封装规格。

前文述及微间距LED封装分引脚式封装（DIP直插型）、表面贴装封装（SMD）、功率型封装、板上芯片封装（COB），最常见的就是SMD封装工艺，COB是未来的发展趋势。

以Voury卓华公司产品为例，采用SMD封装高清微间距LED规格如表4-8所示。卓华威视采用SMD封装工艺的系列LED显示屏产品黑珍珠系统、黑晶王系列、黑力士系列和黑铠甲系列分别如图4-100~图4-103所示。

表4-8　Voury卓华SMD封装高清微间距LED规格表

点间距 mm	箱体尺寸 mm	箱体分辨率	灯珠规格	单元模组尺寸（默认前者）
P0.9375	480×270	512×288	SMD0606/0707	120×135
P1.2500	480×270	384×216	SMD0909/1010	120×135/240×135
P1.4990	480×270	320×180	SMD0909/1010	120×135/240×135
P1.5625	400×300	256×192	SMD0909/1010	200×150
P1.5790	480×480	304×304	SMD0909/1010	240×240
P1.6670	400×300	240×180	SMD0909/1010	200×150
P1.8750	480×480	256×256	SMD1515	240×240
	480×540	256×288	SMD1515	240×270/240×180
P1.9230	400×300	208×156	SMD0909/1010	200×150
P2	400×300	200×150	SMD0909/1010	200×150
	480×480	240×240	SMD1515	240×240
	512×512	256×256	SMD1515	256×128/128×128
P2.5	400×300	160×120	SMD0909/1010	200×150
	480×480	192×192	SMD2121	160×160
	480×540	192×216	SMD1515	240×270/240×180
P3	576×576	192×192	SMD2121	192×192/192×96
P4	512×512	128×128	SMD2121	256×128/256×256/128×128

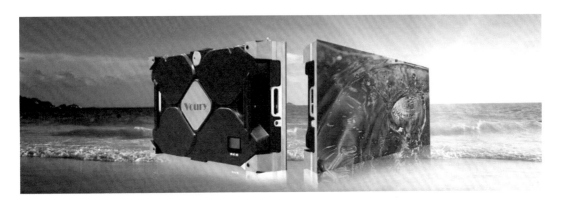

图4-100　SMD封装微间距黑珍珠系列-480mm×270mm箱体-P0.9/P1.2/P1.4

图4-101　SMD封装微间距黑晶王系列-400mm×300mm箱体-P1.5/P1.6/P1.9/P2.0/P2.5

图4-102　SMD封装小间距黑力士系列

注　480mm×480mm箱体-P1.579/P1.8/P2.0/P2.5、480mm×540mm箱体-P1.8/P2.5、512mm×512mm箱体-P2.0。

图4-103　SMD封装小间距黑铠甲系列

注　160mm×160mm模组-P2.5、192mm×192mm模组-P3、256mm×128mm模组-P4。

表4-9　Voury卓华COB封装高清微间距LED规格

系列	点间距 mm	箱体尺寸 mm	箱体分辨率
微间距蓝精灵系列	P0.75	480×270	640×360
	P0.9375		512×288
	P1.25		384×216
	P1.499		320×180
微间距黑水晶系列	P0.9375	600×337.5	640×360
	P1.25		480×270
	P1.5625		384×216
	P1.875		320×180
小间距黄金甲系列	P1.5625	400×300	256×192
	P1.667		240×180
	P1.923		208×156

系列	点间距 mm	箱体尺寸 mm	箱体分辨率
小间距红宝石系列	P1.25	480 × 480	384 × 384
	P1.5		320 × 320
	P1.875		256 × 256
	P2.5		192 × 192

8.3 典型方案设计

以某指挥中心建设微间距LED大屏幕显示系统为例，要求采用P0.9规格的LED显示屏，屏幕规格7.68m（长）×2.16m（高）共16.5888m²。能够和视频监控系统、应急指挥调度系统、网络信息系统相连接，形成一套功能完善、技术先进的交互式信息显示及管理平台。

建设完成后的微间距LED大屏幕显示系统满足以下要求：

· 支持Windows、UNIX、Linux操作系统。

· 支持TCP/IP等标准网络协议。

· 可根据需要在大屏幕上任意显示各种动态、视频和计算机/工作站图文信息。

· LED拼接大屏幕系统对网络信号、视频信号、RGB信号各种信号源的图形具有相同的拼接能力，达到无缝拼接。

· 大屏幕显示控制系统可实现所有视频窗口任意位置的开窗、缩放、漫游、叠加功能。

· 整个LED显示屏具有高灰度、高亮度、高对比度等特点，色彩还原真实，屏幕能够显示清晰明亮的图形/图像效果。

· 系统具有二次开发能力，可提供二次开发接口，满足开发应用软件的需求，并可根据用户需求提供定制，满足用户指定的特别控制需要。

· LED拼接大屏幕显示系统可以与安全指挥中心、网络管理系统及其他系统联网运行。大屏幕显示系统软硬件连接简单，无需对集成的计算机系统做任何调整和改动。不管计算机系统的软件及网络硬件有何改变，大屏幕显示系统均可正常使用，确保整个系统的通用性及可任意扩展。

（1）系统组成。

设计方案提供的LED大屏幕拼接显示系统包括拼接单元组合墙体、纯硬件多屏处理器、大屏控制管理软件、专用线缆等，由以下部分组成，如表4-10所示。

主要系统参数：

- 组合尺寸：7680mm×2160mm；整屏分辨率：8192×2304。
- 屏体安装厚度：700mm，厚度可根据现场情况定制调整。
- 离地高度：800mm，高度可根据用户现场确定。

表4-10 系统组成表

序号	设备名称	数量	单位	备注
1	微间距LED显示屏	16.5888	m²	像素点间距：0.9375mm
2	纯硬件多屏处理器	1	套	10路DVI输出，10路DVI输入
3	大屏控制管理软件	1	套	专业版管理软件
4	配电柜	1	台	25kW，带远程上电、分布上电
5	安装支架	22.7	m²	铝型材结构
6	专用工程线缆	1	批	工程布线，布至屏体所需位置

（2）显示墙安装尺寸图。

显示墙的安装如图4-104、图4-105所示。

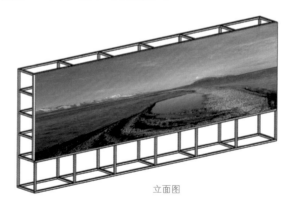

立面图

图4-104 显示墙立面图

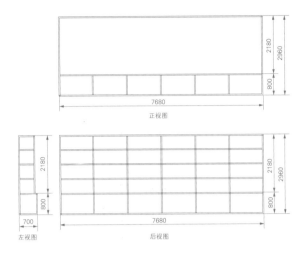

图4-105　显示墙左视图/正视图/后视图

（3）显示墙安装效果图。

显示墙安装效果图如图4-106所示。凡设置指挥中心的房间通常对空间的高度有要求，层高越高视野也就越开阔，通常建议为指挥中心新建中心，或在建筑物规划阶段即考虑指挥中心的高度，指挥中心也最好能够避开廊、柱。

图4-106　显示墙安装效果图

（4）房间布局图。

作为大型的指挥中心，房间的布局要充分的考虑观看的距离、视角和工作人员的舒适程度。要预留足够的业务坐席（本方案设计为12个）和指挥席（本方案设计为6个），还要预留休息区、设备间等功能分区。

其他类似的项目可根据现场环境确定布局方案，本设计方案房间布局如图4-106所示。

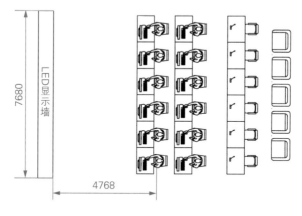

图4-107　房间布局图

（5）观看视角。

与常用的近距离观看的电子产品不同，如手机屏幕，笔记本电脑屏幕等，LED 显示屏适合远距离观看，对于同一款 LED 屏幕产品，视距会决定观看者收看到的显示效果清晰与否。人眼的理论分辨能力是20″，可是由于感光细胞的分布以及本身的缺陷，实际上对可见 光的分辨能力是1′，宽度超过1′的物体就和背景融在一起了。在本方案设计中，操作人员距离屏幕的距离为4768mm，视角为25°，如图4-108所示。

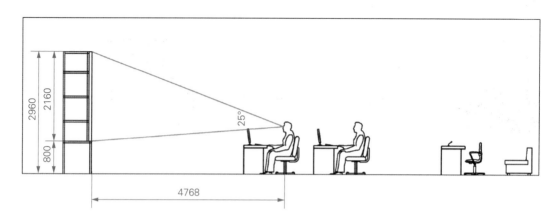

图4-108　视角设计图

举例来说，计算一下人眼在1m处能够看到的"点距极限"，可以简单地理解为在1m处，眼睛能够看到的最小点径或最小的直线径，或者也可以理解为能够把两个小点（线径）能够分开的最小间距，小于以上的间距，那么它们将溶为一点或者一条直线。

弧度＝弧长/半径 或 弧长＝弧度×半径

1°＝2π/360弧度

1角分＝1/60°＝(2π/360)/60＝0.000291弧度，如图4-109所示。

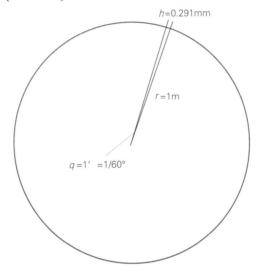

图4-109 角分计算示意图

所以1m处能够看到的最小点距（约等于弧长）。

弧长＝弧度×半径＝0.000291×1000mm＝0.291mm

下面来实际计算，以一台 16：9 的高清（分辨率1920×1080）平板电视屏幕来说明：

- 1m距离对应25.237in。

- 2m距离对应50in。

- 3m距离对应75in。

- 4m距离对应100in。

- 5m距离对应125in。

公式反推就是在 LED 显示屏视距方面，计算最佳视距的公式。

最佳视距定义为：在屏幕正面法线方向，无法分辨相邻最近的两颗像素发光点的最小距离。意味着在大于最佳视距以外的可见区域，都能观看到高度清晰的图像，此时不会感觉到屏幕的颗粒感，因为已经达到眼睛的分辨率极限了。

（6）系统架构示意图。

本设计就是一种典型的LED显示系统架构，如图4-110所示。系统的主要组成设备包括后端LED显示屏、图像拼控处理器、控制电脑、无线控制装置，前端系统可接入的信号源主要包括IP流媒体信号、SDI高清信号、视频信号、HDML高清信号、高清视频会议信号、DVI、VGA、4K等多种信号。

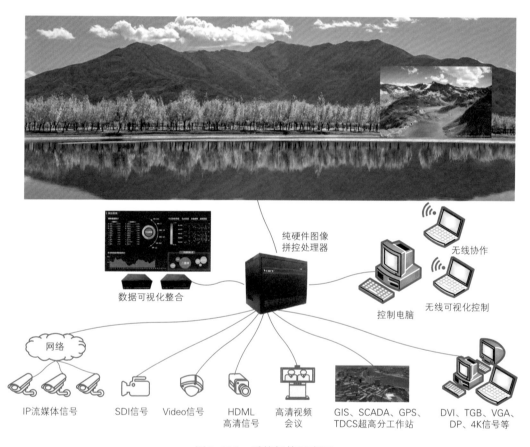

图4-110　系统架构示意图

（7）工程环境要求。

LED微间距大屏幕显示系统属于高精密的电子设备，对安装的工程环境有着严格的技术要求，否则影响使用效果、产品寿命，甚至影响项目的维保运维。

1）进场前要求。进场安装前应保证现场环境干净、整洁无尘、无喷刷油漆和石灰等施工，保证现场基本不再有装修施工进行，现场清洁无装修粉尘（洋灰、锯末、石膏粉、铝塑板碎屑等）存在，大屏幕拼接显示系统安装范围内无高空作业，为保证安装效果，减少环境对屏体的影响，大屏应在装修基本结束，卫生打扫完成后再进行安装，否则会造成的短路、灯板损坏等影响。消防系统应经过安全测试，空调可供使用，系统用电保证稳定安全。

2）对供电系统的要求。用户方应在较近的地点提供电源供大屏幕系统接入，空气开关需具备短路，过流及失压保护装置。为保证显示质量，提供给大屏幕系统电源应尽量使用同一相位。空气开关至大屏幕系统的电源线和插座等通常由厂商负责施工。

大屏幕显示系统所有设备均能在如下条件下正常工作：

- 电压：AC220V ± 10%
- 频率：50Hz ± 1Hz

为了保证大屏幕显示系统显示单元在突然断电情况下不会造成损坏，大屏幕系统建议采用UPS不间断电源供电方式。

3）对接地系统的要求。计算机专用电源采用独立接地，不得与防雷接地共用接地体。按标准要计算机专用电源电阻不大于2Ω。其他接地分为交流工作地、安全保护地、防雷接地体，应小于4Ω。如接地采用综合接地系统，接地电阻按计算机专用接地电阻要求，接地电阻不大于2Ω。

4）对温湿度以及空调系统的要求。系统维修通道内要求有良好的空调环境和空气对流，同时保证多屏幕系统前后温度不会因温差过大产生结露现象，理想的环境温差不大于3℃。拼接显示单元的理想工作环境温度为22℃±4℃，理想相对湿度30%~70%无冷凝，不可产生较大温差、湿差突变，要保证温度、湿度的变化有缓慢过程。拼接显示单元前面厅堂和背面房间中央空调的冷气送风管道应设计成相同一条管道，所有的空调送风口应远离拼接显示单元，并且不能对着拼接显示单元直吹；空调开关集中安装一个地方，在使用空调时应同时打开或同时关闭送风，防止遗忘某个开关造成严重的温差。

如果大屏幕拼接显示系统采用两侧封堵式设计，在大屏幕拼接显示系统工作间建议增设独立的空调设备。位于大屏幕室内的空调（中央空调或柜式空调），其出风口位置应尽量远离拼接墙（1m以上），并且出风口的风不能对着拼接墙吹，以避免设备结露。位于拼接屏幕前面的空调出风口不能直接对着屏幕，风口距离屏幕不应少于1.5m，以避免拼接屏幕受冷热不均匀而损坏。

5）对装修的要求。机房地面最好使用防静电地板，或其他不反光的地面材料。大屏幕下方不使用防静电地板，显示屏底座需直接安装和固定在混凝土地面上。

作为显示窗口的装修墙，墙体要求牢靠，墙体结构件不得受力于大屏幕系统，显示墙窗口四周平直不变形，窗口尺寸比显示墙屏幕大40~60mm，即比显示墙屏幕每边大出20~30mm，以方便显示墙安装。

6）对消防系统的要求。消防喷头要远离显示屏体1m左右，并且不得使用自动喷水喷淋头，宜采用干粉灭火剂。

9.防雷与接地工程

雷电属于自然现象，一直以来对视频监控系统都有影响，虽然视频监控系统已经进入网络时代，系统的布线方式已经逐渐由早期的金属缆向光缆迈进，但金属线缆依然大量存在于视频监控系统当中，比如说不可缺少的电源线几十年来传输方法和取电方法都没有发生明显的改进，大部分前端监控设备或采集设备并不直接支持光纤接口，多由网线（铜缆）转光缆的方式进行数据传输。故而雷电对视频监控的潜在威胁一致存在而并没有消除，通常在视频监控系统中造成破坏最大的依然是感应雷而不是直击雷，常见的防雷电措施就是防雷和接地两种方法。

9.1 系统基础知识

（1）什么是雷电。

雷电（Thunder）有时候也被称为闪电，是大气中发生的剧烈放电现象，具有大电流、高电压、强电磁辐射等特征，通常在雷雨云（积雨云）情况下出现。雷雨云通常产生电荷，底层为阴电，顶层为阳电，而且还在地面产生阳电荷，如影随形地跟着云移动。阳电荷和阴电荷彼此相吸，但空气却不是良好的传导体。阳电奔向树木、山丘、高大建筑物的顶端甚至人体之上，企图和带有阴电的云层相遇；阴电荷枝状的触角则向下伸展，越向下伸越接近地面。最后阴阳电荷终于克服空气的阻碍而连接上。巨大的电流沿着一条传导气道从地面直向云涌去，产生出一道明亮夺目的闪光。一道闪电的长度可能只有数百千米，但最长可达数千米。

闪电的平均电流是3万A，最大电流可达30万A。闪电的电压很高，约为1亿~10亿V。一个中等强度雷暴的功率可达$100×10^3$万W，相当于一座小型核电站的输出功率。放电过程中，由于闪道中温度骤增，使空气体积急剧膨胀，从而产生冲击波，导致强烈的雷鸣。

雷电对人体的伤害，有电流的直接作用和超压或动力作用，以及高温作用。当人遭受雷电击的一瞬间，电流迅速通过人体，重者可导致心跳、呼吸停止，脑组织缺氧而死亡。另外，雷击时产生的是火花，也会造成不同程度的皮肤烧灼伤。雷电击伤，也可使人体出现树枝状雷击纹，表皮剥脱，皮内出血，也能造成耳鼓膜或内脏破裂等。

在电闪雷鸣的时候，由于雷电释放的能量巨大，再加上强烈的冲击波、剧变的静电场和强烈的电磁辐射，常常造成人畜伤亡，建筑物损毁、引发火灾以及造成电力、通信和计算机系统的瘫痪事故，给国民经济和人民生命财产带来巨大的损失。在20世纪末联合国组织的国际减灾十年活动中，雷电灾害被列为最严重的十大自然灾害之一。雷电全年都会发生，而强雷电多发生于春夏之交和夏季。

（2）什么是雷电反击。

雷电的反击现象通常指遭受直击雷的金属体（包括避雷针、接地引下线和接地体），在引导强大的雷电流流入大地时，在它的引下线、接地体以及与之相连接的金属导体上会产生非常高的电压，对周围与之连接的金属物体、设备、线路、人体之间产生巨大的电位差，这个电位差会引起闪络。在接闪瞬间与大地间存在着很高的电压，这电压对与大地连接的其他金属物品发生放电（又叫闪络）的现象叫反击。此外，当雷击到树上时，树木上的高电压与它附近的房屋、金属物品之间也会发生反击。要消除反击现象，通常采取两种措施：一是作等电位连接，用金属导体将两个金属导体连接起来，使其接闪时电位相等；二是两者之间保持一定的距离。

（3）雷电的分类。

根据雷电的不同形状，大致可分为片状、线状和球状三种形式；从雷云发生的机理来分，有热雷、界雷和低气压性雷；从危害角度考虑，雷电可分为直击雷、感应雷（包括静电感应和电磁感应）。本书主要论述和视频监控系统相关的直击雷和感应雷。

1）直击雷。在雷暴活动区域内，雷云直接通过人体、建筑物或设备等对地放电所产生的电击现象，称之为直接雷击。此时雷电的主要破坏力在于电流特性而不在于放电产生的高电位。雷电击中人体、建筑物或设备时，强大的雷电流转变成热能。雷击放电的电量大约为25~100C。据此估算，雷击点的发热量大约500~2000J。该能量可以熔化50~200mm³的钢材。因此雷电流的高温热效应将灼伤人体，引起建筑物燃烧，使设备部件熔化。

雷电流在闪击中直接进入金属管道或导线时，会沿着金属管道或导线可以传送到很远的地方。除了沿管道或导线产生电或热效应，破坏其机械和电气连接之外，当它侵入与此相连的金属设施或用电设备时，还会对金属设施或用电设备的机械结构和电气结构产生破坏作用，并危及有关操作和使用人员的安全。雷电流从导线传送到用电设备，如电气或电子设备时，将出现一个强大的雷电冲击波及其反射分量。反射分量的幅值尽管没有冲击波大，但其破坏力也大大超过半导体或集成电路等微电子器件的负荷能力，尤其是它与冲击波叠加，形成驻波的情况下，便成了一种强大的破坏力。

2）感应雷。感应雷的破坏也称为二次破坏。雷电流变化梯度很大，会产生强大的交变磁场，使得周围的金属物体产生感应电流，这种电流可能向周围物体放电。感应雷主要分为静电感应雷和电磁感应雷。

• 静电感应雷：带有大量负电荷的雷云所产生的电场将会在架空明线上感生出被电场束缚的正电荷。当雷云对地放电或对云间放电时，云层中的负电荷在一瞬间消失了，那么在线路上感应出的这些被束缚的正电荷也就在一瞬间失去了束缚，在电势能的作用下，这些正电荷将沿着线路产生大电流冲击，从而对电器设备产生不同程度的影响。

• 电磁感应雷：雷击发生在供电线路附近，或击在避雷针上会产生强大的交变电磁场，此交变电磁场的能量将感应于线路并最终作用到设备上，对用电设备造成极大危害。对于弱电系统来讲，危害最大的就是这种电磁感应雷。

（4）浪涌。

在视频监控系统的设备运行过程中，对系统和设备造成危害的并不是直击雷而是电磁感应雷。主要是由于雷击发生时在电源和通信线路中感应的电流浪涌引起的，一方面由于电子设备内部结构高度集成化，从而造成设备耐压、耐过电流的水平下降，对雷电的承受能力下降；另一方面由于信号来源路径增多，系统较以前更容易遭受雷电波侵入。

浪涌电压主要通过电源线和信号线等途径窜入监控设备。

· 电源浪涌：电源浪涌通常并不仅仅因为雷击，当电力系统出现短路故障、开关切换时都会产生电源浪涌，供电线路一般都很长，不论是线路浪涌还是雷击引起的浪涌发生的概率都很大。电源浪涌是视频监控系统最大的危害之一。

· 信号系统浪涌：信号系统浪涌电压的主要来源是感应雷击、电磁干扰、无线电干扰和静电干扰。金属物体受到这些干扰信号的影响，会使传输中的数据产生误码，影响数据的准确性和传输速率。

（5）雷电及浪涌的危害形式。

雷电以及浪涌的危害形式主要有：

· 直击雷。

· 静电感应。

· 电磁感应。

· 雷电侵入波。

· 地电位反击。

· 电磁脉冲辐射。

· 操作过电压。

· 静电放电。

（6）雷电及浪涌防护的方法。

根据IEC组织提出的DBSG的基本方法，电子信息系统雷电及浪涌的防护应当采取以下六大技术措施：直击雷防护、屏蔽和隔离、合理布线、等电位连接、共用接地、安装使用电涌保护器。对应的解决方案如下。

1）直击雷防护。直击雷的防护主要采用接闪器技术和引下线技术实现：

· 接闪器技术：使用金属接闪器（包括避雷针、避雷线、避雷带、避雷网）以及用作接闪的金属屋面和金属构件等设备，安装在建筑物顶部或使其高端比建筑物顶端更高，吸引雷电并把雷电电流传导到大地中去，防止雷电电流经过建筑物，从而使建筑物

免遭雷击，起到保护建筑物的作用；

· 引下线技术：引下线是连接接闪器与接地装置的金属导体，把接闪器拦截的雷电电流引入大地的通道，引下线数量的多少直接影响分流雷电流的效果，引下线多，每根引下线通过的雷电流就少，其感应范围及强度就小。

2）屏蔽和隔离。屏蔽是减少电磁干扰的基本措施，用金属网、箔、壳、管等导体把需要保护的对象包围起来，从物理意义上说，就是把闪电的脉冲电磁场从空间入侵的通道阻隔起来。通常像有线电视、闭路监控电视系统中的同轴电缆、RVVP型号的带屏蔽层的信号线都具有屏蔽功能，同时在敷设管槽时采用镀锌钢管和镀锌线槽也具有一定的屏蔽。

除了采取屏蔽措施之外，另外一个有效的办法就是采取隔离措施，比如设备及管线远离雷电源，尽可能使弱电设备和弱电线路远离强电设备和强电线路。

3）合理布线。合理布线主要利用防反击技术，现代化的建筑物内离不开照明、动力、安防系统、弱电系统和计算机等电子设备的线路，必须考虑防雷设施与各类管线的关系。合理布线也是防雷工程的重要措施。

从防雷角度上考虑，强电电源线不要与监控系统线缆同槽敷设安装，各种监控系统插座、接头应与电源插座保持一定距离；如果强弱电线缆共管共槽，最少应该保持30cm的距离。这也是为什么摄像机、读卡器、报警探测器等弱电设备的工作电源常常是DC12V和AC24V的原因，主要是从防雷的角度考虑。

4）等电位连接。等电位连接是指将分开的装置、诸导电物体用等电位连接导体或电涌保护器连接起来以减小雷电流在它们之间产生的电位差。等电位连接是防雷措施中极为关键的一项。完善的等电位连接，也可以消除地电位骤然升高而产生的"反击"现象。

5）共用接地。接地系统是用来将雷电流导入大地，防止雷电流使人受到电击或财产受到损失。之所以要采用共用接地，其一是共用一个地可以节省成本、提高效率，另外一个原因是对弱电系统来讲单独建设一个专业的接地体也没有必要。如果弱电设备所在的地方没有可以共用的接地体，比如说摄像机就需要单独建设接地体。

6）安装使用电涌保护器。对监控系统来讲最直接、最有效的防雷方法就是安装电涌保护器、然后接地。电涌保护器安装在设备的一端，直接和共用接地系统相连接（或单独建设接地体），它的作用是把循导线传入的雷电过电压波在电涌保护器处经电涌保护器分流入地，这样就保护了设备。

在一个设计完善的视频监控系统中，应该充分的考虑防雷系统工程，而这六个措施都应该考虑。但通常在建筑物设计和电气工程设计时已经考虑了直击雷防护、屏蔽和隔离、合理布线，故监控系统的防雷主要采用加装防雷器和接地（包括等电位连接）处理。

9.2　防雷系统原理

（1）防雷系统术语。

在防雷系统中有以下相关技术名词、属于比较重要，主要是关于电涌保护器的：

1）保护模式。用于描述配电线路中电涌保护器保护功能的配置情况。在交流配电系统中有L-L、L-PE、L-N、N-PE四种保护模式；在直流配电系统中有V+-V-、V+-PE、V--PE三种保护模式。

2）最大持续运行电压U_c。可以连续施加在电涌保护器上的交流电压有效值和直流电压最大值，该值即电涌保护器的额定电压值。对于内部没有放电间隙的电涌保护器，该电压值表示最大可允许加在电涌保护器两端的工频交流均方根（r.m.s）。在这个电压下，电涌保护器必须正常工作，不可出现故障，同时该电压连续加载在电涌保护器上，不会改变电涌保护器的工作特性。

3）冲击放电电压U_{imp}。在电涌保护器的输入端子或输入端子与接地端子间施加1kV/μs的冲击电压时，在施加冲击电压的端子间的峰值电压。

4）标称导通电压U_n。在施加恒定1mA直流电流时，不含串联间隙的电涌保护器线路端子和公共接地端子间的放电电压。含串联间隙的电涌保护器，在增加直流电压时若发生放电，将直流电流调整到1m A时电涌保护器的端电压。

5）标称放电电流I_n。电涌保护器不发生实质性破坏而能通过规定次数、规定波形的最大限度的冲击电流峰值。又称冲击通流容量。本资料中，电流波形为8/20μs。

6）最大放电电流I_{max}。电涌保护器不发生实质性破坏而能通过电流波形为8/20μs的电流波1次冲击的电流极限值。又称极限冲击通流容量。它一般是标称放电电流I_n的2

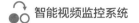

倍以上。

7）残压U_{res}。放电电流通过电涌保护器时，电涌保护器规定端子间出现的电压峰值。

8）限制电压U_l。施加规定幅值、规定波形的冲击波时，在电涌保护器规定端子间测得的电压峰值。限制电压是残压的特例。

9）漏泄电流I_l。并联型电源电涌保护器在施加75%的标称导通电压U_n时，流过电源电涌保护器的电流。

10）插入损耗a_e。由于在传输系统中插入一个电涌保护器所引起的损耗。给定频率时，在被测信号电涌保护器接入线路前后在电涌保护器插入点处测得的功率之比。这个插入损耗通常用分贝表示。

11）数据传输速率。信号电涌保护器接入传输数字信号的被保护系统传输线后，插损不大于规定值的上限数据传输速率。

12）传输频率f_G。信号电涌保护器接入传输模拟信号的被保护系统传输线后，插损不大于规定值的上限模拟信号频率。

13）交流续流。含并联间隙的电源电涌保护器被雷电过电压击穿放电，雷电过电压消失后电源电涌保护器并联间隙仍让来自馈电回路的交流电流流通的现象叫交流续流。

14）电压保护水平U_p。电涌保护器被触发前，在它的两端出现的最高瞬间电压值。

15）额定频率（f_n）。厂家设计该设备在正常工作下的频率。

（2）什么是电涌保护器。

电涌保护器的中文叫法很多，比如浪涌保护器、防雷器、避雷器等，但英文叫法只有一个，那就是Surge Protection device，简写为SPD，防雷器是大家约定俗成的一种叫法，也比较流行。

国际上对防雷保护系统、设备的分类主要有Lightning Protection（雷电保护类型）、Surge Protection（过压浪涌/电涌保护类型）和Safety Equipment（高压操作安全设备）三种。和弱电系统紧密关联的就是SPD，也即防雷器。

电涌保护器是电子设备雷电防护中不可缺少的一种装置，电涌保护器的作用是把窜入电力线、信号传输线的瞬时过电压限制在设备或系统所能承受的电压范围内，或将强大的雷电流泄流入地，保护被保护的设备或系统不受冲击而损坏。

　　电涌保护器的类型和结构按不同的用途有所不同，但它至少应包含一个非线性电压限制元件。用于电涌保护器的基本元器件有：放电间隙、充气放电管、压敏电阻、抑制二极管和扼流线圈等。

　　1）电涌保护器的分类。电涌保护器按工作原理分为开关型、限压型和分流型或扼流型，如图4-111所示。

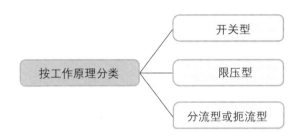

图4-111　电涌保护器按工作原理分类

　　· 开关型：其工作原理是当没有瞬时过电压时呈现为高阻抗，但一旦响应雷电瞬时过电压时，其阻抗就突变为低值，允许雷电流通过。用作此类装置时器件有：放电间隙、气体放电管、闸流晶体管等。

　　· 限压型：其工作原理是当没有瞬时过电压时为高阻抗，但随电涌电流和电压的增加其阻抗会不断减小，其电流电压特性为强烈非线性。用作此类装置的器件有：氧化锌、压敏电阻、抑制二极管、雪崩二极管等。

　　· 分流型或扼流型：用作此类装置的器件有：扼流线圈、高通滤波器、低通滤波器、1/4波长短路器等。

　　· 分流型：与被保护的设备并联，对雷电脉冲呈现为低阻抗，而对正常工作频率呈现为高阻抗。

　　· 扼流型：与被保护的设备串联，对雷电脉冲呈现为高阻抗，而对正常的工作频率呈现为低阻抗。

　　电涌保护器按用途分为电源保护器和信号保护器，如图4-112所示。

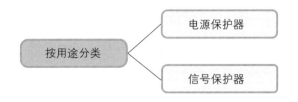

图4-112　电涌保护器按用途分类

• 电源保护器：交流电源保护器、直流电源保护器、开关电源保护器等。像摄像机、读卡器、门禁主机、停车场现场设备等户外现场设备和机房供电设备需要加装电源保护器。

• 信号保护器：低频信号保护器、高频信号保护器、天馈保护器等。像云台摄像机视频线、室外控制信号线和数据线就需要加装信号保护器。

2）电涌保护器的基本元器件及其工作原理。

• 放电间隙（又称保护间隙）： 它一般由暴露在空气中的两根相隔一定间隙的金属棒组成，其中一根金属棒与所需保护设备的电源相线L1或零线（N）相连，另一根金属棒与接地线（PE）相连接，当瞬时过电压袭来时，间隙被击穿，把一部分过电压的电荷引入大地，避免了被保护设备上的电压升高。

• 气体放电管：它是由相互离开的一对冷阴板封装在充有一定的惰性气体（Ar）的玻璃管或陶瓷管内组成的。为了提高放电管的触发概率，在放电管内还有助触发剂。这种充气放电管有二极型的，也有三极型的。

• 压敏电阻：它是以ZnO为主要成分的金属氧化物半导体非线性电阻，当作用在其两端的电压达到一定数值后，电阻对电压十分敏感。它的工作原理相当于多个半导体P-N的串并联。

• 抑制二极管：抑制二极管具有箝位限压功能，它是工作在反向击穿区，由于它具有箝位电压低和动作响应快的优点，特别适合用作多级保护电路中的最末几级保护元件。

• 扼流线圈：扼流线圈是一个以铁氧体为磁芯的共模干扰抑制器件，它由两个尺寸相同，匝数相同的线圈对称地绕制在同一个铁氧体环形磁芯上，形成一个四端器件，要对于共模信号呈现出大电感具有抑制作用，而对于差模信号呈现出很小的漏电感几乎不起作用。扼流线圈使用在平衡线路中能有效地抑制共模干扰信号（如雷电干扰），而对线路正常传输的差模信号无影响。

· 1/4波长短路器：1/4波长短路器是根据雷电波的频谱分析和天馈线的驻波理论所制作的微波信号电涌保护器，这种保护器中的金属短路棒长度是根据工作信号频率（如900MHz或1800MHz）的1/4波长的大小来确定的。此并联的短路棒长度对于该工作信号频率来说，其阻抗无穷大，相当于开路，不影响该信号的传输，但对于雷电波来说，由于雷电能量主要分布在$n+$kHz以下，此短路棒对于雷电波阻抗很小，相当于短路，雷电能量级被泄放入地。

9.3　雷电感应详解

雷电感应是指闪电时，在附近导体上产生的静电感应和电磁感应，它可能使金属部件之间产生火花。主要的危害包括：静电感应、电磁感应、雷电波沿线侵入和地电位反击。

（1）静电感应。

由于雷云的作用，使附近导体上感应出与雷云相反的电荷，在导体上的感应电荷如得不到释放，就会产生很高的感应电磁，当感应电磁达到一定的电压值时，将向周围的金属部件放电，从而产生火花。静电感应对人体危害较小，可引发易燃易爆场所的消防事故，将造成热敏电子设备的损坏或假性损坏（如数据丢失、系统死机等）。

静电感应的原理如图4-113所示。说明如下。

· 1a 直击雷或邻近雷击在外部防雷系统，如保护框架电缆上。

· 1b 闭合环路感应产生过电压。

· 1c 浪涌点留在接地电阻R_{st}上引起电压降。

· 2a 远处雷电击在远处架空传输线缆上。

· 2b 雷云之间的放电通过架空线缆引起感应雷电波及过电压。

· 2c 在野外雷电击中通信线缆。

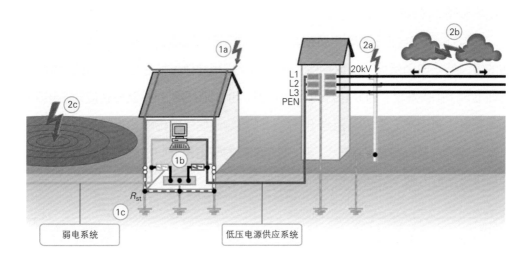

图4-113　雷电引起感应雷击过电压示意图

（2）电磁感应。

电磁感应是指由于雷电流迅速变化在其周围空间产生瞬变的强电磁场，使附件导体上产生很高的电动势。研究表明，电磁感应是现代雷电灾害的主要形式，以雷击中心3km范围内都可能因电磁感应产生过电压的危险。电磁感应的影响如图4-114所示。

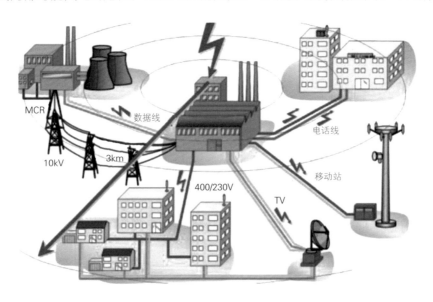

图4-114　电磁感应示意图

（3）雷电波沿线侵入。

雷电波沿线侵入包括沿供电线路、信息线路和天馈线路等引入的雷电流，对当代信息系统的损坏是相当严重的，轻则会损坏设备，重则可能引起系统的瘫痪，离雷击点越近，损坏程度越严重。雷电波沿线入侵如图4-115所示。

图4-115　雷电沿线波入侵示意图

（4）地电位反击。

当雷电击中接闪器时，强大的雷电流在极短的时间内（微秒）流入大地，如果引下线的接地电阻达不到要求值时，将使引下线入地点周围的地电位迅速提升，由于设备外壳及设备接地端与大地相连，大地的高电压又引入到设备的外壳及接地点，从而向设备的供电线和信号线跳火，而造成设备损坏。地电位反击如图4-116所示。

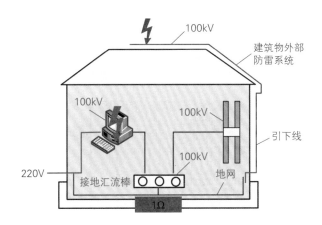

图4-116　地电位反击示意图

9.4　雷电防护措施

雷电防护是一项系统的综合工程，仅做局部保护或仅安装电涌保护器，作用十分有限。需要从外部防雷、内部防雷、内部防雷措施又包括等电位连接、电涌保护器、屏蔽和隔离。

（1）外部防雷。

外部雷击保护包括安装接闪系统、引下线系统、接地系统、主要为了保护建筑物免受雷击引起火灾事故及人身安全事故。典型的住宅外部防雷系统如图4-117所示。

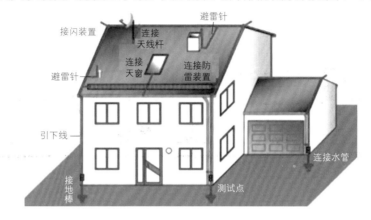

图4-117 住宅外部防雷系统示意图

（2）内部防雷。

内部防雷主要是保护建筑物内部的设备，常见的做法包括等电位连接、安装使用电涌保护器和屏蔽与隔离。

a.等电位连接。等电位连接的主要功能是：消除LPZ的所有设备中的危险而潜在的电位差和减小磁场。为了彻底消除雷电引起的毁坏性电位差，就特别需要实行等电位连接。等电位连接如图4-118所示。

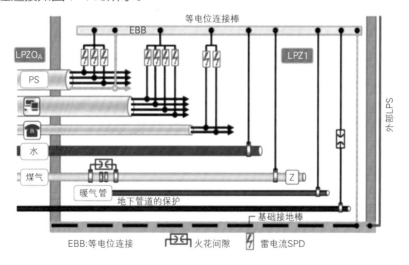

图4-118 等电位连接示意图

要把所有金属部件多重连接，如：LPZ的电磁屏蔽、钢筋混凝土、升降机、起重机、金属门窗构件以及用于保护接地的导体等都必须与大地相连接。电源线、信号线、金属管道等都要通过电涌保护器或直接用导线进行等电位连接，各个内保护区的界面同样的要以此进行局部等电位连接，同时各个局部等电位连接要互相连接，并最后与大地相连。为了消除过压对导线的干扰，对所有金属部件和进入LPZ防雷区的电缆进行等电位连接是最重要的保护措施。为了这个目的，所有的进线必须尽可能地在建筑物入口处进行等电位连接，电源和数据线路需经SPD连接于等电位上，连接导体截面积应保证最大泄流承载能力。

b.安装使用电涌保护器。电涌保护器的作用，就是在极短的时间内将被保护系统连入等电位系统中，使设备各端口等电位，同时将电路上因雷击而产生的大量脉冲能量经电涌保护器泄放到大地，降低设备的各接口端的电位差，从而起到保护设备的作用。对于设备（或系统）必须在各进出线路安装相应的漏电保护器，一旦线路上感应过电压（或遭遇雷击），由于电涌保护器的作用，设备（或系统）的各端口电压大致达到相等水平（即等电位），从而保护设备（或系统）免遭损坏。终端设备的雷电保护如图4-119所示。

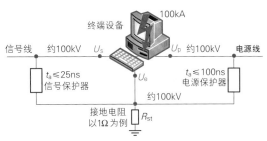

图4-119　终端设备的雷电保护示意图

c.屏蔽和隔离。按照规范要求做好供电线路、信息线路的屏蔽工作，是雷电防护工作最简单有效的措施。事实表明，只要将需要做雷电防护的系统内线路做好全程屏蔽，遭受雷灾的可能性是极小的。

9.5　防雷分区

一个欲保护的建筑物或建筑群（防护区域），根据GB 50057—1994和IEC61312-1

（DIN VDE 0185-103）雷电保护区的概念划分分区，从EMC（电磁兼容）的观点来看，由外到内可分为多级保护区：

· LPZ0$_A$区：本区内的各物体都可能遭到雷击和导走全部雷电流；本区内的电磁场强度没有衰减。

· LPZ0$_B$区：本区内的各物体不可能遭到大于所选滚珠半径对应的雷电流直接雷击，但本区内的电磁场强度没有衰减。

· LPZ1区：本区内的各物体不可能遭到雷击，流经各导体的电流比LPZ0B区更小。本区内的电磁场强度可能衰减，这取决于屏蔽措施。

· LPZn+1后续防雷区：当需要进一步减小流入的电流和电磁场强度时，应增设后续防雷区，并按照需要保护的对象所要求的环境区选择后续防雷区的要求条件。因为由外部防雷装置、钢筋混凝土及金属服务管道构成的屏蔽对电象所要求的环磁场有衰减作用，所以建筑物越往里，则受到的干扰影响程度越低。$n=1$、2…常见的分机就是LPZ2和LPZ3。

防雷分区如图4-120所示。

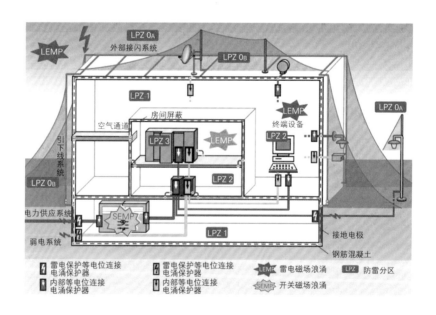

图4-120　防雷分区图

9.6　电涌保护器的选型原则

（1）防雷地区的分类。

地区雷暴日等级宜划分为少雷区、多雷区、高雷区和强雷区，并符合下列规定：

- 少雷区：年平均暴雷日在20天及以下的地区；
- 多雷区：年平均暴雷日大于20天、不超过40天的地区；
- 高雷区：年平均暴雷日大于40天、不超过60天的地区；
- 强雷区：年平均暴雷日超过60天以上的地区。

不同强度的雷区建设防雷系统也有所区别，要因地制宜。

（2）电源系统SPD的选型原则。

如果电气设备由架空线供电，或由埋地电缆引入供电，应在电源进线处安装SPD。但有重要的电子设备安装于建筑物内时，应在电源进线处和电子设备供电处根据设备耐过压的能力装设多级SPD。

1）SPD标称放电电流参考值。SPD标称放电电流参考值如表4-11和表4-12所示。

表4-11　LPZ0$_A$区SPD标称放电电流参考值

LPZ0$_A$ 区	一类防雷建筑	二类防雷建筑	三类防雷建筑
	电源的第一级保护，总进线的配电箱前		
SPD(8/20μs)	≥ 80kA	≥ 60kA	≥ 40kA

表4-12　LPZ0$_A$区以外SPD标称放电电流参考值

LPZ0$_A$ 区	电源的第二级保护	电源的第三级保护	电源的第四级保护
	UPS 或分配电箱前	重要设备配电系统前	电子设备工作电源前
SPD(8/20μs)	≥ 40kA	≥ 20kA	≥ 10kA

2）信息系统电源线路电涌保护器标称放电电流的标准。信息系统电源线路电涌保护器标称放电电流的标准，可根据表4-13要求选型。

表4-13 信息系统电源线路电涌保护器标称放电电流的标准

保护分级	LPZ0 区与 LPZ 区交界处	LPZ1、LPZ2、LPZ3 之间的交界处			直流电源标称放电电流
	第一级标称放电电流 (kA)	第二级标称放电电流 (kA)	第三级标称放电电流 (kA)	第四级标称放电电流 (kA)	
	8/20μs				
A 级	≥ 80	≥ 40	≥ 20	≥ 10	≥ 10
B 级	≥ 60	≥ 40	≥ 20		
C 级	≥ 50	≥ 10			
D 级	≥ 50				

注 直流配电系统中根据线路长度和工作电压选用标称放电电流≥10kA适配的SPD。

按照以上选型原则，当SPD的I_n有冲突时，取最大值。如二类防雷建筑物内A级防护的电子信息系统，第一级防护SPD的标称放电电流I_n应取80kA，而不是取60kA。

3）建筑物电子信息系统雷电防护等级选型原则。建筑物电子信息系统宜按表4-14选择雷电防护等级。

表4-14 建筑物电子信息系统雷电防护等级的选择表

雷电防护分级	电子信息系统
A 级	大型计算机中心、大型通信枢纽中心、国家金融中心、银行、机场、大型港口、火车枢纽站
	甲级安全防范系统、如国家文物、档案库的闭路电视监控和报警系统
	军火库弱电系统、大型电子医疗设备、五星级宾馆
B 级	中型计算机中心、中型通信枢纽中心、移动通信基站、大型体育场馆弱电系统、证券中心
	雷达站、微波站、高速公路监控和收费系统
	中型电子医疗系统设备
	四星级宾馆

雷电防护分级	电子信息系统
C 级	小型通信枢纽、电信局
	大中型有线电视系统设备、安防系统
	三星级及以下宾馆
D 级	除上述 A、B、C 级以外一般用途的电子信息系统设备

4）SPD连接导线的最小截面积。SPD连接导线的最小截面积宜符合表4-15的规定。

表4-15 电涌保护器连接导线最小截面积

防护等级	SPD 连接相线导铜线导线截面积 (mm²)	SPD 接地端连接导铜线导线截面积 (mm²)
第一级	16	25
第二级	10	16
第三级	6	10
第四级	4	6

5）空气断路器。SPD应配有空气断路器或熔断器，额定工作电流一般取SPD通流容量的1/1000同时比电源回路前一级的空气断路器的额定电流小。在实际工作中，第一级SPD前端配100A的空气断路器或熔断器；第二级SPD前端配63A的空气断路器或熔断器；第三级SPD前端配32A的空气断路器或熔断器。

6）SPD的安装。为防止配电线由于雷电流引起的空开跳闸，SPD一般并联安装在各配电柜空气断路器的电源输入侧，二端口SPD的选择，应考虑其负载功率不能超过二端口SPD的额定功率，并留有一定的余量。

7）导线的选择。电涌保护器连接导线应平直，其长度不宜大于0.5m。当电压开关型电涌保护器至限压型电涌保护器之间的线路长度小于10m、限压型电涌保护器之间的线路长度小于5m时，在两级电涌保护器之间应加装退耦装置。当电涌保护器具有能量自动配合功能时，电涌保护器之间的线路长度不受限制。电涌保护器应有电流保护装置，并宜有劣化显示功能。

8）配电线路各种设备耐冲压过电压额定值。配电线路各种设备耐冲压过电压额定值如表4-16所示。

表4-16 配电线路各种设备耐冲压过电压额定值

设备位置	电源处的设备	配电线路和最后分支线路的设备	用电设备	特殊需要保护的电子信息设备
耐冲压过电压类别	IV类	III类	II类	I类
耐冲击过电压额定值	6kV	4kV	2.5kV	1.5kV

9）接地电阻。电涌保护器的接地电阻要求小于等于4Ω。

9.7 天馈系统SPD的选型原则

天馈系统也就是同轴型信号线路，最常见的系统包括有线电视系统的视频线、闭路监控电视系统中的视频线均为同轴电缆，即属于天馈系统。SPD的选型原则如下：

（1）同轴型SPD的插入损耗、驻波比、阻抗、功率应满足信号传输的要求，其接口应与被保护设备兼容。

（2）天馈线路电涌保护器的性能参数如表4-17所示。

表4-17 天馈线路电涌保护器性能参数

插入损耗（dB）	<0.5
电压驻波比	<0.13
响应时间（ns）	<10
平均功率（W）	>1.5倍系统平均功率
特性阻抗（Ω）	应满足系统要求
传输速率（bit/s）	应满足系统要求
工作频率（MHz）	应满足系统要求
端口形式	应满足系统要求

9.8 信号系统SPD的选型原则

信号系统就是非同轴型系统，它的SPD的选型原则如下：

（1）电子信息系统信号线路电涌保护器的选择，应该根据线路的工作频率、传输介质、传输速率、传输带宽、工作电压、接口形式和特性阻抗等参数，选用驻波比和插入损耗小的、适配的、电涌保护器。

（2）非同轴型信号SPD的标称放电电流不小于3kA。

9.9 弱电子系统防雷系统设计

（1）弱电系统低压配电系统雷电浪涌保护方式。

视频监控系统通常伴随着弱电系统的建设，属于弱电系统中的一个子系统，而且大多数情况下视频监控系统的防雷需要和弱电系统一并考虑。弱电系统低压配电系统雷电浪涌保护参考图4-121进行。设备选型如表4-18所示。

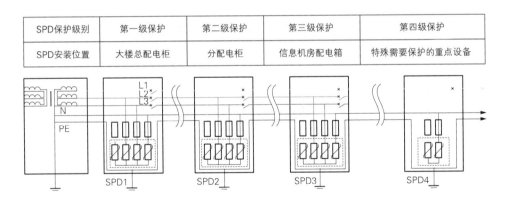

SPD保护级别	第一级保护	第二级保护	第三级保护	第四级保护
SPD安装位置	大楼总配电柜	分配电柜	信息机房配电箱	特殊需要保护的重点设备

图4-121 弱电系统低压配电系统防雷系统结构图

表4-18 设备选型表

编号	名称	设计要求
SPD1	电源电涌保护器	标称电压380V，标称放电电流 I_n>80kA/线 (8/20μs)，最大放电电流 I_{max}>200kA/线 (8/20μs)
SPD2	电源电涌保护器	标称电压380V，标称放电电流 I_n>40kA/线 (8/20μs)，最大放电电流 I_{max}>100kA/线 (8/20μs)
SPD3	电源电涌保护器	标称电压380V，标称放电电流 I_n>20kA/线 (8/20μs)，最大放电电流 I_{max}>40kA/线 (8/20μs)
SPD4	电源电涌保护器	标称电压220V，标称放电电流 I_n>10kA/线 (8/20μs)，最大放电电流 I_{max}>20kA/线 (8/20μs)

（2）计算机网络系统机房雷电浪涌保护方式。

视频监控系统也和计算机网络系统密切相关，尤其在IP时代，智能视频监控系统运行在计算机网络系统之上。计算机网络系统防雷设计应该根据整个系统的雷电防护等级来确定SPD的标称放电电流。应该分两个方面进行：

1）电源防护。

· 在计算机网络系统的总配电柜或信息机房配电箱安装电源电涌保护器，作为第一级雷电防护。

· 在UPS电源输入端安装电源电涌保护器，实现C+D级防护。

· 在各终端设备电源输入端安装电源电涌保护器实现E级精细防护。

· 在汇总接地线处安装等电位连接箱（接地汇流排）防护。

2）信号防护。

· 在ADSL信号专线或其他宽带接入端安装信号电涌保护器。

· 在卫星接收（如果有的话）天馈线的接收端（或信息接收卡端）安装天馈线电涌保护器。

· 在网络交换机的多路RJ45端口安装信号电涌保护器。

· 在计算机前端的单路RJ45接口安装信号电涌保护器。

· 在信号SPD接地线前端安装等电位电子开关抗干扰防护。

典型的计算机网络系统防雷系统结构如图4-122所示。

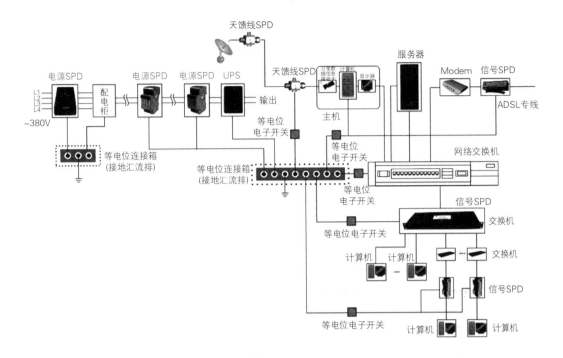

图4-122 计算机网络系统防雷系统结构图

（3）视频监控系统雷电浪涌保护方式。

视频监控系统几乎在每个安防系统、智能化系统和弱电系统中出现，而监控设备的前端也大多数处于户外位置，是需要重点进行防雷保护的系统，也是主要的防雷应用之一。

在视频监控系统中，有相当数量的摄像机安装在户外，而且多为相对空旷的区域，比如周界、主要道路、草地、出入口、建筑物的外围，而对于特定行业特定应用的监控系统，则面临着更大的雷电威胁，比如平安城市、雪亮工程、变电站、机场、码头、边境等特定应用。

室外摄像机是需要重点保护的设备，如果是模拟摄像机，主要有两类：固定摄像机和带云台摄像机（包含高速球型摄像机），固定摄像机需要保护的是视频线和电源线，分别安装视频防雷器和电源防雷器（也可以安装二合一防雷器），云台摄像机需要保护的是视频线、电源线和信号线，安装三合一防雷器（视频、信号和电源三合一，也可以单独安装）；如果是网络摄像机仅需安装信号防雷器和电源防雷器。

标准的视频监控防雷需要在传输线缆的两端安装防雷设备，前端设备安装了防雷设备，后端设备也需要，对应的是视频防雷器、信号防雷器和电源防雷器，需要说明的是在控制中心需要安装电源三级防雷设备。

如果传输线路采用光缆进行传输，在光端机的两端也需要安装相应的防雷装置。在视频监控防雷系统中很重要的一点就是考虑接地系统，只有有效的接地系统才能够达到防雷的效果。

典型的视频监控系统的防雷结构如图4-123所示。

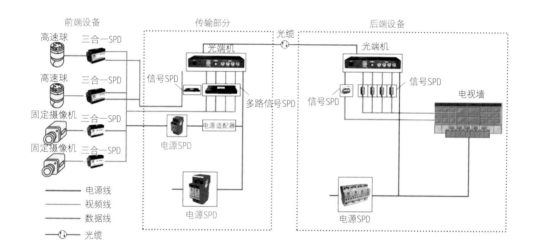

图4-123　视频监控系统防雷系统结构图

（4）立杆型户外摄像机雷电浪涌保护方式。

典型的户外摄像机多采用立杆式安装，防雷系统保护如图4-124所示。由图4-124可知，首先立杆要加装避雷短针和立杆接地系统，在摄像机端安装二合一或三合一SPD、采用室外防雷其专用防水箱安装防雷设备，还需要安装等电位连接箱保证整套监控系统处于等电位连接保护，各类线缆在接入监控中心时要考虑金属屏蔽多点接地。如果是平安城市和雪亮工程项目，需加装漏电保护装置，避免风雨天漏电。

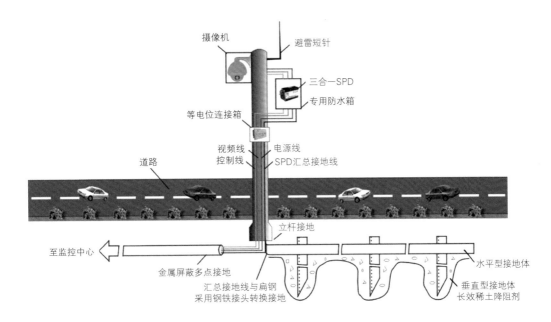

图4-124　室外带立杆摄像机防雷系统结构图

9.10　接地系统设计

（1）接地系统基本概念。

1）地。接地系统中的"地"主要分为电气地和逻辑地。

• 电气地：大地是一个电阻非常低、电容量非常大的物体，拥有吸收无限电荷的能力，而且在吸收大量电荷后仍能保持电位不变，因此适合作为电气系统中的参考电位体。这种"地"是"电气地"，并不等于"地理地"，但却包含在"地理地"之中。"电气地"的范围随着大地结构的组成和大地与带电体接触的情况而定。

• 逻辑地：电子设备中各级电路电流的传输、信息转换要求有一个参考的电位，这个电位还可防止外界电磁场信号的侵入，常称这个电位为"逻辑地"。这个"地"不一定是"地理地"，可能是电子设备的金属机壳、底座、印刷电路板上的地线或建筑物内的总接地端子、接地干线等；逻辑地可与大地接触，也可不接触，而"电气地"必须与大地接触。

2）接地。将电力系统或电气装置的某一部分经接地线连接到接地极称为"接地"。"电气装置"是一定空间中若干相互连接的电气设备的组合。"电气设备"是发电、变电、输电、配电或用电的任何设备，包括弱电设备。例如电机、变压器、电源、摄像机、读卡器、对讲主机、保护装置、布线材料等。电力系统中接地的一点一般是中性点，也可能是相线上某一点。

3）流散电阻、接地电阻和冲击接地电阻。接地极的对地电压与经接地极流入地中的接地电流之比，称为流散电阻。

电气设备接地部分的对地电压与接地电流之比，称为接地装置的接地电阻，即等于接地线的电阻与流散电阻之和。一般因为接地线的电阻甚小，可以略去不计，因此，可认为接地电阻等于流散电阻。

为了降低接地电阻，往往用多根的单一接地极以金属体并联连接而组成复合接地极或接地极组。由于各处单一接地极埋置的距离往往等于单一接地极长度而远小于40m，此时，电流流入各单一接地极时，将受到相互的限制，而妨碍电流的流散。换句话说，即等于增加各单一接地极的电阻。这种影响电流流散的现象，称为屏蔽作用。

上文所述的接地电阻，系指在低频、电流密度不大的情况下测得的，或用稳态公式计算得出的电阻值。这与雷击时引入雷电流用的接地装置的工作状态是大不相同的。由于雷电流是个非常强大的冲击波，其幅度往往大到几万甚至几十万安的数值。这样，使流过接地装置的电流密度增大，并受到由于电流冲击特性而产生电感的影响，此时接地电阻称为冲击接地电阻，也可简称冲击电阻。由于流过接地装置电流密度的增大，以致土壤中的气隙、接地极与土壤间的气层等处发生火花放电现象，这就使土壤的电阻率变小和土壤与接地极间的接触面积增大。结果，相当于加大接地极的尺寸，降低了冲击电阻值。

（2）接地的分类。

1）按接地的作用分类。按接地的作用一般分为保护性接地和功能性接地两种：

保护性接地

· 防电击接地：为了防止电气设备绝缘损坏或产生漏电流时，使平时不带电的外露导电部分带电而导致电击，将设备的外露导电部分接地，称为防电击接地。这种接地还可以限制线路涌流或低压线路及设备由于高压窜入而引起的高电压；当产生电器故障时，有利于过电流保护装置动作而切断电源。这种接地，也是狭义的"保护接地"。

· 防雷接地：将雷电导入大地，防止雷电流使人身受到电击或财产受到破坏。

· 防静电接地：将静电荷引入大地，防止由于静电积聚对人体和设备造成危害。特别是目前电子设备中集成电路用得很多，而集成电路容易受到静电作用产生故障，接地后可防止集成电路的损坏。

· 防电蚀接地：地下埋设金属体作为牺牲阳极或阴极，防止电缆、金属管道等受到电蚀。

功能性接地

· 工作接地：为了保证电力系统运行，防止系统振荡。保证继电保护的可靠性，在交直流电力系统的适当地方进行接地，交流一般为中性点，直流一般为中点，在电子设备系统中，则称除电子设备系统以外的交直流接地为功率地。

· 逻辑接地：为了确保稳定的参考电位，将电子设备中的适当金属件作为"逻辑地"，一般采用金属底板作逻辑地。常将逻辑接地及其他模拟信号系统的接地统称为直流地。

· 屏蔽接地　将电气干扰源引入大地，抑制外来电磁干扰对电子设备的影响，也可减少电子设备产生的干扰影响其他电子设备。

· 信号接地：为保证信号具有稳定的基准电位而设置的接地，例如检测漏电流的接地，阻抗测量电桥和电晕放电损耗测量等电气参数测量的接地。

2）按接地形式分类。接地极按其布置方式可分为外引式接地极和环路式接地极。若按其形状，则有管形、带形和环形几种基本形式。若按其结构，则有自然接地极和人工接地极之分。

用来作为自然界地极的有：上下水的金属管道、与大地有可靠连接的建筑物和构筑物的金属结构、敷设于地下而其数量不少于两根的电缆金属包皮及敷设于地下的各种金属管道。但可燃液体以及可燃或爆炸的气体管道除外。

用来作为人工接地极的，一股有钢管、角钢、扁钢和圆钢等钢材。如在有化学腐蚀性的土壤中，则应采用镀锌的上述几种钢材或铜质的接他极。

（3）接地措施。

视频监控系统的接地措施包括防雷接地、工作接地、安全保护接地、屏蔽接地与防静电接地、共用接地和等电位连接。

1）防雷接地。为把雷电流迅速导入大地，以防止雷害为目的的接地叫防雷接地。建筑物内有建筑电气设备和大量的电子设备与布线系统，如通信自动化系统、火灾报警及消防联动控制系统、楼宇自控系统、综合布线系统、视频监控系统、门禁系统、防盗报警系统和机房系统等。从已建成的大楼看，大楼的各层顶板，底板，侧墙，吊顶内几乎被各种布线布满。其中电子设备及布线系统一般均属于耐压等级低，防干扰要求高，最怕受到雷击的部分。不管是直击、串击、反击雷、雷电感应及雷电波侵入都会使电子设备受到不同程度的损坏或严重干扰。

2）工作接地。将变压器中性点直接与大地作金属连接，称为工作接地。接地的中性线（N线）必须用铜芯绝缘线，不能与其他接地线混接，也不能与PE线连接。

3）安全保护接地。安全保护接地就是将电气设备不带电的金属部分与接地体之间作良好的金属连接。即将大楼内的电气设备以及设备附近的金属构件、金属管等用PE线连接起来，但严禁将PE线与N线连接。这些措施不仅是保障智能建筑电气系统安全、有效运行的措施，也是保障非智能建筑内设备及人身安全的必要手段。

4）屏蔽接地与防静电接地。电磁屏蔽及其正确接地是电子设备防止电磁干扰的最佳保护方法。可将设备外壳与PE线连接；穿导线或电缆的金属管、电缆的金属外皮和屏蔽层的一端或两端与PE线可靠连接；重要电子设备室的墙、顶板、地板的钢筋网及金属门窗也应多点与PE线可靠连接。

防静电干扰也很重要。防静电接地要求在洁静干燥环境中，所有设备外壳、金属管及室内（包括地坪）设施必须均与PE线多点可靠连接。

5）共用接地系统。智能建筑的建筑物防雷接地、电气设备（含电子设备）的接地、屏蔽接地及防静电接地应采用一个总的共用接地装置。共用接地装置优先采用大楼的钢筋混凝土内的钢筋、金属物件及管道等自然接地体。其接地电阻应≤1Ω。若达不到要求，可增加人工接地体或采用化学降阻法，使接地电阻≤1Ω。

6）等电位连接。等电位连接（Equipotential Bonding）是将电气设备与外部导体做出连接，以达到相同或相近电位的电气连接器件。电涌保护器为保护带电导体的其中一大类。将分开的装置诸导电物体用等电位连接导体或电涌保护器连接起来以减小雷电流在它们之间产生的电位差。在接地系统中应首先考虑等电位连接，而后进行接地工作。

等电位连接的目的，在于减小需要防雷的空间内各金属部件和各系统之间的电位差，防止雷电反击。将机房内的主机金属外壳，UPS及电池箱金属外壳、金属地板框架、金属门框架、设施管路、电缆桥架、铝合金窗的等电位连接，并以最短的线路连到最近的等电位连接带或其他已做了等电位连接的金属物上，且各导电物之间的尽量附加多次相互连接。

（4）接地系统设计。

根据商业建筑物接地和接线要求的规定：弱电系统接地的结构包括接地线、接地母线、接地干线、主接地母线、接地引入线和接地体六部分，在进行视频监控系统接地的设计时，可按这六个要素分层次地进行设计。

1）接地线。接地线是弱电系统各种设备与接地母线之间的连线。所有接地线均为铜质绝缘导线，其截面应不小于$8mm^2$。当弱电系统采用屏蔽线缆（比如同轴视频电缆）布线时，设备的接地可利用电缆屏蔽层作为接地线连至等电位连接箱或接地体。若布线的电缆采用穿钢管或金属线槽敷设时，钢管或金属线槽应保持连续的电气连接，并应在两端具有良好的接地。

2）接地母线（层接地端子）。接地母线是建筑内水平布线系统接地线的公用中心连接点。每一层的楼层配线柜均应与本楼层接地母线相焊接与接地母线同一配线间的所有综合布线用的金属架及接地干线均应与该接地母线相焊接。接地母线均应为铜母线，其最小尺寸应为 6mm（厚）×50mm（宽），长度视工程实际需要来确定。接地母线应尽量采用电镀锡以减小接触电阻，如不是电镀，则在将导线固定到母线之前，须对母线进行清理。

3）接地干线。接地干线是由总接地母线引出，连接所有接地母线的接地导线。在进行接地干线的设计时，应充分考虑建筑物的结构形式，建筑物的大小以及布线的路由与空间配置，并与布线电缆干线的敷设相协调。接地干线应安装在不受物理和机械损伤的保护处，建筑物内的水管及金属电缆屏蔽层不能作为接地干线使用。当建筑物中使用两个或多个垂直接地干线时，垂直接地干线之间每隔三层及顶层需用与接地干线等截面的绝缘导线相焊接。接地干线应为绝缘铜芯导线，最小截面应不小于 $16mm^2$。当在接地干线上，其接地电位差大于1Vrm@S（有效值）时，楼层配线间应单独用接地干线接至主接地母线。

4）主接地母线（总接地端子）。一般情况下，每栋建筑物有一个主接地母线。主接地母线作为弱电布线接地系统中接地干线及设备接地线的转接点，其理想位置宜设于外线引入间或建筑弱电井。主接地母线应布置在直线路径上，同时考虑从保护器到主接地母线的焊接导线不宜过长。接地引入线、接地干线、直流配电屏接地线、外线引入间的所有接地线，以及与主接地母线同一弱电井的所有弱电布线用的金属架均应与主接地母线良好焊接。当外线引入电缆配有屏蔽或穿金属保护管时，此屏蔽和金属管也应焊接至主接地母线。主接地母线应采用铜母线，其最小截面尺寸为 6mm（厚）×100mm（宽），长度可视工程实际需要而定。和接地母线相同，主接地母线也应尽量采用电镀锡以减小接触电阻。如不是电镀，则主接地母线在固定到导线前必须进行清理。

5）接地引入线。接地引入线指主接地母线与接地体之间的连接线，宜采用 40mm（宽）×4mm（厚）或50mm×5mm的镀锌扁钢。接地引入线应作绝缘防腐处理，在其出土部位　应有防机械损伤措施，且不宜与暖气管道同沟布放。

6）接地体。接地体分自然接地体和人工接地体两种。当弱电系统采用单独接地系统时，接地体一般采用人工接地体，并应满足以下条件：

· 距离工频低压交流供电系统的接地体不小于15m；

· 距离建筑物防雷系统的接地体不应小于2m；

· 接地电阻小于4Ω。

在有的项目中，弱电系统和强电系统或建筑物采用联合接地系统，通常接地电阻小于1Ω。接地体一般利用建筑物基础内钢筋网作为自然接地体，采用联合接地系统具有以下几个显著的优点：

· 当建筑物遭受雷击时，楼层内各点电位分布比较均匀，工作人员及设备的安全能得到较好的保障。同时，大楼的框架结构对中波电磁场能提供10~40dB的屏蔽效果；

· 容易获得较小的接地电阻；

· 可以节约金属材料，占地少。

第五章　AI+视频监控系统

1.AI+安防

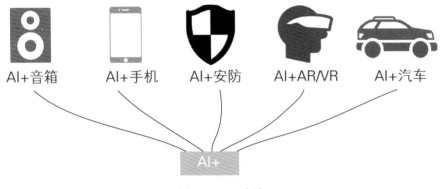

AI+音箱　　AI+手机　　AI+安防　　AI+AR/VR　　AI+汽车

图5-1　AI+安防

　　纵观安防系统的发展历史，从"看得见"（模拟）到"看得清"（高清）到"看得懂"（AI赋能安防系统），安防大数据分析需求迫切，AI+安防趋势明显。高清技术日益进步，图像分辨率从CIF到D1、D1到720P、1080P再到4K逐步进阶，视频监控设备持续高清化升级换代。根据IHS 数据，2013—2016年我国高清摄像机占比由13%增长至59%，首次超过模拟摄像机，实现了视频监控从"看得见"到"看得清"的转变，满足安防基础需求。摄像头高清化产生海量视频大数据,传统的人工查看方式已不满足日益增长的安防需求，也形成了一座座视频金矿。同时，安防领域每年产生大量非结构化数据，将海量非结构化数据结构化后进行智能处理能极大提高追踪效率，人工智能（尤其是计算机视角技术）的引入能满足从事后追查到事前防范的安防根本需求。安防领域在实现高清化网络化升级后，急切需要人工智能技术对海量数据进行处理，这些都促使摄像头目前开始向"看得懂"进化，智能安防趋势明显。

　　人工智能安防产品首先在公共安全市场落地，长期千亿市场空间。

- 短期而言：由于AI产品单价较高，且适用于处理远距离的大数据，因此短期的增量空间主要看政府中的公安、交通等部门。假设国内/国外视频监控行业增速分别为15%/10%，至2020年国内外视频监控市场规模分别达1683/1234亿元，保守估计，若AI产品渗透率提升至10%，则国内/国外AI产品市场空间分别为168/148亿元。

- 长期来看：随着性价比更高的芯片解决方推出，海思、中星微、比特大陆等主控厂商必然推出包含AI专属TPU的IPC主控产品，以海康、大华为首的安防厂商也必然研发推出适合自身的AI+芯片终端解决方案，AI产品单价将逐步回归理性，智慧产品的渗透范围有望快速渗透延伸至其他领域。未来AI产品渗透率若提升至35%，则全球AI产品市场空间将突破千亿元 。

2.视频监控产业链

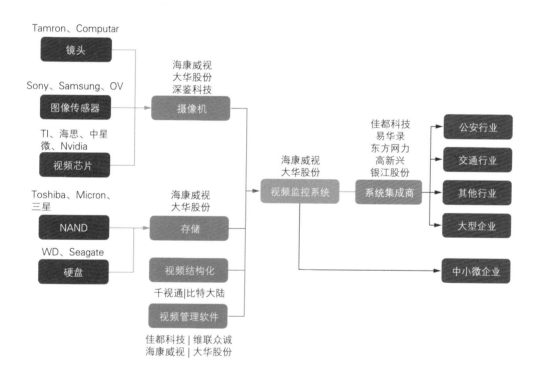

图5-2 视频监控系统产业链

视频监控产业处于明显的变革期。在前端体现为视频芯片的智能化，尤其是将AI芯片前置之后，摄像机本身就可以进行视频数据的结构化处理；在后端体现为平台的智慧化，大规模视频结构化主机和软件算法、框架的运用，将静态的视频数据盘活为动态的结构化视频大数据，一大批新兴的视频管理平台和新型集成商出现在市面上，佳都科技和东方网力是其中的两个典型代表。

AI驱动下视频监控产业链将发生变革：

（1）上游视频芯片往下游渗透，产业链内部话语权扩大。一方面更多的芯片企业进入安防行业；另一方面芯片商以核心算法或者硬加速器等加载于原产品之上，降低了低端设备的技术开发难度。比如英伟达推出的嵌入式计算平台TX1适用于视频监控场景。

（2）中游出现独立智能分析软件，依附于大型监控设备商或集成商。智能化的趋势推动视频监控设备的软件附加值持续扩大。随着整个产业的成长、成熟，监控设备将形成标准，独立运行于标准监控设备之上的智能分析软件因为复杂度高、开发难度大，独立第三方软件开发商将应运而生，但运行软件的载体则由大型监控设备商或者集成商决定，软件商与监控设备商结盟。

（3）渠道的作用更明显，集成商门槛变高具备更强的话语权。随着市场容量扩大，监控设备在朝着标准化的方向发展，因而销售渠道的作用将更加突出。因为系统复杂，负责集成的工程商须承担起总体架构设计与运营的工作，牵涉总体协调工作，进入门槛高，因而话语权扩大。

3.AI+安防的应用场景

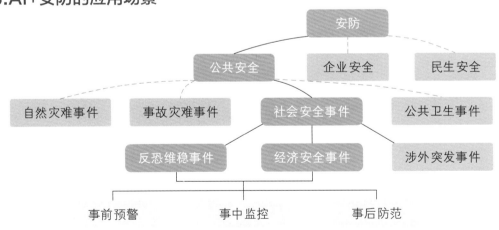

图5-3　AI+安防的应用场景

资料来源：亿欧智库——鸟瞰人工智能应用市场——安防行业研究分析2017。

探讨其他安防应用和AI的关联度不大，AI的最大应用场景是公共安全，更多的是针对社会安全事件的反恐维稳和经济安全，在这两大领域的应用将直接引领未来AI+安防的发展方向。AI+的应用使得安防管理的"事前预警、事中监控、事后防范"更大程度上得以实现。

安防即安全防范系统，常见的安防系统包括：视频监控、门禁和入侵报警，其保护对象可分为公共安全（政府安全）、企业安全和民生安全。

· 公共安全：《突发事件应对法》按照事件的性质、过程和机理的不同，将公共安全可能面临的突发事件分为四类，即自然灾害、事故灾难、公共卫生事件和社会安全事件。

· 社会安全事件：根据《国家突发公共事件总体应急预案》规定：社会安全事件主要包括恐怖袭击事件（反恐维稳事件）、经济安全事件和涉外突发事件等。

· 事件按照进程可以分为事前、事中和事后，而技术防范手段的主要作用是事前预警防控、事中常态监控和事后防范管理。

4.计算机视觉系统

"人的大脑皮层的活动，大约70%是在处理视觉相关信息。视觉就相当于人脑的大门，其他如听觉、触觉、味觉那都是带宽较窄的通道。视觉相当于八车道的高速，其他感觉是两旁的人行道。如果不能处理视觉信息的话，整个人工智能系统是个空架子，只能做符号推理，比如下棋、定理证明，没法进入现实世界。计算机视觉之于人工智能，它相当于说芝麻开门。大门就在这里面，这个门打不开，就没法研究真实世界的人工智能。"

——朱松纯 加州大学洛杉矶分校UCLA统计学和计算机科学教授

计算机视觉（Computer Vision，CV）是使用计算机及相关设备对生物视觉的一种模拟。它的主要任务就是通过对采集的图片或视频进行处理以获得相应场景的三维信息，就像人类和许多其他类生物每天所做的那样。计算机视觉是一门关于如何运用照相机和计算机来获取我们所需的，被拍摄对象的数据与信息的学问。形象地说，就是给计算机安装上眼睛（照相机）和大脑（算法），让计算机能够感知环境。计算机视觉既是工程领域，也是科学领域中的一个富有挑战性重要研究领域，是一门综合性的学科。CV是指用计算机代替人眼对目标进行识别、跟踪和测量的机器视觉，并进一步做图形处理，使计算机处理成为更适合人眼观察或传送给仪器检测的图像。

计算机视觉领域四大基本任务包括分类[图5-4（a）]、定位/检测[图5-4（b）]、语义分割[图5-4（c）]和实例分割[图5-4（d）]。

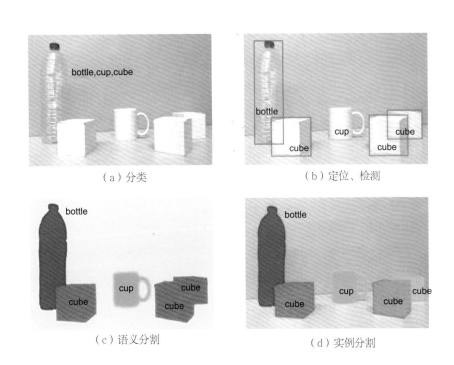

（a）分类　　　　　　　　　　（b）定位、检测

（c）语义分割　　　　　　　　（d）实例分割

图5-4　计算机视觉领域四大基本任务

分类是指把照片中的物体分类，比如这张照片里是有瓶子还是有杯子；而检测就是看图片中的物体都在哪；分割是指标记像素，看它们来自于哪个游离的物体。这些对于图片的技术都可以用到视频上，目前实际应用场景中80%都是解决这三个问题。

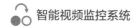
计算机视觉识别技术的分类

对象识别	属性识别	行为识别
• 字符识别 • 人体识别 • 车辆识别 • 物体识别	• 形状识别 • 方位识别	• 移动识别 • 动作识别 • 行为识别

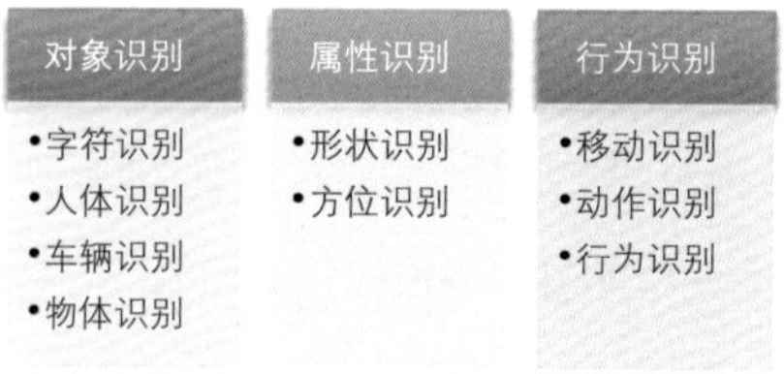

图5-5　计算机视觉识别技术的分类

物体识别（对象识别）分为"1 VS N"对不同物体进行归类，以及"1 VS 1"对同类型的物体进行区分和鉴别；物体属性识别，结合地图模型让物体在视觉的三维空间里得到记忆的重建，进而进行场景的分析和判断；物体行为识别分为3个进阶的步骤，移动识别判断物体是否做了位移，动作识别判断物体做的是什么动作，行为识别是结合视觉主体和场景的交互做出行为的分析和判断。

计算机视觉的识别流程

计算机视觉识别流程分为两条路线：训练模型和识别图像。

• 训练模型。样本数据包括正样本（包含待检目标的样本）和负样本（不包含目标的样本），视觉系统利用算法对原始样本进行特征的选择和提取训练出分类器（模型）；此外因为样本数据成千上万、提取出来的特征更是翻番，所以一般为了缩短训练的过程，会人为加入知识库（提前告诉计算机一些规则），或者引入限制条件来缩小搜索空间。

• 识别图像。会先对图像进行信号变换、降噪等预处理，再来利用分类器对输入图像进行目标检测。一般检测过程为用一个扫描子窗口在待检测的图像中不断的移位滑动，子窗口每到一个位置就会计算出该区域的特征，然后用训练好的分类器对该特征进行筛选，判断该区域是否为目标。

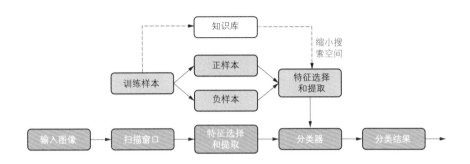

图5-6 计算机视觉的识别流程

计算机视觉技术模式图和企业图谱

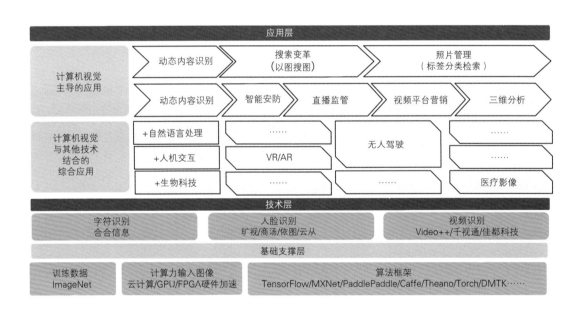

图5-7 计算机视觉技术模式图和对应企业图
资料来源：亿欧智库人工智能产业综述报告。

计算机视觉技术的4种安防应用

表5-1　计算机视觉技术的4种安防应用

	识别模型	设备	场景	数据库	技术要求或应用场景
人脸识别	通过人脸检测将图像分割成人脸区域和非人脸区域，再采取某种表示方法检测出人脸和数据库中的已知人脸，后将已检测到的待识别的人脸特征和数据库中的已知人脸特征进行比较匹配得出相关信息	人脸摄像机	人证合一、静态人脸识别、动态人脸识别	人脸特征库、人脸云平台	一般来说人脸识别要充分考虑距离、光线、角度；采集到的人脸图像信息的有效分辨率最好是达到 100×100 个像素以上
车牌识别	车辆牌照是机动车唯一的身份标识。车牌识别是图像处理与字符识别的综合应用，它由图像采集、预处理、牌照区域的定位和提取、牌照字符的分割和识别等几个部分组成	电子警察、卡口	红绿灯、道路卡口、停车场、加油站、高速公路	车牌的字符、车牌颜色等	车牌识别是 AI 的主要应用之一，技术成熟，识别率高，有固定的安装方式和特定型号的摄像机
特征属性识别	通过数据调取接口可实时抓拍图片及卡口视频等资源后做实时或者离线二次识别，识别目标的形状、属性以及身份等	监控、电子警察、卡口	公共场所、交通要道、停车场、治安监控	人物特征属性库（性别、年龄段等）；车辆特征属性库（车标、车型识别、人脸探测、安全带、行驶方向、年检标等）	不同的特征对环境、照度和摄像机的选型要求不同，通常要地域人脸/车牌识别的要求
行为识别	先检测时空显著兴趣点，接着在兴趣点的局部区域内提取特征描述符，然后对提取出来的特征点进行聚类形成字典，之后把这些特征进行最近邻量化并进行直方图向量汇总，最后利用分类器对这些直方图特征向量进行分类训练和测试	摄像头	越界报警、踩踏事件、姿态识别等	—	通常用于周界、出入口、封闭区域等

计算机视觉技术在安防行业的典型4种应用包括：人脸识别、车辆识别、特征属性识别和行为识别。

在城市治理中，最主要的活动目标就是"人"和"车"，人可以自己行走或者依赖交通工具（机动车和非机动车）出行，而物体是无法自行移动的，必须依靠于"人"和"车"。故而计算机视觉识别技术就是将海量视频监控数据结构化成以人、车、物为主体的属性信息，从而最终为城市治理服务。

计算机视觉识别技术主要包括人脸识别、车牌识别、特征属性识别、行为识别，计算机视角技术是底层技术，这四种技术识别具体对象的应用技术；目前，这4种识别技术应用程度较为成熟、应用范围较广，其中人脸识别属于生物识别技术的一支。

四种识别应用技术主要是对海量的视频监控数据进行结构化，提取以人、车、物为主体的属性信息。

计算机视觉 VS 机器视觉

计算机视觉更关注图像信号本身以及图像相关交叉领域（地图、医疗影像）的研究；机器视觉则偏重计算机视觉技术工程化，更关注广义上的图像信号（激光和摄像头）和自动化控制（生产线）方面的应用。

计算机视觉与三维重建

IEEE Fellow、香港科技大学权龙教授在2018 全球人工智能与机器人峰会（CCF-GAIR）发表题为"计算机视觉, 识别与三维重建"的演讲，让我们看到三维重建的重要性。权龙教授认为：

"每个人都在研究识别，但识别只是计算机视觉的一部分。真正意义上的计算机视觉要超越识别，感知三维环境。我们生活在三维空间里，要做到交互和感知，就必须将世界恢复到三维。所以在识别的基础上，计算机视觉下一步必须走向三维重建。三维重建中包含深度、视差和重建三个概念，它们基本等价。人类有两只眼睛，通过两只眼睛才能得到有深度的三维信息。获取深度信息的挑战很大，它本质上是一个三角测量问题。第一步需要将两幅图像或两只眼睛感知到的东西进行匹配，也就是识别。这里的'识别'是两幅图像之间的识别，没有数据库。它不仅要识别物体，还要识别每一个像素，所以对计算量要求非常高。双目视觉非常重要，哺乳动物都有双目视觉，而且智商越高，双目视线重叠的区域越大。马的眼睛是往两边看的，这并不代表它没有双目视觉，只是双目视线重叠的范围比较小。鱼也是如此。由此可见，现代三维视觉是由三维重建所定义的。CNN诞生之前，它的主要动力源于几何，因为它的定义相对清晰。"

"计算机视觉中的三维重建包含三大问题：①位置。假如给出一张照片，计算机视觉要知道这张照片是在什么位置拍的。②多目。通过多目的视差获取三维信息，识别每一个像素并进行匹配，进行三维重建。③语义识别。完成几何三维重建后，要对这个三维信息进行语义识别，这是重建的最终目的。2012年之前，计算机视觉中的三维视觉已经得到了显著发展，那么新的深度学习对它有哪些启发呢？三维视觉本质上也是一个'识别'的问题，深度学习让它在识别方面得到了强化。视觉中的特征非常重要，以前的几何做法一般是用手工特征。CNN的重要之处不在于它能识别一只猫或一条狗，而在于它学会了很多视觉特征，我们可以拿这些特征做图像之间的识别和匹配。识别方面，现在我们面临比过去更大的挑战，因为现在的数据量比以前更多。以前是几十幅、上百幅，现在动辄几十万、上百万幅。这就涉及计算机规模化的问题，规模化意味着分布式，这也是一个重要课题。"

5.人脸识别系统

人脸识别（Face Recognition，FR）是基于人的脸部特征信息进行身份识别的一种生物识别技术。用摄像机或摄像头采集含有人脸的图像或视频流，并自动在图像中检测和跟踪人脸，进而对检测到的人脸进行脸部的一系列相关技术，通常也叫做人像识别、面部识别。人脸识别技术通过采集含有人脸的图像或视频流，并自动在图像中检测和跟踪人脸，进而对检测到的人脸进行脸部的一系列相关处理技术，通常包括：人脸检测、人脸跟踪、人脸五官定位、人脸归一化、特征提取、分类器训练和比对匹配，以达到识别不同人身份的目的。被广泛地应用在安全、认证等身份鉴别领域。

人脸识别技术应用方面，根据实际应用场景，人脸识别可以分为如下3类：

· 有合作人脸识别。分认证和查询，通常应用在证件照人脸，声明我是A，然后将A的模板人脸图像和现场采集的A的人脸图像进行比对，给出Yes或No，或查询大库。

通常要求配合。

- 半合作人脸识别。也分认证和查询。通常应用在受限的通道、卡口，进行黑/白名单比对。该类应用通常光照稳定，不要求配合。
- 非合作人脸识别。查询为主，通常应用在视频监控的动态布控场合，进行黑名单查询。该类应用光照复杂，姿态不确定，难度大。

人脸识别产品在应用过程中，为避免出现冒用他人的照片等现象，"骗"过人脸识别系统，人脸识别技术需对采集的人脸进行真伪甄别，即活体识别：辨别照片是否为本人。

人脸识别的应用

人脸识别从应用上一般分为人脸检测、人脸五官定位、1：1人脸识别、1：N人脸识别、M：N动态布控。人脸检测与五官定位应用方向：客流量统计、视频检索、智能贴图、智能美妆美颜、变脸特效等。

- 1：1人脸识别：将A、B两张图像相互比较，通过人脸识别技术判断两张人脸图像是不是同一个人，或者两张图片的相似度是多少。
- 1：N人脸识别：通过人脸识别，将A人脸图片和由N张人脸图像组成的人脸库中进行比较，得到A是否在人脸库中，或者A和人脸库中那张人脸最像。
- M：N人脸识别：应用方向是指动态监控，黑名单监控，VIP客户管理系统，校园人脸识别系统，智能楼宇。

人脸特征结构化

充分应用人脸特征结构化，可自动实现对人员进行分类，同时也方便寻找具有一类特征的人群或特定特征的人员。这里分为3类：

- 生理特征，和人的生理特征紧密相关，包含了人的性别、年龄、肤色、发色、胡须等。
- 表情属性，和人的情感状态紧密相关。
- 穿戴特征，是对人面部、头部的穿戴饰物或其他物品的特征分析。

人脸识别当前遇到的主要困难

- 人脸面部结构的相似性，差不多每一亿个人脸就会出现重复。
- 人脸的姿态变化，主要是大角度的侧脸采集。
- 人脸的表情变化。
- 复杂环境的光照变化，早中晚、春夏秋冬光照变化很大。
- 人脸的饰物遮挡。
- 人脸的年龄变化。

以上问题给人脸识别带来了相当大的挑战。随着深度学习的发展，以上的困难逐步得到了解决。

人脸识别关键技术

- 人脸检测：判断输入图像中是否存在人脸；如果存在人脸，返回人脸所在的位置。
- 关键点定位：确定人脸中眼角、鼻尖和嘴角等关键点所在的位置，为人脸的对齐和归一化做准备。
- 人脸归一化：根据关键点的位置，采用相似变换，将人脸对齐到标准脸关键点，并裁剪成统一大小。
- 特征提取：利用海量数据，训练卷积神经网络；将人脸图像表示成具有高层语义信息的特征向量。
- 特征比对：主要是利用Metric Learning等技术，进一步提升识别准确率。

相比其他生物识别技术，人脸识别具有先天性隐蔽、方便、直观、交互性好等优势，可以解决其他识别技术难以解决的问题。这些优势让人脸识别在一些特定的场所、行业有巨大的潜力。

深度学习提出了一种让计算机自动学习出模式特征的方法，并将特征学习融入到建立模型的过程中，从而减少了人为设计特征造成的不完备。目前，以深度学习为核心的机器学习算法，在满足特定条件的应用场景下，已经超越现有算法的识别或分类性能。也就是说，深度学习算法得到的人脸特征，已经远远超出了我们人类所能理解的形状、角度、比例、肤色等特征，其绝大部分特征是算法自己通过学习得到，并能够被计算机所理解。

深度学习虽然具有自动的学习模式的特征，并可以达到很好的识别精度，但这种算法工作的前提是，使用者能够提供"相当大"量级的数据。也就是说，如果提供有限数据量的应用场景下，深度学习算法便不能够对数据的规律进行无偏差的估计，因此在识别效果上可能不如一些已有的简单算法。另外，由于深度学习中，图模型的复杂化导致了这个算法的时间复杂度急剧提升，为了保证算法的实时性，需要更高的并行编程技巧以及更好更多的硬件支持。

实践证明深度学习技术在包括人脸识别等人工智能领域取得了快速进步，使得人工智能技术逐步在商业领域开始规模化应用。

人脸识别的实现可分为4个步骤：

（1）人脸采集（含检测、关键点提取、人脸规整）：从视频、录像、图片中，定位人脸所在区域，并将人脸图像区域从中提取出来。

（2）特征提取：将人脸从像素，通过算法，转换为一组特征值向量，即人脸识别的特征值。

（3）识别比对：可分为1：1、1：N、属性识别。其中1：1是将2张人脸对应的特征值向量进行比对，1：N是将1张人脸照片的特征值向量和另外N张人脸对应的特征值向量进行比对，输出相似度最高或者相似度排名前X的人脸。

（4）结果输出：作为人脸识别比对的结果展示出来，用于与用户之间的交互和呈现。

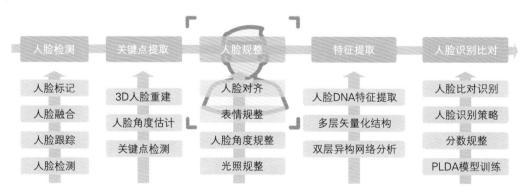

图5-8　人脸识别步骤

6.行人再识别系统

行人再识别（Person Re-identification，ReID）是利用计算机视觉技术在图像或视频中检索特定行人的任务，面临着视角变化大、行人关节运动复杂等诸多困难，是一个极富挑战的课题。

2017年，行人再识别研究飞速进展。例如在公开数据集Market-1501上，一选正确率从2016年ECCV中较高的65.9%提高到2017年ICCV中的80+%，arXiv近期一些论文更是将该指标刷新到95%左右。来自清华大学信息认知与智能系统研究所王生进教授团队的孙奕帆博士生在ICCV 2017中一篇spotlight论文《SVDNet for Pedestrian Retrieval》，这篇论文将全连接层权矩阵解读为特征空间中的一组投影基或是一组模板，联合奇异值分解（SVD）优化深度特征学习过程，取得了显著的性能提升，并揭示了非常有趣的机理现象。

从政策上来，行人再识别也受到一定的牵引。公安部推出平安城市、天网工程概念，并且发布了较多的预研课题，相关行业标准也在制定当中。

行人再识别首先是计算机视觉任务，它的特点是给定一个感兴趣的人，行人再识别需要在其他时间、其他地点，其他摄像机再次将人物指定出来。对于训练集、测试集来讲，它很大的一个特点是没有ID上的重叠。这和图像分类有很大不同，图像分类所有的类在训练阶段都是可以见到并且学习的。

人脸识别和行人再识别最大的区别是行人再识别是工作在非合作状态下，也就是说所采集的行人不需要配合你做一些动作。而人脸识别最早是工作在合作状态下，虽然现在随着技术的发展，人脸验证可以做到半合作状态，但是大部分情况下都不是完全非合作。由于行人图像相对难标注，获得的训练数据也是相对较少，以及一些别的原因，目前人脸识别的准确率要高一点。

行人再识别的应用领域。比如可以通过行人再识别做跨视角的嫌疑犯追踪。同样也可以和人脸识别联合起来获得一个在监视场景下的身份鉴定效果。

行人再识别的标准流程。首先给定一个初始视频之后，开始进行行人的检测，把检测到的所有行人形成一个候选库，叫做gallery。然后把gallery里面所有的图像提取特征，在给定一个需要查询的行人之后，叫做query，用同样的方法提取特征，并比较与候选库里的特征之间的距离，最后返回检索结果。行人检测是相对一个独立的环节，通常关注于后面的特征对比。

行人再识别常用的深度学习方法通常有三个步骤。首先在训练集上训练一个分类网络，然后，在网络收敛之后，用它的全连接层的输出作为他的特征表达。最后，对所有的图像特征，计算他的欧氏距离，判断他们的相似性。

行人检测可定义为判断输入图片或视频帧是否包含行人，如果有将其检测出来，并输出bounding box级别的结果。由于行人兼具刚性和柔性物体的特性，外观易受穿着、尺度、遮挡、姿态和视角等影响，使得行人检测成为计算机视觉领域中一个既具有研究价值同时又极具挑战性的热门课题。

行人检测的发展历史

行人检测系统的研究起始于20世纪90年代中期，是目标检测的一种。从最开始到2002年，研究者们借鉴、引入了一些图像处理、模式识别领域的成熟方法，侧重研究了行人的可用特征、简单分类算法。自2005年以来，行人检测技术的训练库趋于大规模化、检测精度趋于实用化、检测速度趋于实时化。随着高校、研究所以及汽车厂商的研究持续深入，行人检测技术得到了飞速的发展。

行人检测方法

• 以Gavrila为代表的全局模板方法：基于轮廓的分层匹配算法，构造了将近2500个轮廓模板对行人进行匹配，从而识别出行人。为了解决模板数量众多而引起的速度下降问题，采用了由粗到细的分层搜索策略以加快搜索速度。另外，匹配的时候通过计算模板与待检测窗口的距离变换来度量两者之间的相似性。

• 以Broggi为代表的局部模板方法：利用不同大小的二值图像模板来对人头和肩部进行建模，通过将输入图像的边缘图像与该二值模板进行比较从而识别行人，该方法被用到意大利Parma大学开发的ARGO智能车中。

• 以Lipton为代表的光流检测方法：计算运动区域内的残余光流。

• 以Heisele为代表的运动检测方法：提取行人腿部运动特征。

• 以Wohler为代表的神经网络方法：构建一个自适应时间延迟神经网络来判断是否

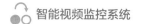

是人体的运动图片序列。

以上方法，存在速度慢、检测率低、误报率高的特点。

分类器

分类器的构造和实施大体会经过以下几个步骤：

· 选定样本（包含正样本和负样本），将所有样本分成训练样本和测试样本两部分。

· 在训练样本上执行分类器算法，生成分类模型。

· 在测试样本上执行分类模型，生成预测结果。

· 根据预测结果，计算必要的评估指标，评估分类模型的性能。

行人检测的现状

目前主流的行人检测有两种方法。

· 基于背景建模。背景建模方法是指提取出前景运动的目标，在目标区域内进行特征提取，然后利用分类器进行分类，判断是否包含行人。背景建模目前主要存在的问题：必须适应环境的变化（比如光照的变化造成图像色度的变化），机抖动引起画面的抖动(比如手持相机拍照时候的移动)，图像中密集出现的物体（比如树叶或树干等密集出现的物体，要正确的检测出来），必须能够正确的检测出背景物体的改变（比如新停下的车必须及时的归为背景物体，而有静止开始移动的物体也需要及时的检测出来），以及物体检测中往往会出现Ghost区域。

· 基于统计学习的方法。这也是目前行人检测最常用的方法，根据大量的样本构建行人检测分类器。提取的特征主要有目标的灰度、边缘、纹理、颜色、梯度直方图等信息。分类器主要包括神经网络、SVM、adaboost以及现在被计算机视觉视为宠儿的深度学习。

然而，统计学习目前也存在难点：

· 行人的姿态、服饰各不同、复杂的背景、不同的行人尺度以及不同的关照环境。

· 提取的特征在特征空间中的分布不够紧凑。

· 分类器的性能受训练样本的影响较大。

· 离线训练时的负样本无法涵盖所有真实应用场景的情况；目前的行人检测基本上都是基于法国研究人员 Dalal 在 2005 的 CVPR发表的HOG+SVM的行人检测算法。HOG+SVM作为经典算法也别集成到OpenCV 里面去了，可以直接调用实现行人检测为了解决速度问题可以采用背景差分法的统计学习行人检测，前提是背景建模的方法足够有效（即效果好速度快），目前获得比较好的检测效果的方法通常采用多特征融合的方法以及级联分类器。

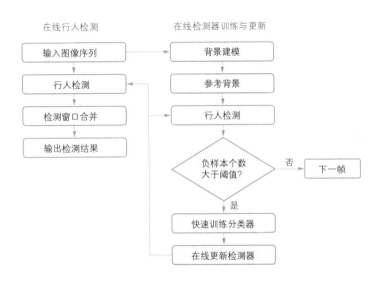

图5-9　基于场景模拟与统计学习的行人检测框架

关于Faster R-CNN 的行人检测

Faster R-CNN在目标检测上准确，但在行人检测上效果一般，Faster R-CNN用于行人检测效果不好的原因有两个：

▶ 行人在图像中的尺寸较小，对于小物体，提出的特征没有什么区分能力。针对该情况，可以浅层池化，通过hole algorithm（"a trous" or filter rarefaction）来增加特征图的尺寸。

▶ 行人检测中的误检主要是背景的干扰，广义物体检测主要受多种类影响，存在大量困难负样本。可以使用cascaded Boosted Forest来提取困难负样本，然后对样本进行赋予权重。直接训练RPN提出的深度卷积特征。

处理方法

▶ 通过RPN 生成卷积特征图和候选框，Faster R-CNN 的RPN 主要是用于在多类目标检测场景中解决多类推荐问题，因此可以简化 RPN 来进行单一问题检测。

▶ 通过Boosted Forest 作为分类器来提取卷积特征，从RPN提取的区域，使用RoI池化提取固定长度的特征。在此时要注意的是，不同于以前方法中会fine-tune膨胀之后的卷积核，只是来提取特征而不进行fine-tune(在这里有可能fine-tune之后RPN的整体效果下降了，但是可能提取高分辨特征的能力提升了)，接下来实现细节。

7.车辆识别系统

车辆识别包含车牌识别和车辆特征识别两个部分。

车牌识别系统(Vehicle License Plate Recognition，VLPR) 是计算机视频图像识别技术在车辆牌照识别中的一种应用。车牌识别在电子警察、卡口、高速公路中得到了广泛的应用，也被应用于停车场管理系统。车牌识别技术要求能够将运动中的汽车牌照从复杂背景中提取并识别出来，通过车牌提取、图像预处理、特征提取、车牌字符识别等技术，识别车辆牌号、颜色等信息。

车牌识别系统能够检测到受监控路面的车辆并自动提取车辆牌照信息（含汉字字符、英文字母、阿拉伯数字及号牌颜色）进行处理的技术。车牌识别是交通大脑、智慧交通的重要组成部分之一。它以数字图像处理、模式识别、计算机视觉等技术为基础，对摄像机所拍摄的车辆图像或者视频序列进行分析，得到每一辆汽车唯一的车牌号码，从而完成识别过程。通过一些后续处理手段可以实现停车场收费管理、交通流量控制指标测量、车辆定位、高速公路超速自动化监管、闯红灯电子警察等功能。对于维护交通安全和城市治安、防止交通拥堵，实现交通智慧化管理有着现实的意义。

车辆特征识别又细分为机动车和非机动识别。常见的应用就是车辆的信息结构化处理，主要包括:

机动车:

· 支持200余种车辆品牌识别。

· 支持4000种以上车细分车型及年款识别。

- 支持7大类车类别识别。

- 支持10种车身颜色识别。

- 100亿级数据，精确查询（查车牌号）平均相应时间<0.5s。

- 100亿级数据相似车、套牌车分析平均相应时间<1s。

- 支持年检标、遮阳板、安全带、摆件、挂饰、天窗识别、驾驶员人脸检测、副驾驶员人脸检测。

非机动车：

- 对普通视频中的非机动车进行分析。

- 车辆检测（二轮车/三轮车）。

- 两轮车类型识别（自行车、电动车、女式摩托车、男式摩托车）。

- 车辆大灯形状分析。

- 车身颜色识别。

- 挡泥板检测及颜色识别。

- 车尾箱检测及颜色识别。

- 车尾广告检测。

- 遮阳伞检测及颜色识别。

- 骑车人头盔检测及颜色识别。

- 人基本特征（性别、年龄段、是否戴眼镜）。

- 人服饰特征（上衣颜色）。

8.视频结构化处理系统

表5-2　视频数据的结构化处理方式

	优势	劣势
前端	计算资源集中，大幅节省带宽资源	硬件计算资源限制，运行算法简单、实时性要求高，算法升级、运维较难
后端	足够硬件计算资源，运行算法复杂，可有一定延时，算法升级、运维方便	计算资源分散，需要大量带宽资源

视频数据的结构化处理有三种方式可选择：前端、后端或者两者融合。

· 前端智能设备初步结构化。将AI芯片内置到前端摄像机（或者终端设备中），通过前端智能设备内置深度学习算法，为后端提供高质量、初步结构化的视频数据。可以对人脸、车辆等关键信息进行快速定位抓拍，有效解决漏抓误报问题，也能为后端分析服务器提供更清晰、更高质量的图片，更出色的成像效果大大提升了后端的资源利用率，同等条件下可大幅节省中心部署空间，同样的投入可以产生更大的效用。

· 后端智能产品进行深层次结构化。使用后端服务器的方案进行智能分析，是当前较为主流的智能分析方案。利用计算能力对视频数据进行更深层次的结构化分析，一般包括两类：智能NVR，它是基于深度学习算法推出的智能存储和分析产品，兼顾传统NVR优势的同时增加了视频结构化分析功能；高密度GPU架构结构化服务器，集成了基于深度学习的智能算法，每秒可实现数百张人脸图片的分析、建模，可实现"数十万人脸黑名单布控""人脸1V1比对""以脸搜脸"等多项实用功能，满足各行业的人脸智能分析需求。

优劣势比较：

· 按照计算发生位置的频率高低来看，后置智能相对来说是一种常态，而出于满足实时性处理的要求，以及缓解后台存储的压力，厂商们会越来越将计算力前置，即智能前置。

· 智能前置和后置智能本质上来看是一种算力布局的方式，二者不是对立竞争关系，更多是一种协作关系。

· 随着芯片技术的发展，会有越来越多的后端智能算法转移到前端运行，但同时也会有更复杂更高级的智能算法被研发出来，并依托于后端设备运行。

· 对智能安防企业而言，前端方案是AI摄像头方案，即将AI芯片集成至摄像头中，实现视频采集智能化；中后端方案则是利用普通摄像机采集视频信息后传输到中后端，在数据存储前利用插入GPU等板卡的智能服务器进行汇总分析。由于中后端方案不需要更换摄像头、可同时处理多路数据、部署成本相对较低，算法升级、运维方便，短期内中后端方案普及更快。长期来看，主控芯片厂商必然在芯片内部集成用于AI计算的专属硬件模块，大规模应用后实现成本会急剧降低，前端方案有望成为未来智能安防主流。

视频智能处理发展历程

视频智能处理经过了三个阶段：第一阶段是单兵设备，第二阶段是满足图像侦查需求的视频分布式处理，第三阶段就是视频结构化。前两阶段的特点是视频分析跟业务是耦合的，这在视频量小、业务相对简单时是适合的，但难以满足海量视频分析和日益复杂的业务需求。随着视频大数据时代的到来，需要一种解决方案，将视频智能分析与业务解耦，一个专注于海量视频的智能分析，一个专注于大数据的分析处理和用户的业务需求。

视频结构化能力

广义的视频结构化处理涵盖人脸识别、车牌识别，目前需要专用的摄像机。狭义的视频结构化主要是对人体、车辆、物体进行结构化处理，普通的摄像机即可支撑视频结构化处理。

车辆信息结构化包括（但不限于）：

· 支持0~9、A~Z、省市区汉字简称、2013式军用车牌、2013式新武警车牌字、号牌分类用汉字、港澳车内地牌照、使馆、领事馆、民航车牌、92式牌照、02式牌照等车牌识别。

· 支持200种以上车辆品牌识别。

· 支持4000种以上车细分车型及年款识别。

· 支持7大类车类别识别。

· 支持10种以上车身颜色识别。

· 支持年检标、遮阳板、安全带、摆件、挂饰、天窗识别、驾驶员人脸检测、副驾驶员人脸检测。

行人信息结构化

· 对普通监控视频中的行人信息进行结构化分析。

· 基本特征（性别、年龄段、是否戴眼镜）。

- 服饰特征（上/下衣着颜色）。

- 携带物特征（背包）。

- 运动特征（姿态、方向）。

非机动车信息结构化

- 对普通视频中的非机动车进行分析。

- 车辆检测（二轮车/三轮车）。

- 两轮车类型识别（自行车、电动车、女式摩托车、男式摩托车）。

- 车辆大灯形状分析。

- 车身颜色识别。

- 挡泥板检测及颜色识别。

- 车尾箱检测及颜色识别。

- 车尾广告检测。

- 遮阳伞检测及颜色识别。

- 骑车人头盔检测及颜色识别。

- 人基本特征（性别、年龄段、是否戴眼镜）。

- 人服饰特征（上衣颜色）。

算法精度

人/车/骑车人检测

- 检出率：－75% / 85%。

- 细小物体漏检。

- 在有强烈信息的背景区域附近物体漏检。

细类检测（性别，年龄，方向，打伞，背包等）

- 性别检出率：70%（当前的准确率还有很大的提升空间）。

- 细小物体识别错误。

颜色提取和翻译

- 非鲜艳颜色不准确（白，灰，浅蓝等）。
- 人区分上下半身主导颜色，车为车身主导颜色。

以图搜图

- 基于CNN网络。

视频结构化处理要达到目标包括：

- 寻找准确度和速度/资源消耗的平衡点。
- 针对产品主流应用场景，确定合适的网络和合适的工作参数。
- 以准确度优先。
- 跟踪最新技术 – 尝试更新的网络模型。
- 结合监控场景特点（多scale、多目标、多aspect ratio)， 进行模型定制，改造和重新设计。
- 更大的train data。
- 更多的train技巧 (data argumentation)。
- 更合理的决策算法探索。

9.AI技术大幅度提高技防水平

图5-10　安防系统防范手段

　　安防系统由人防、物防和技防三种手段进行防范，最有效的安防手段是技防，用于弥补人防和物防的不足，最大成本的节约人力成本和物资成本，提高防范的效率。如图

5-10所示。

AI技术作为一项新兴的技术，其赋能下的安防系统将较高程度地发挥社会治安效用，目前更适合大面积应用于公共安全领域。对于公共安全的主要责任主体公安部和各省市级公安机关来说：整体来看出于对成本和所衍生的社会问题考虑，加强技术防范手段是提升社会治安水平的必由之路，是需要长久坚持的道路；由于重大事故的不可挽回性，安防工作者对于事前防范的需求要远远高于事后追查，即时预警在现代公安的治理理念中占有重要的地位。整体安防市场规模每年保持12%以上的增幅，以及视频数据结构化处理、安防大数据挖掘的特殊性决定了AI在安防行业的需求巨大，目前正处于爆炸性增长期。

AI时代的计算力能更好应对海量视频监控数据结构化的需要。从计算力来看，GPU的出现，在处理海量数据方面相对传统CPU呈现出了压倒性的胜利。使用GPU和使用传统双核CPU在运算速度上的差距最大会达到70倍甚至以上，前者相比起后者能将程序运行时间从几周降低到了一天。

AI在安防领域作为人力的增效补充。传统对视频的利用主要依靠人力回看的方式，目前转向车牌检索，以人脸识别、车辆特征识别为核心的智能检索大行其道，以及浓缩摘要等智能查看手段，对公安机关破案线索排查的效率提升20~100倍。

AI赋能安防系统除了应用于公共安全领域，也可以广泛应用于各个垂直市场和民用市场。目前智能视频监控已广泛应用于银行、机场、高铁、地铁等场所。尤其是人脸识别技术广泛应用于身份比对领域，用于各种出入口管理和政府部门服务窗口。

第四篇 应用篇

第六章　视频联网共享云平台

　　智能视频监控系统的高阶应用就是城市视频监控系统的联网，属于目前所知最复杂的监控系统应用之一。

　　大数据时代中，随着城市建设的快速发展，人口和城市规模急剧扩张，社会结构更为多样，治安形势日趋复杂，多部门的协同作战已成为一种常态。因此，社会安全管理要推陈出新，要大力推进社会安全防控信息化建设。然而城市各类视图数据不管是音视频、图片等传统安防数据，还是信息感知带来的信息数据，其数据的价值密度都较低，而且呈现孤岛化、封闭化、低用途化态势，特别是在整个政府大数据建设的背景下，视图数据作为城市中最重要的感知数据，如何更好的服务于公共安全、社会管理、民生服务、商业增值等都需要从实际业务视角出发，对视图资源进行"统筹规划、统一整合、综合治理、深度应用"，创新建设"联网共享云平台"资源整合应用平台，使视频数据真正成为科技跨越式发展中必不可少的组成部分。

　　视频联网共享云平台的建设，是城市大数据基础设施发展中的重要组成部分，是构建新型智慧城市的重要保障。视频联网共享云平台的搭建，将借鉴各行业最新科技技术，加快科技成果转化应用，以加强大数据建设为重点，以服务驱动和技术支撑为主线，从城市业务应用的实际需求出发，加快推动城市大数据产业的有效推进，不断提高城市管理工作的信息化、智能化、现代化水平。

1.现状与需求

　　随着平安建设、新型智慧城市等大型项目在国内逐渐普及，视频监控作为安防领域的核心部分，也随之取得了飞速发展。海量、多元化数据爆发性的增长，也直接推动了存储、网络、计算等技术的变革，面对如今海量的大数据采集与存储，城市监控系统架构存在着诸多的瓶颈，例如数据存储问题，海量数据存储系统未有相应等级的扩展能力，存储扩容甚至需要停机，对业务带来了严重的影响；联网共享平台问题在于平台缺失，或者无法高效扩展及适应大并发应用等问题，直接对视图数据基础使用带来难题。

· 接入需求。城市级的视频监控动辄几千路、几万路的摄像机接入（甚至更多），仅视频监控录像而言，每天的数据量就达上千PB，累计的历史数据将更为庞大；加上物联感知技术的成熟应用，数据的类型越来越多，不再是以单一的视频监控为主，卡口过车数据、人脸抓拍数据、网络设备数据、RFID数据、异常行为数据等达到千亿条规模。随着视频结构化应用落地，视频中提取的人、车等特征数据体量会变得更大；另外，随着互联网技术发展与雪亮工程项目的推进，民众对于安防意识得到空前的高涨，视频监控系统客户端数量大大增加，这使得系统需具备互联网模式，支持海量客户端（APP和PC客户端）的并发访问。

· 存储需求。随着IP网络技术的不断发展，视频存储也向集中化的方式演进。相对前端NVR的分布式存储而言，后端集中存储方式更加注重数据的集中保存、数据可靠性与统一管理，同时具有较好的容量扩展能力。但目前安防视频系统正朝着海量、超高清、智能化和融合应用的方向高速发展。而1万路的1080P分辨率视频一个月存储容量就超过了10PB(4M码率，24小时不间断存储30天)，预示着安防视频存储已经进入了存储P级时代。随着巨量存储要求的出现，传统的后端集中存储暴露出诸多的问题，存储设备无法实现其性能与容量的线性增长。而采用多台IP SAN存储设备叠加的方式勉强实现视频接入和图像存储需求时，由于多台存储设备间缺乏有效的数据整合与协同处理能力，因此也存在额外的一些问题：如存储设备统一管理问题，设备性能和存储空间无法共享及利用问题等。当前，基于大数据战略的云存储技术与生俱来的高扩展、高性能、高安全、易管理等特性为传统存储面临的问题带来了解决的契机，新的云存储模式已成存储发展的必然趋势。

· 应用需求。随着公共领域视频监控覆盖面越来越广，视频监控系统在社会治理、预防和打击犯罪中发挥的作用也越来越重要。但由于视频监控系统建设初期缺少统一规划和技术标准，已建系统互不关联，独立建设，没有形成整体优势，没有统一入口及鉴权，系统间不存在信息交互，导致"信息孤岛"现象的出现，限制了视频图像信息资源的充分利用，视频监控现有的应用模式更多的是用于案件发生的事后倒查，未形成区域闭合态势，难以做到"一点布控、全网响应"的要求。各部门、警种间的业务工作结合

相对独立，无法充分发挥实战应用效能。

· 运维需求。平安建设的过程中，视频监控系统的规模在不断扩大，动辄上万个监控点位，系统设备维护、维修管理工作量大大增加，对运维的要求也不断的提高。一方面，目前安防市场上面的产品种类极其丰富，不同产品之间的通信协议并未完全打通，相同产品不同公司之间的设备也是千差万别；另一方面，公共视频监控项目对所有的监控视频、网络资源、存储和应用系统都有严格的管理要求，必须是24小时可用，发生任何事件都必须能及时地发挥高清监控效用，及时的进行预警和维护，单靠现有人力巡检已经无法满足业务需要。因此，必须要建立专业的、市场化的运维服务体来满足安防市场和甲方用户的客观需求。

· 安全需求。从互联网信息泄露到视频摄像机被非法登录，种种迹象表明，对于正在大力发展政务信息化建设的中国，信息安全保护问题已经迫在眉睫，用户在对数据的采集、存储、管理与使用等过程中缺乏规范，更缺乏监管，安全隐患无处不在。随着视频监控系统建设的快速发展，给政府工作人员打击犯罪以及社会治安管理带来很多便捷，同时在保障信息安全方面也面临很多困扰。

视频监控系统从前端摄像机采集、网络传输、数据存储、业务系统运行以及最终客户应用都面临信息泄露风险，主要表现在以下几个方面：

· 数据采集安全风险。摄像机是视频图像采集源头，劫持摄像机就失去了视频数据安全的第一道防线，摄像机弱口令给不法分子带来可乘之机；

· 数据传输安全风险。随着摄像机技术的发展，IP网络摄像机成为视频监控系统前端数据采集的主力军，IP网络摄像机可通过网络系统将前端视频数据传送到各个数据中心或客户端。虽然国内城市视频监控系统建设过程中都采用视频专网形式，但仍然存在通过网络数据包方式截取敏感视频信息隐患；

· 数据存储安全隐患。数据存储安全隐患主要体现两个层面，一方面是数据存储后，会不会被非法访问和篡改；另一方面是当硬盘或存储节点出现故障后能否保障系统视频相关数据正常存储，不影响业务运行；早期的NVR和IPSAN集中存储方式很容易面临数据篡改和数据丢失，给公共视频系统数据应用带来很大风险；

· 业务运行安全隐患。随着城市业务需求的不断增加，后端业务系统越来越多，不同业务系统后台服务运行状态缺乏统一监管；

• 客户端应用安全隐患。当前，城市在视频监控系统应用中，管理粗放，缺乏对客户端权限安全管控，随着"雪亮工程"系统建设逐步推进，系统中视频资源越来越多，面向的用户群体也越来越复杂，需要解决客户端最后一公里安全应用问题。

2017年11月底，全国安全防范报警标准化技术委员会也发布了GB 35114—2017《公共安全视频监控联网信息安全技术要求》标准，该标准规定了公共安全领域视频监控联网视频信息以及控制信令信息安全的技术要求，包括公共安全视频监控联网信息系安全的互联结构、证书和密钥要求、基本功能要求、性能要求等技术要求。

2.总体设计

视频联网共享云平台是基于云计算架构，采用云存储、云分析、大数据、虚拟化等技术，集中统一建设的云服务中心。视频联网共享云平台为用户提供专业化的视频类服务、通用云存储服务以及统一资源管理服务。本章依据大华股份的对应平台进行设计和描述，具体项目和系统的设计以实际情况为准。

2.1 总体架构

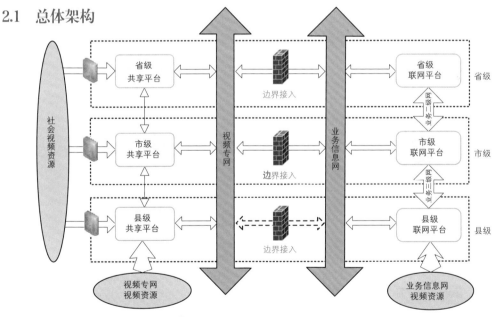

图6-1 视频联网共享云平台总体架构图

视频联网共享云平台是以视频为核心的智能物联场景的云架构平台，基于大数据、云计算、虚拟化等技术体系来承担联网共享云平台基础设施的构建，解决物联感知大数据场景下的数据接入，存储，汇聚，容错等难题。总体架构图如图6-1所示。

联网平台建设：如上图所示，以政府业务信息网为承载网建设符合国标的联网平台，整合业务信息网内图像资源，并通过边界安全设备汇接视频专网图像资源，同时依托业务信息网纵向级联。

共享平台建设：以视频专网为承载网建设符合国标的共享平台，共享平台用于汇聚并管理视频专网图像资源和社会图像资源，并与同级联网平台实现对接。

安全边界接入：视频专网的图像信息接入业务信息网，必须遵从《信息通信网边界接入平台安全规范（试行）——视频接入部分》等技术规范要求，采用边界接入平台，以保证业务信息网联网平台及其他应用系统的数据安全。要求在市级和有条件的区县级政府机关建设边界接入平台，对暂时没有条件建设边界接入平台的区县级政府机关，将通过市级政府机关间接接入。

2.2 逻辑架构

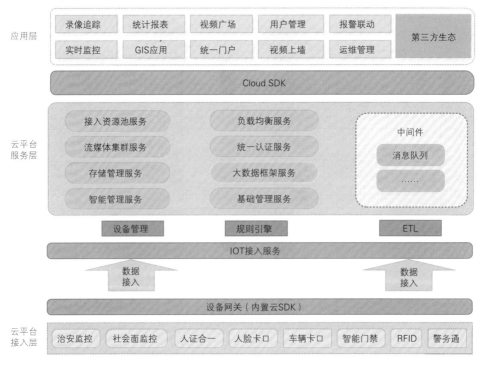

图6-2 视频联网共享云平台逻辑架构

系统逻辑架构总体分为三层：云平台接入层、云平台服务层、应用层。逻辑架构图如图6-2所示。

云平台接入层：提供各类感知前端接入服务，包括一二类点位、社会面资源、人脸卡口、车辆卡口、无线AP一体机、RFID、智能门禁、烟感传感器、温湿度传感器、光敏传感器等。

云平台服务层：提供视频应用的基础服务，包括接入服务，完成物联感知数据的云化接入，提供百万级设备的接入汇聚能力同时提供接入的负载均衡及动态容错，提供多种类物联设备接入；流媒体服务，实现了流媒体之间的动态负载均衡，实现弹性扩容，快速故障接管能力，充分保障业务的高可靠及稳定性；存储服务提供视频图片等非结构化数据的存储；数据服务能力提供海量结构化数据的存储、查询、分析，如车脸结构化数据、人脸结构化数据、特征数据采集、RFID数据、智能门禁数据及视频结构化数据等；AI能力提供人脸识别、车辆二次分析、视频结构化等视图解析能力；中间件如消息队列等。

应用层：提供面向物联感知数据应用服务，包括视频监控基础应用、视频结构化应用、车辆应用、人像应用、RFID应用、门禁应用和特征数据应用等。

2.3　关键技术

· 云架构。系统采用标准云架构的分层设计原则，提供基础设施、视频平台、行业应用等不同业务服务，既可兼容已建资源进行统一管理，又具备按需扩容、扩展、平滑升级的能力，可统一现有和新建视图数据资源，为应用提供统一的数据和处理能力服务。

· 统一接入。视频联网共享云平台提供了开放标准协议、厂商私有SDK开发包等多种兼容方式，支持包括GB/T 28181、Onvif、PSIA等国家标准和行业标准。平台采用组件化开发技术，能实现设备的快速接入，同时保证系统稳定性，任何组件的修改升级不会影响已经完成的功能模块。对于安防管理平台定制需求，根据业务类型的不同，支持多层次的开发模式，系统支持GAT 1400.4—2017标准协议接口，并可根据不同的定制需求，利用系统提供的一些组合的特定功能的接口，来满足业务功能的需要，包括：

Restful接口、PlatformSDK二次开发接口等。

　　• 资源池化。系统提供接入、转发、汇聚、存储等所有关键服务的资源池化技术，以满足业务高并发时刻的服务需求，并可根据用户需求增加弹性扩充，简化用户对资源使用的复杂度，实现服务按需调度、弹性扩展。

　　• 微服务设计。系统采用微服务化设计，系统中的每个微服务可独立部署，各个微服务之间松耦合，复杂性低，每个微服务仅关注完成一件并很好地完成该任务，业务实现简化、灵活、可插件式开发，可按需扩展，支持二次开发。

　　• 开放平台。系统提供开放高性能的应用API编程接口，提供个性化的应用和管理界面，以满足用户需求。支持在线升级和维护。系统的维护和升级操作由系统管理员即可完成。

3.云平台接入层设计

　　视频联网共享云平台具备设备接入服务、平台对接服务。在平台整体架构的接入层中，提供丰富的设备类型接入和海量接入能力，提供与其他平台互联互通的多种对接方式，满足时下视频与大数据应用系统所必备的接入能力。

3.1　云平台接入服务设计

　　云平台接入服务集群，提供百万级设备的接入汇聚能力，同时提供接入的负载均衡及动态容错服务，支持多种类物联设备接入，如一二类点位、社会面资源、人脸卡口、车辆卡口、无线AP一体机、RFID、智能门禁、烟感传感器、温湿度传感器、光敏传感器等。

　　云平台接入服务集群负责接入管理各厂商生产的各种类型前端设备，从设备获取流，向设备下发配置/命令，订阅设备产生的告警、事件等。对不同厂商的前端设备采用相应的协议进行接入，同时支持一些标准的接入方式，如国标GB 28181、Onvif等。具有独立的服务可以屏蔽各种前端设备之间协议上的差异，对其进行抽象，产生统一的逻辑设备，向上提供统一的管理逻辑设备的标准接口，以此实现上层业务逻辑与底层设备具体协议之间的解耦。

（1）统一流媒体。

由于接入服务集群面对众多的前端设备，所面临的问题不仅仅是各种协议不同所带来的统一接入问题，还将面临各种前端设备采用各不相同的媒体打包格式的问题。如果接入集群直接将从前端设备获取的各种码流格式的媒体流提供给其他集群，那么这些集群的处理会非常复杂。

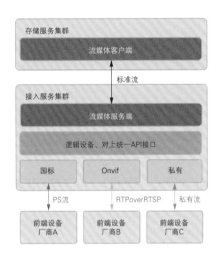

图6-3　统一媒体流输出示意图

因此，需要接入服务集群提供对前端各种码流封装格式进行转换（非编码格式转换）的能力，将前端各异的码流封装格式统一为标准流，其他集群以标准的RTSP方式从接入服务集群获取媒体流。如图6-3所示。

为了能够对上提供统一的流封装格式，流媒体模块对前端设备获取到的码流进行转换，转换的目的封装格式由客户端请求时携带。当前流媒体模块支持的打包格式转换包括：从RTP流到私有流，PS流到私有流，私有流1到私有流N，RTPoverRTSP流到私有流以及从私有流到RTP流等。并且，云平台的流媒体模块可以方便地扩展其他转换方式。

（2）接入负载均衡。

接入服务集群管理着大量前端设备，且与这些前端设备的媒体信令交互都由集群负责。为了系统的可靠性以及高性能，需要将这些设备均衡安排到集群，并在集群中节点故障时进行设备的迁移，负载均衡模块是为了完成这一任务而设计的。

当添加设备到接入服务，由负载均衡模块决策将设备下发到哪个集群节点，负载均衡尽量保证每个节点的设备负载量相当。当节点宕机，负载均衡模块会将节点下设备迁移到其他正常节点。

云平台接入服务的负载均衡不同于其他方式的随机轮询或者基于CPU架构的设计理念，是围绕流量等纬度的压力进行负载计算，它同时还会考虑协议的差异，设备能力的差异，尽最大可能实现将相同设备，相同协议负载到某个已经启动对应接入协议的接入进群节点中，实现对号负载。当没有找到最优节点，还同时会实现调度寻找最优空闲节点启动该节点的接入服务。通过这种负载均衡模式可以实现接入的资源最优化使用。

除了自动负载均衡之外，提供手动负载均衡能力，支持特定场景下可以将当前设备接入压力进行重新负载，达到直观、快速的均衡效果。

（3）接入插件化。

接入集群的采用插件化设计，一个接入集群支持多种不同厂家的不同设备协议设备的接入。接入插件化采用两种模式：模式1，内部协议框架，统一纳管各厂家的接入库；模式2，通过开放协议，只要符合对应接入协议即可实现快速接入。

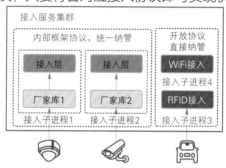

图6-4　接入插件化设计

通过插件化的设计，具备如下的优点：

· 接入能力丰富，支持各种物联网设备的接入。

· 接入独立可靠，不同于传统接入采用单一接入进程绑定多种接入库，云平台各个接入服务都是采用独立进程接入设备，相互隔离模式，不会产生一个接入库故障会影响整个接入服务的问题。

· 不同设备的接入，可按需启动进程，避免某些类型无需接入时，接入进程启动占用过多资源。

• 不同设备的接入，占用资源不均衡，接入管理采用智能的多种均衡算法区分调度。

• 支持接入服务按需升级，比如增加或者更新一种接入能力，只需要新增或更新对应的插件库，而不需要升级整个接入服务。

3.2　云平台对接服务设计

视频联网共享云平台的平台对接服务提供云平台与云平台之间的同级、上下级级联对接能力，满足业务实际应用中的多网多级建设，同时云平台结合社会资源整合平台可完成社会资源汇入视频平台系统。

在第三方平台存在的系统中，视频联网共享云平台提供相应的对接服务，针对不同平台情况提供不同服务，有针对性完成平台对接工作，丰富云平台汇聚资源。

（1）联网共享平台对接。

1）联网共享平台本级双网对接。联网平台与本级共享平台的对接需要通过边界安全接入平台，采用联网网关服务实现联网平台与共享平台间的标准化联网。如图6-5所示。

联网平台与共享平台的对接同样应满足GB/T 28181和行业图像信息联网标准强制项要求。

2）联网共享上下多级平台对接。多级联网平台依托业务信息网实现纵向级联，推荐采用标准联网网关服务实现上下级平台间标准化联网。

上下级平台的联网对接满足GB/T 28181和行业图像信息联网标准强制项要求。

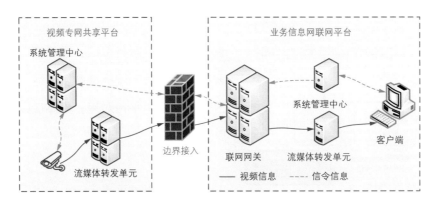

图6-5　联网平台与共享云平台对接示意图

（2）社会资源平台对接。

社会资源的接入采用云平台对接社会资源整合平台的方式实现。已有社会资源整合平台有两种不同汇聚方式：

• 互联网方式接入并整合社会资源；

• 专网方式接入并整合社会资源。

联网共享云平台获取社会资源整合平台整合的社会视图资源，通过GB/T 28181或SDK方式实现。

（3）第三方视频平台对接。

云平台在对接其他系统平台时（如社会资源整合平台为第三方平台或者其他部门平台为第三方平台情况下），其他平台若需要调用视频图像资源，通过与其他部门的共享设计，供其他部门的业务平台应用调用本次建设视频图像资源，使得其他部门系统可以在其系统中应用已建视频图像资源。

平台之间的互联互通通过GB/T 28181国家标准实现。各个互联平台都需要遵循此标准。GB/T 28181规定了联网系统中信息传输、交换、控制的互联结构、通信协议结构，传输、交换，控制的基本要求和安全性要求，以及控制、传输流程和协议接口等技术要求。遵循GB/T 28181解决了异构监控系统互联互通的技术问题，特别是目前标准众多，各种行业标准、地方标准、运营商标准同时存在、难于互通的现状。

（4）第三方数据平台对接。

系统基于行业标准中规定接口协议，包括数据交换服务接口、级联接口、查询检索服务接口等制定标准对接规范，实现与第三方数据应用平台对接，具体接口组成如图6-6所示。

视图库通过采集接口为在线视频图像信息采集设备和在线视频图像信息采集系统提

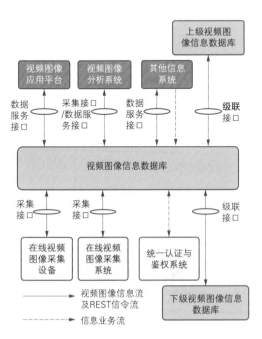

图6-6 视图库对外连接图

供接入认证与鉴权服务，接收采集设备及采集系统发送的数据。

视图库通过采集接口和数据服务接口为视频图像分析系统/设备提供接入认证与鉴权服务，接收分析系统/设备发送的分析结果数据。

视图库通过数据服务接口为内网视频资源服务平台或其他业务信息应用系统提供接入认证与鉴权、视频图像信息对象的CRUD操作、布控与告警、订阅与通知等服务。

视图库通过级联接口为上下级视图库提供接入认证与鉴权、视频图像信息对象的CRUD操作、布控与告警、订阅与通知、联网等服务。

支持通过统一的认证与鉴权系统进行用户权限管理。

4.云平台服务层设计

4.1 微服务化设计

微服务是一种架构风格，一个大型复杂软件应用由一个或多个微服务组成。系统中的每个微服务可被独立部署，各个微服务之间都是松耦合的。每个微服务仅关注完成一件并很好地完成该任务。微服务化设计的优势：

· 可维护性。通过分解巨大单体式应用为多个服务方法解决了复杂性问题。在功能不变的情况下，应用被分解为多个可管理的分支或服务。每个服务都有严格的边界，服务于服务之间解耦，相互不影响。

· 技术开放性。这种架构使得每个服务都可以有专门的开发团队来开发。

· 独立性。微服务架构模式是每个微服务独立的部署。

· 可扩展性。微服务架构模式使得每个服务独立扩展。可以根据每个服务的负载来部署需要的规模。

· 可组合性。采用为微服务设计可以使得现有的公共安全联网共享云平台中的服务自由组合形成新的应用面向不同场景及客户。

4.2 基础管理服务

基础管理服务提供所有服务集群的统一管理，负责该服务在集群中的生命周期管理以及扩容变更等调度工作，可以识别处理按节点的重复加入、下线、删除等操作，具备高可靠，易扩容等特性。

• 高可用。高可用是指以减少服务中断时间为目的的服务集群技术，视频联网共享云平台的高可用是指在模式配置和统一入口的负载调用器共同作用下，形成的联网共享云平台服务的高可用集群，其通过核心数据管理模式、业务服务负载调度对客户端提供不间断的服务，将因为软件/硬件/人为等问题造成的故障屏蔽，对业务影响降低到最小程度。

• 线性扩容。平台服务，根据功能分配平台服务和应用服务，其中应用基础服务微服务去中心化，可横向线性扩展；平台层服务，按功能分为众多子系统，每个子系统都支持横向扩展。

4.3 流媒体集群服务

流媒体处理集群采用分布式技术架构，实现了流媒体之间的动态负载均衡，区别与传统流媒体集群建设模式，传统流媒体集群出现故障接管需要2~3min故障接管导致无法拉流。实现了弹性扩容，具备快速故障接管能力，充分保障了业务的高可靠及稳定性。

流媒体处理集群负责从基础服务集群拉取码流（实时流）中读取视频文件（点播、回放流）转发（必要时进行转码）服务，可提供实时预览、录像回放、录像下载、视频点播等功能。

流媒体处理集群主要面向客户端，提供码流的转发能力。对于实时码流，其依赖设备接入服务，在集群内没有转发此通道码流时，从设备接入服务请求一路码流，并对外转发。如果此通道码流已经处于转发状态，则需要根据当前转发此码流的节点A负载情况，选择是否直接从A转发，或者让另外一个节点B从节点A请求码流，再由B节点转发至客户端。通过这种方式，甚至可以实现一个通道的实时码流，并发转发至集群性能上限，消除热点通道转发并发度不高或性能下降问题，并且保证了转发资源使用足够弹性。

同时，此集群还具备从读取视频文件，进行点播回放的能力。此服务对外提供了多种媒体转发能力，包括RTSP、HLS、FLV over http，包括支持配置一个标准RTSP

源，即可借组此集群的并发转发能力。

· 视频直播。用户通过业务系统将前端设备和通道添加到接入集群中，流媒体集群服务接收到信令后，经过账户权限的统一认证，结合集群节点的负载压力，通过负载均衡策略将其下发到集群节点，进行通道管理。

· 视频回放。录像回放流程包括两个阶段，第一阶段为向流媒体请求回放的URL，第二个阶段为通过前面请求的URL向流媒体获取录像的流数据。流媒体会与视频图片存储服务交互获取录像文件数据，并发送给客户端。

· 录像下载。录像下载是基于HTTP的下载，用户请求下载一个时间段内的录像时，流媒体会读取该时间段的所有录像文件数据，最终合并成一个录像文件发送给客户端。

· 媒体级联技术。常规流媒体分发流中，一个流媒体针对设备通道能够提供的转发路数总是有限的。为了提升单通道实时视频的最大转发能力，流媒体集群内部建立级联关系，级联节点输出某个通道的一路实时流作为被级联节点的数据源，被级联节点与级联节点一起提供该通道的实时流转发。当一台流媒体节点上直播路数达到一定数量后，流媒体集群会智能调度将新的直播请求分发到一台新的级联节点上，完成一级级联；当新的这台节点也达到一定直播路数后，新的直播请求会被分发到另一台新的节点上，形成二级级联；依次类推，形成多级级联。

4.4　视频负载均衡服务

负载均衡的策略：数据流优先走本地回环，不能走本地回环时选择负载最小的数据节点。

服务部署上，各个集群的节点尽可能都部署在同一套物理设备上。因为集群间存在大量的数据流，对集群网络提出了较高的要求，而物理节点内回环的带宽和延时，远好于节点间的带宽和延时。

理想的方式。数据流的上游集群，考虑负载均衡的同时，应该尽量保证稳定的数据源分布，即减少数据源在节点间迁移的频率。数据流的下游集群，感知数据源在各个节点上的分布情况，在进行调度时，在考虑负载均衡前提下，尽量调度到数据源节点上。这就要求数据流的上游集群，提供负载均衡信息，以便于下游进行适当的调度优化。以

这种方式，尽量让集群间的数据交换，在各物理节点本地回环上完成。当然，这属于数据流的一种优化策略，并不意味着是必须的。

4.5 视频图片存储服务

系统接入了大量的音视频前端设备，设备采集进来的音视频数据作为系统的重要数据资源，需要进行有效的存储和管理。为了实现该目的，存储服务集群对音视频录像业务进行了细致的分类，设计了高效的存储格式，提供快速的录像检索能力。

音视频通道可能会存在因各种原因引起的录像异常问题，存储服务集群提供的录像完整性功能完整记录通道录像异常的时间和原因，方便快速定位和排查问题。

（1）多种录像类型。

通道录像分为计划录像、手动录像和报警录像。

- 计划录像：对通道按照配置的时间和策略进行录像，录像计划支持按时间段启停，每天最多支持6个时间段或更多，支持按周、按天循环执行。

- 手动录像：一旦配置了录像配额，通过外部命令发现手动录像命令，集群会直接启动通道录像功能，除非接收到停止手动录像命令或者到了手动录像的停止时间为止。

- 报警录像：当有报警事件产生，外部可以通过命令出发报警录像进行存储，报警录像支持预录功能。

在录像管理中，每个通道的不同类型的录像具备独立的录像数据文件，该录像文件可以自完备，为其他如存储配额，标注，锁定提供完整支持。

（2）快速录像索引。

对于一个长时间段的录像而言，本质上的是有多个录像文件组成，每个录像文件在存储到云存储中又被拆分成多个文件数据块写入到不同的存储服务器中。每个录像文件都具备一个二级索引，二级索引生存的大致过程：

每隔一段时间根据I帧信息，记录I帧在录像文件的位置形成一个一级索引信息，一级索引信息会随录像数据一起写入到录像文件中，以此类推一个录像文件中具备多个一个索引信息，当一个完整的结束之后，会形成一个二级索引信息，二级索引信息记录每个一级索引信息。通过二级索引这种方式，可以实现录像文件在回放阶段的毫秒级快速定位到准确的位置进行播放，从而达到秒播的效果。如图6-7所示。

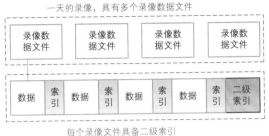

一天的录像，具有多个录像数据文件

每个录像文件具备二级索引

图6-7 录像索引

（3）故障本地存储。

当云存储系统不可用时，存储集群利用云存储数据节点本地剩余存储空间，对写入的录像做本地临时录像备份，当云存储系统可用时再把备份的录像写入系统。这样在修复系统的时候，录像不会中断。

（4）录像完整性检测。

录像完整性功能的实现依赖于存储服务集群服务，负责通道拉流任务和收集异常通道及原因。当通道出现拉流异常时，会定时将通道信息和异常原因汇报给存储服务集群，存储服务集群会对异常通道和正常通道的信息进行整合，应用通过协议查询通道的录像完整性信息并展示给用户。

（5）录像补录配置。

实现录像补录的两个基本前提是：录像计划中配置了补录使能，并且对应的音视频前端设备有配置本地录像。

针对使用了录像补录的音视频通道，存储服务集群会周期性地扫描该通道在云存储上近7天内的录像，若发现存在录像丢失的情况，就会向接入服务集群查询并下载丢失时间段的音视频数据进行补录，接入服务集群则会向前端设备查询并下载丢失时间段的录像转发给存储服务集群，尽最大可能保持录像数据的完整。

（6）录像配额设置。

录像配额，是指针对录像的配额和生命周期管理。录像配额支持全局录像配额以及单通道录像配额，当支持启用全局录像配额时，所有未指定单通道配额都会以全局录像配额进行生效。当启用单通道配额，则该通道的录像配额管理以单通道设置的为准。

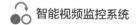

（7）图片存储服务。

图片存储，是指针对前端设备产生的各种实时图片流数据进行存储。图片存储支持按类型实现统一的生命周期和配额的管理。图片的存储类型支持报警图片（含手动抓图）、人脸卡口图片、车牌小图、违章过车、普通过车5种类型。目前应用最为广泛的莫过于卡口系统和电子警察系统。

（8）多存储系统。

视频图片的存储服务支持多种存储系统的对接，外部不感知内部的差异。当选择云存储系统，则具备云存储系统所有的特性。当选择本地存储系统（本地磁盘/ipsan），则具备低成本的优势。

4.6　智能管理服务

随着存储集群支撑的智能分析业务越来越多，如车辆二次识别、人脸多算法集群、视频结构化子系统等，同时，不同的分析业务需要在根据不同的业务请求灵活调用，根据不同的时段定时启动，根据不同的硬件环境按需调度，因此在算法，分析业务，硬件架构都在快速演进的业务要求下，迫切需要一个能够提供上述服务，业务，硬件平台灵活调度的统一解析中心集群。为了进一步满足业务性能需求，解析中心集群将多台智能分析节点组成智能分析集群，安全公共云平台接入汇聚的非结构化数据如视频、图像进行结构化解析，对外提供统一的访问接口，实现智能分析集群服务。

4.7　大数据框架服务

数据服务集群，基于分布式数据库，能满足海量结构化数据存储、查询、分析，既能满足海量数据分析型业务场景，又能满足海量数据实时写入，实时查询等数据实时交易性场景。

数据服务集群主要存储海量结构化数据如车脸结构化数据、人脸结构化数据、RFID数据、智能门禁数据及视频结构化数据等。满足海量结构化数据存储、查询、分析，既能满足海量数据分析型业务场景，又能满足海量数据实时写入，实时查询等数据实时交易性场景。

面向安防大数据场景，物联应用数据服务集群需要对以下场景做长时间的优化：

· 海量数据大并发写入能力：海量物联数据入库，需要数据库具备大并发物联数据的入库能力，优化需要大量实际项目的实践。

· 时空数据分析场景：例如做时空轨迹查询，需要根据车与手机、人与车、时间、空间等数据业务规律做关系索引优化并存储，基于关系索引进行查询，可大幅度提升查询效率。

· 查询分析场景：例如数据同行分析场景，数据入库后，首先对异常数据进行清洗，该部分清洗需要在理解业务的情况才能进行，加载挖掘算法算出轨迹，对目标轨迹进行比对，输出同行的相似度。

· 以图搜图场景：传统做法将特征值放到内存中做比较，在理解业务的情况下会做如下优化，将特征值落到数据库，然后进行初步筛选，再将筛选出来的结果直接在数据库内存进行比较，减少一次加载内存的过程；同等硬件性能，性能提升十倍。

4.8 多域管理服务

多域是指由于系统规模过大，或项目本身要求多数据中心、多站点部署，把整个PaaS层拆分成多个域，每个PaaS域负责针对部分资源的包括接入，计算、存储和分析在内的完整业务，全部域合成一起形成一个完整的PaaS层。SaaS层通过访问全部PaaS域，聚合全部域的资源，形成统一的业务入口；统一运维通过创建、管理和监控全部PaaS域形成统一的运维入口。

通过PaaS层多域技术，可以将一个远大于设计、测试验证规模的超大系统拆分成多个具有统一业务入口和运维入口的中小系统，在现有技术条件下满足超大规模系统建设的需求。对于分区县、运营商分机房就近部署这样的建设需求，通过在每个区县，每个站点单独部署一个PaaS域，再部署统一业务/运维平台的方式，即可很好的满足。

5.应用层设计

5.1 统一门户

传统的大型综合平台一般拥有众多业务子系统，可能是分阶段实施或者将多个原始平台整合在一起，这时容易出现每个子系统独立代用账户系统，如果进入每个系统都需要进行登录，那么众多的账户会给用户在使用平台时，带来很大的困难，在安全上埋下重大隐患。

视频联网共享云平台支持多业务平台单点登录功能，提供多个业务应用中心的统一入口，为不同权限的用户提供统一的数据管理、数据存储和数据展现的综合一体化应用服务展示门户，实现各部门之间数据共享、信息交互、数据订阅等功能，账户体系全面打通，用户输入账号登录后，在保活时间段内，访问多个业务系统无需多次登录，同时系统可配置用户角色、增删改设备信息，配置录像计划、报警预案、上墙计划等基本功能，可根据安装的业务系统，动态的增减业务系统的入口图标。

5.2 视频广场

系统支持以互联网方式展示对多个视频监控画面，业务用户登录成功后会展示该用户下所有通道的状态（在线或者离线）。选择在线通道查看可查看视频直播情况，并可以同时回放和下载录像。

视频广场界面如图6-8所示。

图6-8　视频广场

5.3 实时视频

视频联网共享云平台提供简洁、完善的视频监控界面。可以方便快捷的调取各个设备、通道的视频信息，支持各种画面组合显示，并通过云台的控制，调整监控视角和范围。实时视频如图6-9所示。

图6-9　实时视频画面

• 组合显示。平台支持多种画面组合显示，方便用户根据需要，采用不同的组合方式。除了支持标准的1×1，2×2等常规组合外，还支持用户根据实际的监控喜好，以自定义的方式确定显示的组合方式。

• 轮巡设置。对于某些组合监控的场景，例如某某路口一共有4路监控，从不同的角度进行拍摄，用户需要同时使用这4路监控来监控这个路口，可以将这4路监控保存为一个任务。选择好相应的轮训时间，当开始这个任务时，平台会将这4路监控按预先排列好的方式展现到监控画面上，方便用户对特定监控场景的快速打开。也可以通过轮巡功能，设定固定几个监控画面进行单屏循环播放这几个监控画面。

• 云台控制。球机的视频监控通常采用三维键盘或虚拟鼠标操控球机转动，在操作体验和便捷性上效应并不高，将影响视频监控人员对快速目标的跟踪监控。通过全景云台功能，能在实时监控界面上显示全景画面，通过鼠标点击或框选全景画面的位置，可快速操控球机转动，实现目标的持续跟踪。

• 即时回放。针对用户多画面实时预览时，当画面快速出现可疑目标，如果去调用录像，时间太久，并且有可能因此延误了时机。平台提供了即时回放功能，可以在观看实时画面的同时，调取之前至少15s的录像（可设置录像时间长度），通过画中画显示实时视频和录像视频，即确认之前的目标，也不遗漏实时的画面。

• 画面质量。播放窗口通过鼠标操作可选中视频增强，可以选中调节画面的亮度、对比度、饱和度、色调，从而将视频画面调整到最佳状态，方便查看分析。

• 三维定位。三维定位对可疑目标进行三维智能定位，通过鼠标框选来确定想要观看的目标范围，系统自动将选定的范围定位于屏幕中心位置并且对区域进行适当的放大或缩小，便于快速锁定监控目标，有利于接处警操作人员快速反应，及时发现嫌疑现场情况，保存嫌疑现场视频证据。

· 枪球联动。为了既兼顾全景，又能快速查看某个具体区域，客户端支持双目监控，即支持枪机和球机同时监控。枪机进行广范围的视频监控，通过绘制网格线，将枪机监控范围划分为N个区域，球机对枪机监控范围内的选中区域进行放大。双目监控满足了对周边状况和具体细节同时定位的需求，让监控场景更清晰更直观。

· 树形组织。实时监控的通道组织架构按照业务部门的组织架构，按照市、区、街道的树形结构进行排列，并实时显示在线监控数量。也支持按照通道名称或IP显示对通道进行排列，特别对某些智能化服务器设备能够更容易找到，方便用户进行智能化配置。

· 模糊搜索。支持根据通道名称或者拼音首字母进行模糊搜索缩小范围，快速定位需要的视频通道。

5.4　录像回放

（1）录像查看。

支持前端按设备录像、中心录像和时间片的查询、回放和下载，可以最多支持36路不同的录像同时回放，可把多路通道选入到多路回放列表中，同时进行录像查询和回放。录像检索方式特别方便，采用直接点击进度条定位的方式，不需要像传统的录像定位那样需要选择开始的时、分、秒及结束的时、分、秒等，同时系统支持多种快放与慢放倍数，整个检索操作过程大为简化，将易用性大大提高。

（2）录像下载。

可以对录像进行剪辑下载，任何一段连续时间的录像都可以根据用户需求下载保存一个或者多个文件，所保存的文件命名包含监控点名称和时间，并保存在用户指定的目录中,支持多个录像文件的合并。

支持对不同通道录像回放同时下载、同时多路下载、某段录像下载过程中可以方便地增加其他下载内容，下载过程可以人为停止，下载录像的保存目录预设为上一次下载操作时的保存目录并可更改。可以对用户选择的录像进行格式转换，可支持转换成DAV、AVI媒体文件格式。

（3）图片抓拍。

录像回放时，用户随时可以进行抓拍，也可设置连续抓图的时间间隔与连续抓图的张数，并将图片保存至本地；同时，图片保存时记录文字信息，便于事后查看；可以通过设备树上指定摄像头信息，可以进行图片保存。

（4）切片回放。

某些事件侦查过程中，对于视频较长，但又需要完整播放的情况，如果按一般播放模式时，效率很低，而且时间一长，容易疲劳，错过破案线索。平台支持分段预览，将一个通道的视频按时间等分成几个不同的片段，一起在多屏中显示，同时播放，工作人员可以同时浏览这个通道不同时间段的画面，大大缩短了视频浏览的时间，提高侦查效率。

（5）回放倒放。

某些视频时长特别久，在出现可疑目标后，操作人员需要反复的查看一段时间内的录像确认目标，平台支持录像回放倒放、倒放快进、逐帧倒放多种方式播放录像，操作人员可以详细确认目标后再进行后续操作，极大地提高办事效率。

（6）全帧倒放。

监控人员在进行录像回放过程中，经常会对重要视频进行反复观看，传统录像倒放时经常因为录像丢帧导致关键目标丢失，并不有利于录像查看。平台支持支持1/64~64倍数的全帧倒放，可有效减少因倒放导致的目标丢失。

（7）锁定和解锁。

由于中心录像太过庞大，视频保存周期不长，突发事件或者重大案件发生后，如果无法及时处理，常常会导致视频被删除或丢失等问题，所以及时进行现场视频录像进行锁定，以保护现场显得尤为重要。保证这段录像永远不被循环覆盖。

可以在录像回放界面，锁定某段录像，并且填写锁定原因。所有被锁定的录像都可在录像锁定处查询得到，还可以在此处进行解锁操作。

（8）电子放大。

在操作录像回放设备画面时，如果需要重点关注视频某个局部画面或可疑目标，可对正在播放的视频进行局部放大和画面拖曳，方便准确定位可疑目标。

5.5 事件中心

为了能使报警信息及时、有效地传递到相关责任人，平台可提供多种报警源，可以选择服务、CPU、内存、磁盘等多种报警策略；当出现报警信息时，平台可以通过邮件、短信方式告警，引起相关人员的注意，采取相应的预案措施，真正起到疑情防范的作用。

所有告警信息存储可按时间、设备名称、通道名称、报警类型等条件进行查询，并回放对应的录像。

报警信息统计：支持按时间、设备名称、通道名称、报警等级、报警类型进行条件筛选，各类报警信息均可通过页面进行统计分析，并支持导出。

5.6 视频上墙

电视墙是监控中心常用的显示设备，通常由多个大屏幕液晶显示器组成，或者采用DLP拼接大屏、LED小间距拼接大屏，能够放大监控画面，便于监控人员观看。系统支持将监控画面上传到电视墙上播放。

在选择用NVD解码上墙时，可以根据系统或者解码器设备的负载情况，自由地选择视频是直连上墙还是转发上墙。直连是由解码器直接申请前端数据，显示到电视墙上；而转发，则是由中心平台将数据转发给解码器，通过解码器上墙；同时支持，报警视频切换上墙等的操作。

可以在客户端进行电视墙的布局配置，并将电视墙和解码器进行绑定；支持电视墙手动切换及轮询切换；支持电视墙软件配合解码硬件，对数字视频进行解码，还原为模拟视频信号，中心控制台用户可以手动把前端任意视频信号输出到电视墙的监视器上。网络数字矩阵软件要求达到在监控中心通过网络接收前端的数字压缩视频流，利用嵌入式解码器的方式，实现对网络视频流的图像还原，再对多路还原后的前端视频信号进行任意切换、控制、上电视墙显示。

在实际上墙过程中，用户可能有多个视频源需要上墙显示，系统支持一个窗口绑定多个视频源，通过各通道巡检时间、顺序的设置，对视频进行轮巡播放。同时，用户可自动上传电视墙计划，对上墙视频进行定时和轮巡播放设置。如图6-10所示。

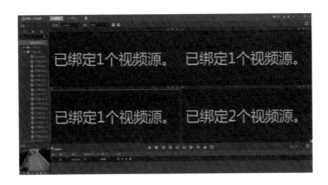

图6-10　电视墙画面

5.7　电子地图

地理信息系统(Geographic Information System，GIS)，有着承载数据丰富、界面直观，操作简单等优点，随着视频监控系统的持续发展和业务拓展，如何把GIS系统和监控系统结合在一起，实现资源展现和挂图作战，如何提高两种结合的广度和深度，是当下GIS应用的热点之一。

视频监控综合管控平台支持高德、谷歌、天地图三种地图（可扩展支持百度、PGIS地图）的在线、离线地图。可对监控设备、卡口设备等主要设备进行标注，通过GIS标注，可以把视频系统的相关操作转移到GIS中展现，同时根据高内聚、低耦合的原则，规范双方调用接口。随着系统的发展，实战中的相关业务，如应急指挥、安保巡检等，也希望通过挂图作战的方式实现。下面从集成展示、点位加载、快捷定位、地图工具、视频多选等多个方面介绍相关应用。

（1）集成展示。

视频监控、卡口能够在电子地图中上显示设备类型、状态、位置都能直观的显示。监控视频和卡口分别用不同的图标显示，设备是否在线也用不同的颜色标注。结合电子地图，利用设备的位置坐标信息，能直观的了解设备的位置。

（2）点位加载。

在需要确定点位具体位置，快速进行点位的使用时，平台支持海量点位秒级加载，可快速将点位加载到电子地图中，减少系统响应时间，增强用户体验。

（3）快捷定位。

往往城市视频监控、卡口数以千计，在如此庞大的数量面前，如何快速准确的找到自己需要的监控录像，成为一个难题。平台提供多种地图定位功能，能够快捷的定位到用户所需要的监控视频，大大提高了寻找目标设备的效率。

· 首页导航。通过电子地图的首页，可以清晰选择不同类型的监控，也可以通过建筑物的搜寻来找到附近的监控点位。在选择了监控类型之后，还能够通过进一步的细分，如设备类型、组织接口、监控类别等，来进一步缩小范围。

· 视野内搜索。在确定了事件现场，只需要搜索指定区域内的视频、卡口资源，可以直接从电子地图中找到相应的区域范围，然后通过视野内搜索功能，找寻在地图所示范围内的点位。同样，也可以通过类型选择和模糊搜索来缩小范围，精确搜索。

· 自主定位。如果对某个区域非常熟悉，可以直接在地图中找到某个位置，通过地图工具、放大、缩小和移动地图，也可以用鼠标拖曳，滚轮放大缩小等操作，来定位某个具体地点。例如用户知道某大街与某某路交叉口有个监控点位，可以直接找到该交叉口，定位到该监控摄像机。

（4）地图工具。

联网共享平台电子地图提供了方便的工具，帮助用户更好地利用电子地图。

· 图层显示。某个区域的设备很多，在地图中层层叠叠无法辨认。图层显示功能可以筛选地图上的设备资源。只要选择自己需要的设备类型，是地图显示更简洁清晰。如图6-11所示。

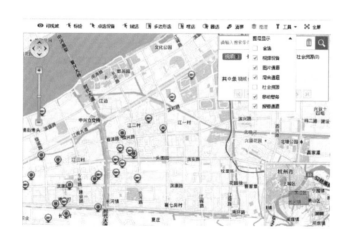

图6-11 图层显示

· 地图测绘。在办案过程中，需要对实地的距离、面积做测绘，也需要标记一些线索、资源信息。平台提供了一些简单易用的测绘工具，帮助办案民警对案发现场进行研判，信息收集，如图6-12所示。

图6-12 地图测绘

· 全屏显示。平台提供全屏功能，可以通过全屏显示更多地图内容。

（5）便捷操作。

平台提供便捷操作服务体验：所有的监控点位、卡口都能在电子地图上进行实时视频点播、录像回放、控制、光圈调整、聚焦变倍、鼠标模拟、三维定位、录像下载等一站式的操作，极大的提升的系统的易用性。

· 基本信息。在电子地图上点击设备图标，即能够显示该设备的基本信息，包括点位类型、通道和对应的点位操作。

· 实时视频点播。在电子地图点击实时视频图标，支持视频设备的实时视频点播、球机和云台的控制、摄像机光圈放大缩小、聚焦扩焦、放大缩小、三维定位、鼠标模拟等操作，并且在实时视频界面通过快捷菜单，可实现本地录像、抓图、音频等快捷操作，极大的提升易用性。

· 录像回放。在电子地图点击录像回放图标，支持该通道录像的搜索与播放。支持根据日期来对设备录像和中心录像进行搜索，而且支持1/64～64倍速播放和逐帧播放，办案民警可以根据需要选择不同的速率进行浏览。在发现有价值的视频片段，可以通过快捷菜单中的录像功能，将视频片段保留在本地。

（6）视频多选。

实际应用中，往往需要查看多个监控的图像，一个一个选择费时费力，效率低下。平台可提供多种选择方式，能将相关联的监控点位同时选取，对选取的所有摄像头能够同时打开实时画面，调取录像等操作。

• 线选应用。如果了解嫌疑人或车的具体路径，想调取路径上的摄像头画面或者录像，使用线选功能，画出想要查找的路径，即可得到在嫌疑人或车经过路径上所有监控。通过监控实时画面，调取分析录像来获取线索。

• 框选圈选。如果已经知道嫌疑人的落脚点，或者作案范围，通过框选或者圈选将某个范围内的摄像机全部选定，即可得到在嫌疑人落脚点或作案范围内所有监控。通过监控实时画面，调取分析录像来获取线索，侦破案件。

（7）聚散显示。

同时在编辑组织中填写经纬度信息后，在缩小地图时，一个路口只显示一个点和数量，点击后放大图和列表。通过该功能，在小地图上极大地缩减了点位信息，增强可阅读性，提高了查询效率。

6.运维管理平台

随着平安建设、雪亮工程等各项政策的继续开展和深化，以及交通、教育、金融等各个行业用户的安防意识的不断增强，视频监控市场保持较高增长。面对数以百万计的前端摄像机，其日常维护的矛盾日趋激烈，监控系统的作用要有效发挥出来，需要以高质量的监控画面为基础，如果监控点拍摄的图像因为各种故障无法传回系统；或者传回来的图像质量很差，将严重影响监控系统的效用。

当前，数量庞大的视频监控设备的运维工作大部分还是依靠人工检测和处理的（虽然有的项目也建设有运维平台），监测难度大，故障处理不及时，由值班人员手工/轮询主要设备，肉眼判断视频质量。随着科技的发展，计算机技术的不断提升，智能视觉技术应运而生，可以有效的解决传统视频监控行业的问题。它和以往的监控技术有本质的区别，其主要特征是采用计算机视觉的方法，在几乎不需要人为干预的情况下，通过对摄像机拍录的图像序列进行自动分析来对图像的质量作出诊断，既能完成日常管理又能在异常情况发生的时候及时做出反应。

6.1 解决思路

设备统一监控。对前端摄像机、智能箱、供电模块、NVR、光传输、网络通信设备、服务器、数据库软件等设备7×24小时不间断监控，实时探测设备的在线状态、工作状态、网络状态、供电状态、环境数据等各种运行数据。系统内置近千种设备模型，可以实现对多种异构环境的快速支持，实现对视频专网内设备的全方位监控。

故障智能诊断。智能化图像算法，可以对视频图像质量实现精准的分析与判断，支持对图像清晰度、对比度、亮度、条纹、黑白灰度、偏色、雪花、遮挡、场景冻结、场景变化等十余种诊断项目，通过自动化的快速的检测可以及时发现视频图像异常并通知运维工作人员，有效提升人工巡检图像的工作效率。

录像完整性检查。对每一路前端视频通道的录像状态、录像文件的完整性进行定时检查，及时发现录像缺失情况，并结合存储监控、硬盘检测等手段进一步判断录像保存问题的故障原因。

自动化巡检。在视频专网中因设备数量大，通过人工的检查设备发现问题显然无法实现，只能通过抽查的方式但抽查又存在覆盖面不够的问题无法发现全部问题。系统支持自定义巡检计划，定期自动的对所有已监控的设备执行全面的健康性检查，检查完成后自动生成巡检报告及健康评分。运维人员只需要定期浏览巡检报告即可全面掌握系统当前运行状况。

多样化的考核报表。视频专网有严格的运维考核要求，包括前端在线率、视频完整率、录像完整率等指标考量现在的运维管理情况，系统要支持自动生成多种样式的图表并内置多种考核模板，也可以针对客户的实际考核要求进行快速的定制。

6.2 产品架构

（1）功能架构。

运维生态管理系统的采用多层架构、模块化的设计模式，系统功能全面，模块功能独立，可根据不同客户需求自由组合，同时运维生态管理系统具备良好的扩展性，通过第三方数据整合接口和数据总线以及门户 Portal，与第三方产品可进行无缝集成。功能架构如图6-13所示。

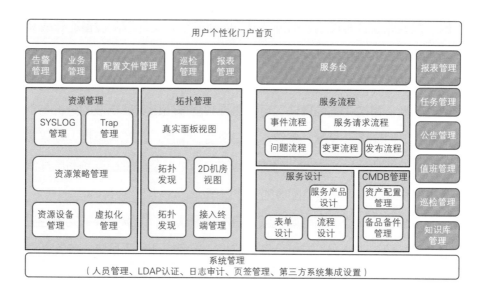

图6-13 功能架构图

（2）技术架构。

运维生态管理系统采用J2EE架构，全图形化B/S模式，可移植性强，可运行于不同操作系统（Windows、Red Hat Linux 等），真正实现了跨平台部署。统一开放的监控管理平台支持多数据库（Mysql、Oracle等）、多操作系统，为第三方系统提供标准集成接口。系统具备良好的扩展性，通过第三方数据整合接口和数据总线以及门户Portal，与第三方产品可进行无缝集成。技术架构如图6-14所示。

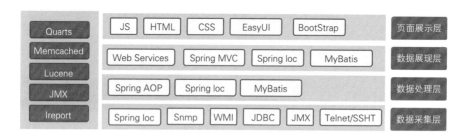

图6-14 技术架构图

（3）部署架构。

运维生态管理系统的Portal服务、CCS服务、DCS服务可以根据客户IT环境的实际情况部署在相同或不同的主机上，同时可以根据客户的管理对象规模，采用单个或多个DCS的进行管理容量规划，这样就实现集中或分布式两种不同需要的部署方式，对企业内、外网、总部/分支等不同结构的IT资源实现了灵活管理。平台部署架构如图6-15所示。

运维生态管理系统架构分为三层：

• 数据采集层。由一个或多个DCS（数据采集服务）构成，内置20多种标准采集协议，通过 SNMP/SNMP Trap、Telnet、SSH、WMI、JMX、JDBC、GB28181、Onvif等远程监控方式，采集安防类设备的各种指标数据，单个DCS最高支持500个管理对象。

• 数据处理层。由一个或多个CCS（数据处理服务）构成，用于接收各DCS采集到的数据，并对各种采集数据通过分析和挖掘处理，为前端的展现提供性能数据依据；超过指标阈值产生故障告警给数据展现层。

• 门户层（Portal）。运用了先进的Web技术，为客户提供分角色、可视化的数据展现和管理功能。

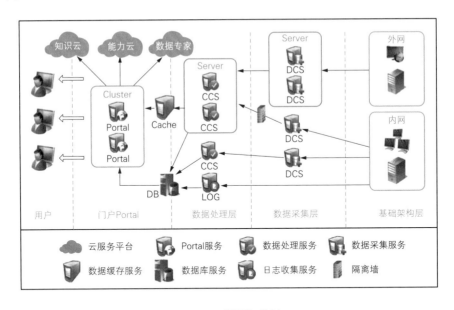

图6-15 部署架构图

6.3 产品功能

（1）视频设备管理。

对视频设备进行管理，实现对目标区域的摄像机、红外摄像机和具有夜视功能的高速球型摄像机的监控管理，可以实时监控上述摄像机的状态是否正常。并对摄像机图像的质量情况、图像雪花情况、抖动情况等相关的指标进行监控，以确认摄像机的运行正常。对不能正常工作的摄像机或性能异常的摄像机发出告警，也可以通过对NVR/DVR设备的IP地址、工作状态、各通道状态、硬盘状态实时监控，使得运维人员对前端存储设备工作状态实时掌控。通过监控DVR设备通道状态实现了对前端非智能摄像机工作状态的掌控，当某些状态异常时，系统同样会发送告警信息，使得维护人员可以直观的了解到前端情况。

（2）智能箱管理。

智能箱管理可以对智能箱连接的前端设备的在线情况进行监控，也可以对光口在线状态、光信号强弱状态、传输速率等信息进行监控。实现了智能箱的统一监控、管理并对涉密信息进行加密存储，满足客户不同的监控和安全需要，可以实时了解、掌握智能箱当前的运行状况，以便评估、衡量设备的在线使用率，为用户进行在线率、传输速率等提供准确的数据，保障了设备的可靠运行和满足各项考核指标，预测潜在的故障，进行提前预警。

（3）视频图像质量诊断。

平台应支持对所有前端设备进行视频质量的智能诊断分析，并以列表的形式直观展示。系统能够在视频图像出现视频噪声、模糊、偏色、画面冻结、场景变化、亮度异常、视频丢失时及时的进行智能化的分析、诊断和告警，并记录下所有检测的结果。为了确保告警的准确性，基于深度自学习的神经网络技术，使用实际项目中大量的视频样本数据进行训练，可达到95%以上的告警准确性。

- 视频在线检测：系统自动检测因前端摄像机掉线、损坏、人为恶意破坏或传输中断等故障引起的间断性或持续性视频丢失现象。

- 模糊检测：自动检测因为摄像头故障引起的失焦、镜头损坏引起的图像模糊故障。

- 噪声干扰检测：自动检测因视频图像中由于高斯噪声等引起的图像布满杂乱的色点的图像质量故障。

- 画面冻结检测：自动检测出画面定格停止不动的视频故障。

- 色彩异常检测：自动检测因视频线路接触不良、外部干扰或摄像机故障等原因造成的视频中的画面偏色故障；主要包括全屏单一偏色或多种颜色混杂的带状偏色。

· 遮挡检测：自动检测因异物或认为遮挡摄像头造成摄像头视野部分或者完全被遮挡等故障。

· 亮度检测：自动检测因为摄像机故障、照明异常等原因引起的画面过亮、过暗等故障。

· 对比对检测：自动检测当前画面中对比度过低造成画面不清晰无法准确分辨等故障。

（4）录像完整性管理。

系统支持定期检查各路设备的录像状态，以及录像文件的保存完整性，并以列表的形式统一展示，如有缺失也可以清晰展示缺失时间段。帮助运维人员及时发现录像的保存情况，避免关键录像的丢失。

（5）虚拟化云平台管理。

虚拟化管理包括了对Esxi、ctrix、Hyper-V、Openstack、Fushion等虚拟化云平台的管理。提供了的虚拟化资源管理、基础架构拓扑、虚拟化TOPN排名、虚拟化报表统计、虚拟化资源发现以及策略配置等功能，提供了对Cluster集群、物理宿主机、数据存储及虚拟主机等资源的 CPU、内存、存储分配及耗用情况进行实时监控，对各组件的占用情况、可用性及性能参数进行统计分析和排名，并以拓扑图形式将各虚拟化资源的连接关系直观展现给用户，便于用户全方位对虚拟化资源进行的查询和管理。

（6）大数据平台管理。

在视频安防领域信息系统每天会产生大量的数据包括结构化、非结构化的数据，随着大数据技术在行业中的逐步应用与落地，基于Hadoop架构的大数据平台使用日益广泛。而随着Hadoop集群节点数量的日益增加，集群内部的复杂程度与故障率呈几何级数量增长，因此需要对Hadoop大数据平台的集群实现统计监控。

大数据平台管理可实现对Hadoop集群以及相关服务实现统一的监控获取各组件的健康状态、运行数据，并通过一体化的监控界面集中呈现，确保大数据平台的正常运行。系统支持以下组件的监控：

· HDFS集群节点的运行状态：NameNode、DataNode、JobTracker、TaskTracker。

- Yarn集群节点的运行状态：ResourceManager、NodeManager。
- 集群应用数量监控、集群资源使用量情况监控、集群分配数据监控。
- 通用RPC服务监控、进程JVM监控。
- 集群节点硬件监控、网络、IO、CPU、内存。
- kafka服务监控、ES集群监控、Zookeeper服务监控。

（7）业务管理。

站在整个IT体系的视角关注业务的运行，以业务建模为核心，从业务关联的视角对IT资源进行管理。在宏观的角度去了解IT对业务的支撑情况，从全局掌握业务的健康水平，从业务视角洞察IT异常和变化。业务管理是从业务的角度统一展现出业务系统结构图，提供了业务模型构建、业务告警规则策略定义等功能，使用户可以直观的查看业务系统与IT资源的关系，查看业务系统的告警状况和故障根源，当发现业务系统出现故障时快速实施应急响应预案，快速恢复业务系统正常运转，最大化的降低业务系统故障所造成的损失。

- 稳定性：体现该业务系统运行的平稳性，是否出现过宕机，从而体现该业务在IT基础架构层面的健壮性。
- 重要性：体现该业务系统对用户支撑作用，是否为用户的核心关键业务系统，而评判的标准来源于该业务系统的使用方，例如银行的核心交易系统、城市的视频监控系统等。
- 体验度：体现该业务系统运行的流畅性，用户的使用体验感受是否良好，评判的标准来源于对该业务系统所有IT资源的全面监控，例如服务器的CPU利用率是否繁忙、数据库的连接池占用是否过多、网络是否影响过慢等因素。

（8）巡检管理。

巡检管理包括一键巡检和计划巡检。其中一键巡检对全部监控资源提供自动、全面的健康性检查，巡检结束后给出健康评分（满分为100分），并提供巡检结果的明细列表，使管理员可详细了解所有IT系统的运行状况。也支持自定义资源分组，针对分组内资源执行一键巡检，并给出该分组的健康评分。一键巡检既支持手动巡检，也支持定时巡检并生成全部资源的健康性趋势曲线，使管理员可以了解整个系统的健康性评分走势，为系统的优化改进提供有效地数据支撑。

巡检管理为用户提供了巡检计划功能，支持对巡检计划任务管理（包括任务增删改、立即执行、复制、启用/禁用）、巡检内容设置（包括章节设置、巡检对象设置、巡检指标设置）、巡检方式设置（包括人工、自动）等功能。

（9）报表管理。

报表管理为用户提供了性能、告警、状态、趋势、资源多个角度的统计和分析报表。可帮助管理人员卸下人工统计分析的重担，很方便了解到网络状况，轻松地多角度地掌控网络运行的全局。让运维工程师很方便的提供准确全面的报告，大大减轻了工作量和压力。为客户的决策层提供数据依据。

（10）告警管理。

告警管理包括了告警视图，告警策略设置。对客户网络提供告警监控，出现故障后能及时通过短信等方式通告，并能提供告警分析、统计报告，为客户提供主动式的故障解决方式。

在告警列表中提供"处理建议"，帮助运维工程师迅速定位故障，解决问题。可大大缩短故障的中断时间,降低了客户由故障引起的直接或间接利益损失。

（11）大屏展示。

随着网络的飞速发展，客户所需要关注的数量种类越来越多，量级也越来越大。如何能一目了然的获知所需的信息也成为了客户的关注重点，数据可视化的大屏展示也就成为了最直观的展示形式。系统提示业务大屏和网络大屏的展示模式。让数据的可视化更为直观。

（12）知识管理。

系统提供知识管理，可以将海量的知识与异常资源的告警信息相关联，当出现告警信息时，可以快速的给运维人员提供解决建议，同时还支持对脚本的定义，可以根据不能的知识和告警信息，自动触发脚本，进行极速恢复。

（13）移动管理。

移动运维将使IT运维人员不再受到地域的限制，可以在任何地方通过移动或无线网络连接到平台中进行运维工作的处理，再也不会因为突发事件找不到人员而造成重大后果，也不会因为突发事件需要赶往现场而延误处理时间。

（14）系统管理。

系统管理提供了人员管理，包括用户、角色、域、资源分组管理，为客户提供访问控制安全保障，为不同的管理角色分配不同的访问权限，实现了分权分域的权限管理模型。

同时提供了系统组件状态管理、导航页签扩展、界面换肤管理、LDAP 认证、审计日志跟踪、资源能力模型管理、故障处理知识管理等功能，还支持微信、短信网关、短信猫、阿里云短信平台、邮件服务器等多样化的告警消息通知方式。

（15）对外接口。

对外接口提供CMDB数据同步。与服务流程管理系统的配置同步、告警同步。支持从运维生态管理系统同步数据到CMDB、从CMDB同步数据到运维生态管理系统两种数据同步方式，可任选其一。提供遵循ITSS规范的告警、配置、性能接口。能够对监管对象进行同步管理、实现数据信息的及时性和准确性。

第七章　一机一档应用系统

随着全国平安建设项目以及系统信息化程度的不断推进和深入，各级政府、社会单位（党政机关、企事业单位、社会团体及其他社会组织和公民个人）投入大量资金用于视频监控系统的建设，视频监控点位建设已初具规模，摄像机类型和数量日益繁杂和庞大。然而，在建设过程中也逐渐显现出一系列问题，各市（区县）对监控系统的维护工作关注较少，在维护方面的精力、资金投入与庞大的监控系统相比不相匹配。尤其随着"雪亮工程"项目的不断推进，大量的社会单位投资建设的视频监控资源接入视频联网共享平台，各市（区县）建设点位基础数据不完整，维护工作不到位等情况逐渐凸显出来，因此需加强对视频监控资源进行精细化管理，改善各地视频监控建设中基础信息采集薄弱、维护工作不到位等问题。

为此，依据垂直管理部门相关要求，需尽快推进视频监控摄像机基础信息采集工作，为各类在线、离线视频监控点位建立详细、完备的点位"户籍档案"，形成视频监控点位的"一机一档"，实现对视频资源前端点位的规范化管理，全面掌握各个区域视频监控系统建设数量、质量和点位布局，提升各级政府机关对视频监控资源的管控能力。并通过对基础档案数据的统计分析为后续视频监控前端点位规划、点位分布、平台建设、业务应用等提供决策依据。

1.建设目标

通过视频监控"一机一档"系统的建设，对社会点位、联网点位进行档案化管理，实现"底数清、情况明、数据实"的目标要求，为视频监控的规划建设、应用分析和决策管理提供基础数据支撑。当有实战业务需要时，能够通过"一机一档"模块快速搜索事件地点相关的监控资源，并迅速找到点位相应的负责人员，为业务提供第一手的监控资源，缩短反应时间。

• 统一档案标准。通过构建一套便捷、可视、稳定的资产档案管理系统，进一步推进设备基础信息的采集工作，对设备基础信息的属性项进行统一，规范视频监控前端档案管理。

• 夯实基础数据。通过系统便捷的联网点位信息导入、社会点位信息录入等手段，对视频监控系统点位信息进行全面采集，为视频监控日常管理、宏观规划和实战应用提供快速、准确、翔实的基础数据。

• 规范考核落地。通过图形化形式统计各个区域监控录像机上图率（经纬度采集率）、完成率、联网属性、设备厂商等标签信息，对各个区县的点位信息录入的完整率进行考核。

• 支撑业务应用。在实现前端监控资源信息标注规范化、监控探头应用可视化基础上，为侦查、可视化指挥、研判分析等业务提供支撑。

• 提供决策依据。通过"一机一档"系统对前端点位信息进行全面的统计与分析，充分掌握各个区域视频监控系统建设质量和点位布局，为后期的点位规划和建设提供决策依据。

2.系统说明

"一机一档"系统是全网可信任的前端设备属性信息源，负责前端设备属性信息的采集标注与日常管理工作，实现视频监控资源基础数据的汇聚和同步更新，保证基础数据的准确与鲜活。

• 与视频联网共享平台的关系。"一机一档"系统通过与视频图像信息联网共享平台对接，实现摄像机信息基础数据的同步，主要包含设备名称、设备编码、设备厂商、所属行政区域编码、经度、纬度、设备IP地址等。"一机一档"系统通过对属性信息进行补录后，再以基础数据源的形式为联网（共享）平台提供支撑。

• 与视频图像信息数据库的关系。"一机一档"系统可与视频图像信息数据库对接，为视频图像信息数据库提供摄像机信息基础数据，提供数据查询接口供其查询。

• 与运维管理平台的关系。运维管理平台是对资产设备进行"资产建档""设备巡检""工单上报"等业务操作的管理与维护的平台，"一机一档"系统是对前端设备进行"设备建档"的采集与管理平台，二者有着紧密的联系。"一机一档"系统可提供数据查询接口供运维管理平台进行前端点位属性信息的查询。

- "一机一档"系统作为前端设备属性信息管理库，为各类平台及其他系统提供前端设备属性信息数据，为各类平台及其他系统提供有力的数据支撑。

3.建设背景

视频监控摄像机基础信息的采集和建档，对于治安防控、打击犯罪、社会管理具有重要意义。近年来，党中央、国务院以及各相关国家部委对前端摄像机基础信息采集建档工作高度重视，先后出台了一系列政策措施：

2015年1月，公安部下发《关于进一步加强公安机关视频图像信息应用工作的意见》（公通字〔2015〕4号），要求实现前端监控资源信息标注规范化，同步深度融合PGIS平台，实现监控摄像机一体化管理应用可视化展示，为图像平台视频资源云端集成、深度挖掘、快速比对奠定坚实基础。意见中强调到2017年年底，一类视频监控点联网率达到100%，前端摄像机"一机一档"建档率及点位地理信息标注率达到100%；到2020年，二类视频监控点和确有必要联网接入的三类视频监控点联网率达到100%，前端摄像机基础信息建档率达到100%。

2017年7月，公安部科技信息化局下发了关于征求对《全国公安视频监控摄像机基础信息采集建档工作方案(征求意见稿)》意见的通知，不久后下发了《全国公安视频监控摄像机基础信息采集建档工作方案》及《"一机一档"系统建设技术方案》，要求进一步提升对视频监控资源的规范化、精细化管理水平。通过建设标准统一的"一机一档"系统或功能模块，开展视频监控摄像机基础信息采集建档工作，为视频监控日常管理、宏观规划和实战应用提供快速、准确、翔实的基础数据。

视频监控"一机一档"系统将通过与GIS地图引擎、移动APP深入融合，构建了一套便捷、可视、稳定的视频监控摄像机资产档案管理系统，进一步推进了前端监控设备基础信息的采集工作，对设备基础信息的属性项进行了统一。

通过视频监控"一机一档"系统的建设，解决视频监控资源建设密度不清晰、基础信息项不完整、代码项标准不统一等问题，一旦发生事件即可通过视频监控"一机一档"系统快速找到周边社会点位信息，第一时间获取现场监控视频，为快速决策提供技术支撑。同时通过对视频监控摄像机基础档案数据的统计分析为后续社会公共视频监控前端点位规划、点位分布、平台建设、业务应用等提供决策依据。总体的解决思路可通过以下四个方面进行阐述：

· 规范标准，完善信息。前端摄像机采集建档是一项涉及全国的系统工程，必须遵循统一的标准。必须严格按照相关标准和规范进行信息采集，通过统一的标准对全省市前端监控点位进行建档，保证对摄像机的基本属性、位置属性、管理属性、组织机构等实现全面的规范化。

· 系统对接，共享数据。通过部级、省级、市级之间"一机一档"系统的互联互通，实现前端数据的共享共用；同时与视频图像信息联网/共享平台对接，实现摄像机信息的同步；与视频图像信息数据库对接，为视频图像信息数据库提供摄像机信息基础数据；也可将摄像机信息推送给其他业务系统，达到数据的全面共享。

· 统计分析，规划建设。通过省、市的"一机一档"系统，对全省市的视频监控前端点位信息进行全面的统计与分析，提升政府部门对视频监控资源的管控能力，为后期全省市的点位规划和建设提供科学依据。

· 高效管理，拓展应用。通过长效的数据采集和快速更新机制，为视频监控日常管理和实战应用提供快速、准确、翔实的基础数据，同时更好地发挥视频图像信息在业务工作中的作用。

4.系统总体设计

本章"一机一档"系统参照海康威视公司的平台设计，实际建设情况应该因地制宜，建设适合项目使用的系统。

4.1 总体架构

（1）整体架构图。

通常一机一档系统的建设以省级建设为主，也有以城市为主建设的。本处以省级建设为例进行总体架构设计。省级视频监控"一机一档"系统总体按省、市两级架构进行构建，系统设计严格遵循最新颁布的国家标准《全国公安视频监控摄像机基础信息采集建档工作方案》及《"一机一档"系统建设技术方案》的相关要求，系统整体架构如图7-1所示。

　　省级系统负责全省"一机一档"数据的汇聚，通过数据上报接口与部级系统对接。市级系统负责本市"一机一档"数据的采集，通过数据接口与省级系统对接，将数据上报给省级系统。省、市两级"一机一档"系统可部署在业务信息网，也可在业务信息网和视频专网同步部署。

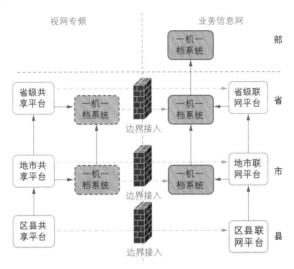

图7-1　整体架构图

　　1）省市两级分别在视频专网与业务信息网部署"一机一档"系统。这种部署模式，有两种方式将数据汇集至省级"一机一档"系统：

　　a.市级视频专网内的"一机一档"系统，将所有连入市级视频专网的监控设备资料统一提取，并可通过边界同步给市级业务信息网内的"一机一档"系统。市级业务信息网内的"一机一档"系统接收市级视频专网"一机一档"系统同步过来的资料，同时能抽取接入市级业务信息网的视频监控设备档案资料，同步给省级"一机一档"系统。

　　b.市级视频专网内的"一机一档"系统，将所有连入市级视频专网的监控设备资料统一提取，同步给省级视频专网内的"一机一档"系统，省级视频专网内的"一机一档"系统接收市级视频专网"一机一档"系统同步过来的资料，通过边界同步给省级业务信息网内的"一机一档"系统。

2）省市两级只在业务信息网部署"一机一档"系统。这种部署模式下，视频监控设备信息由市级视频专网内共享平台推送给市级业务信息网的联网平台，再同步给市级业务信息网内的"一机一档"系统，再由市级"一机一档"系统同步给省级"一机一档"系统。"一机一档"数据更新采用增量同步的方式，定期将本地新增或更新的数据向上级进行同步，避免数据重复上报。

（2）逻辑架构图。

"一机一档"系统主要由数据处理层、信息库、对外应用层、用户访问层四个逻辑层组成，用于实现点位数据的采集、处理、访问、对外应用功能。如图7-2所示。

· 数据处理层。系统面向视频监控系统内的联网点位、社会点位进行统一采集，从共享/联网平台中抽取联网点位，进行资源同步，并对同步的数据进行校验比对和标签补全，将填写完的档案进行审核；"一机一档"作为社会点位的录入入口，进行社会点位信息的统一采集，并提供可视化界面展示。

· 信息库。通过手工补全监控点的多种属性，对各个监控点打上多个标签，形成一个监控点的信息库，对外部系统，可以提供便捷、快速的查询接口。

· 对外应用层。系统提供便捷的操作，可快速补全监控点信息，并可通过平台提供快速搜索、档案管理等基础应用，能够支持列表和电子地图两种形式展现系统内的监控摄像机，并支持对"一机一档"的建设情况提供可视化展示。

图7-2　逻辑架构图

· 用户访问层。用户主要指管理人员和普通操作人员，应用终端包括PC端、移动APP。针对不同的角色授予不同的管理权限，通过应用终端单点登录实现平台资源的访问和相应的操作。用户可通过终端便捷的进行点位标注、资源管理、地图展现、审核等服务。

4.2 业务设计

"一机一档"系统的业务设计如图7-3所示。首先设备信息可通过三种方式录入系统,分别是:手工直接录入、数据批量导入和系统接口同步。设备信息录入系统后,首先对该设备信息进行合规性验证,验证通过后,可对设备信息进行修改,之后提交审核,审核通过的设备信息可进行设备信息查询、设备信息导出、地图展示和统计分析等应用,同时通过平台级联进行数据同步,定期向其他系统同步设备信息。下面,将具体分为三个部分来介绍"一机一档"系统的业务流程。

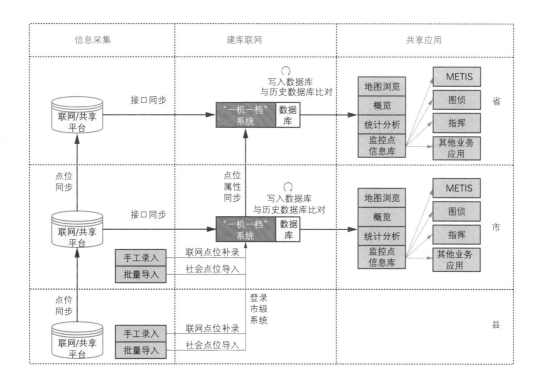

图7-3 业务流程图

（1）信息采集。

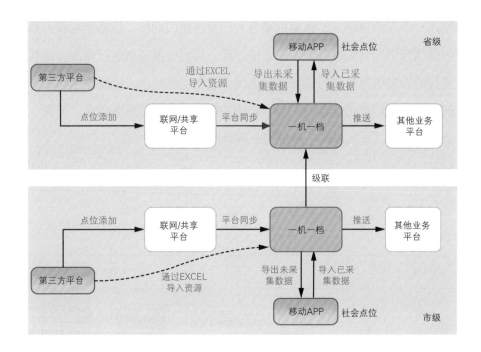

图7-4　数据流程图

"一机一档"系统内的点位分为部门自建点位和社会点位两类，需要采集录入的数据包括部门自建点位和社会点位的组织资源区域信息、点位信息、基础信息（设备编码、设备名称、行政区域、经纬度、联网属性）以及扩展信息。整个采集录入数据流向如图7-4所示。

其中，联网点位及相关信息由联网/共享平台通过CSV文件同步到"一机一档"，并进行信息补全。社会点位及相关信息由"一机一档"系统手工录入或移动APP离线采集后录入。

1）县级信息采集。"一机一档"系统总体按省、市两级架构进行构建，县级是市级"一机一档"系统信息采集的主要数据来源，县级通过现有的联网/共享平台提供的对外接口，同步组织区域、点位及其基础信息（设备编码、设备名称、行政区域、经纬度、联网属性）给市级平台，再登录市级"一机一档"系统，通过手工补全联网点位信息，或可通过导出联网点位信息，进行补全完善后再导入到系统中；社会点位必须在市级"一机一档"系统中进行录入，通过手工录入或导入方式增加社会监控点及相关信息属性。录入的信息经审核后进行数据锁定，在数据库中更新。

2）市级信息采集。市级"一机一档"系统通过平台自动同步、手工录入、批量导入三种方式获取县级点位信息，同时将所有连入市级联网/共享平台的监控设备资料统一提取，市级联网点位缺失的属性信息通过手工录入补全，或可通过导出联网点位信息，进行补全完善后再导入到系统中；社会点位必须由市级"一机一档"录入，通过手工录入或导入方式增加社会监控点及相关信属性。录入的信息经审核后进行数据锁定，在数据库中更新。市级"一机一档"系统将汇聚后的数据同步给省级"一机一档"系统。另外，市级"一机一档"系统通过接口，对外提供快速检索能力。

3）省级信息采集。省级"一机一档"系统通过系统同步获取市级点位信息，将汇聚后的数据同步给部级"一机一档"系统。另外，省级"一机一档"系统通过接口，对外提供数据快速查询功能。

（2）建库联网。

1）数据库设计。"一机一档"系统的数据库至少应包含设备信息相关表和字典项相关表（详见附录）。设备信息相关表中数据应区分未提交审核状态、待审核状态、待同步状态和已同步状态。字典项相关表一般包括行政区划表、组织机构表、字典类型表和字典项表。省（市）"一机一档"系统经过前期第一次采集获取的数据，写入数据库。由数据同步接口通过推送的方式实现不同系统之间数据的同步，当本区域视频监控点位信息发生变化时，需同步更新"一机一档"系统点位信息，各区域变更的数据需进行审核，审核通过后，更新数据库信息，使"一机一档"系统点位信息每天保持更新。

2）联网设计。

a.系统联网。"一机一档"系统联网模块，与共享/联网平台对接后，获取点位和点位属性信息，推送给"一机一档"系统，再进行补录完善。

上下级"一机一档"系统级联时，下级"一机一档"模块向上同步汇聚后的数据给上级"一机一档"模块；具体先通过数据同步接口获取全量数据，再约定获取增量数据对接的方式，来保证数据的实时性。

b.过边界方式。"一机一档"系统数据过边界可以通过数据汇聚平台摆渡实现，摆渡模块分为专网模块和业务网模块。具体实现流程如图7-5所示。

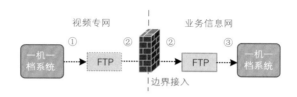

图7-5 过边界方式

- 专网模块从专网的"一机一档"数据库中读取数据生成文件（全量、增量）放到专网一侧FTP；
- 边界接入平台把数据文件摆渡到业务网一侧FTP；
- 业务网模块从业务网一侧FTP读取数据文件，并解析写入业务网"一机一档"系统数据库中，完成数据摆渡。

3）数据同步。"一机一档"系统可与视频图像信息联网/共享平台对接，实现点位信息的同步；数据同步接口采用数据推送的方式实现不同系统之间数据的同步。数据向上级同步的周期为每天同步一次。

（3）共享应用。

"一机一档"系统可与视频图像信息数据库对接，为视频图像信息数据库提供点位信息基础数据；也可将摄像机信息推送给其他业务系统。可对外提供数据查询接口，满足其他系统对"一机一档"设备信息查询的需求，如表7-1所示。

表7-1 数据查询功能表

URI	/VIID/Cameras		
功能	提供本地"一机一档"数据查询功能		
方法	查询字符串	消息体	返回结果
GET	Camera 属性键 – 值对及 offset（起始位置）和 limit（请求数据量）	无	<CameraList>

5.系统功能设计

5.1　设备管理

设备档案管理主要是对各单位辖区内的社会点位、联网点位进行管理、建档工作。联网点位从联网/共享平台中抽取，并匹配部分属性（设备编码、设备名称、行政区域、经纬度、联网属性），同步过来的点位只能修改（原来从联网/共享平台抽取带过来的监控点名称、设备编码无法修改），不允许删除。社会点位本系统提供增、删、改、查等操作。

（1）点位信息录入。

· 自建点位录入：业务部门自建点位，从联网/共享平台首次同步过来时，由于字段不全，导致信息不完整，需要对点位信息进行详细采集。点位信息支持EXCEL文件进行批量导入和导出操作。点位信息录入可按照标准字典项录入，即在系统中或者EXCEL模板中按照固定项进行录入；也可根据实际需求，自定义增加点位属性进行录入。

· 社会资源点位录入：主要对社会点位进行添加，每个输入框都有提示，方便用户填写。系统支持"克隆最近一次信息编辑"功能，启用后，上个点位添加后的信息自动带到下个点位，减少用户对相同属性的输入量。系统支持"仅显示必填项"功能，开启后，只显示必填的监控点属性，方便用户快速进行点位添加。支持摄像机场景预设照片的上传，最多六张。上传后点击档案管理中监控点图片，显示效果如下，点击左右箭头能支持图片的切换。

· 现场数据采集：对已建的视频资源点位均要求通过现场采集保证数据的准确性。通过导出模板至移动客户端，填写完毕后导入至系统，进行数据更新。业务部门自建点位通过集成平台已同步部分信息，系统支持移动APP对缺失信息进行补录；社会资源点位信息可通过移动APP手动填写信息。

（2）离线采集功能。

考虑到信息采集的便捷性，系统可通过离线采集功能进行联网点位的信息补充和社会点位的信息采集。

"一机一档"系统一般部署在业务网和视频专网，当用移动终端作为离线采集终端进行实地信息采集时，网络不与业务网、视频专网相通，故"一机一档"移动客户端APP为离线客户端，对联网点位进行信息补充和社会点位的信息采集。无需用户名密码登录。

（3）档案修改。

对已录入系统的设备信息，可根据需求在档案中进行设备信息修改。

（4）档案审核。

通常审核功能默认未启用，能通过后台配置开启。审核功能开启后，会在原来属性补全后，增加一个审核流程，流程针对普通用户和审批用户，页面所展示的功能是不同的。

（5）档案查询。

档案管理支持三种模式的监控点档案查询：

· 通过组织查询。点击组织，出来整个系统的完整监控点组织树，勾选相应组织后，就可显示该组织下面的点位。

· 通过关键字快速查询。点击快速搜索框，显示之前的搜索记录，点击后展现之前的搜索效果。输入关键字后，系统自动在设备名称、管理单位、安装地址、设备IP地址、全文等这几个维度进行查询，反馈搜索结果。最多支持三个关键字组合查询。

· 通过多属性关键字组合查询。点击下拉箭头，显示系统支持的筛选项，输入后在原来关键字查询的结果上进行二次检索。

（6）档案同步。

系统定期将本地未同步设备信息表中的数据向上级或其他系统进行同步，同步完成的设备信息移动到已同步设备信息表中。其中协议是按照部里的标准REST架构定义。

（7）档案展现。

档案管理支持全部和待补全分页，待补全显示的是该用户（操作员）还需补全的点位，方便用户快捷进行补全操作。左边显示监控点的属性，右边是地图，点击某个监控点，能在地图上直观显示其地理位置。支持表头项设置，支持用户自定义在页面上展示的属性项。

（8）档案克隆。

针对系统存在大量相同属性的监控点，比如同一个管理单位、设备厂商或监控点类型，为了方便批量相同属性输入，系统支持档案克隆功能。点击后出来一个空白的克隆页面，用户自动输入需要复制的属性，勾选监控点后，自动复制。

（9）点位详情。

可通过点击监控点名称展现设备的详情信息，支持属性编辑和属性克隆。这边属性克隆会带上这个监控点的属性到克隆模板，用户修改后进行克隆操作。其中点位的属性项完全按照有关部门的建设标准。

5.2　统计分析

系统能够对监控的联网属性、设备厂商、监控点类型、管理单位、运维单位等开展统计。也可以定制提供各种类型的统计分析报表。

（1）默认统计。

默认列出系统建立以后到现在各个辖区的联网属性和监控点类型统计表，支持按柱状图、折线图切换，并支持图表的导出。如部署在省一级，有三级架构，那点击市，能切换展示该市下面各区县的统计情况。

（2）自定义组合统计。

点击下拉箭头，显示更多查询条件，支持按照区域、时间和五个统计项组合查询。

（3）墙上展示。

1）首页概览。概览通过图表直观展现了系统内各所辖区域的摄像机建档情况，从监控点上图率（经纬度采集率）、完整率、点位总数，及一、二、三类点的数目等维度进行统计排序。对各辖区的监控摄像机上图率、完整率进行排名，并能够展现每月新增联网、社会摄像机量等。

系统支持通过静态地图展现各辖区监控点位类型分布情况。支持打开上墙页面解码上墙。

2）超高分图墙。"一机一档"系统支持超高分数据解码上墙，基于超高分大屏显示技术和数据可视化技术，对视频大数据进行各种可视化图表展现，帮助用户从不同角度分析、挖掘数据，为领导提供辅助决策。

（4）图上展示。

• 地图查询。点击查询框，显示该用户之前的搜索记录，点击后展现之前的搜索效果。输入关键字后，系统自动在设备名称、管理单位、安装地址、设备IP地址、全文等这几个维度进行查询，反馈搜索结果，其中关键字以红字匹配，点击搜索记录联动地图上的监控点。点击监控点显示该监控点的详细属性。

· 组织树查询。支持按组织树的形式来寻找相关监控点，并查看其详细属性。其中组织后面黄色的数字表示的是待补全的点。

· 地图基础功能。地图基础功能模块是地图应用系统最基础、最核心的功能模块。提供地图的基本操作功能。

表7-2 "一机一档"摄像机属性表

序号	属性名称	标识符	类型	来源	必选	备注
一、基本属性						
1	设备编码	SBBM	string(20)	GB/T 28181	是	20 位：中心编码、行业编码、设备类型、网络标识、设备序号，与联网平台/共享平台国标编码一致
2	设备名称	SBMC	string(100)	GB/T 28181	是	标识设备的基本名称。命名方式参照《GAT 751—2008 视频图像文字标注规范》
3	设备厂商	SBCS	string(2)	GB/T 28181	是	1. 海康威视；2. 大华；3. 天地伟业；4. 科达；5. 安讯士；6. 博世；7. 亚安；8. 英飞拓；9. 宇视；10. 海信；11. 中星电子；12. 明景；13. 联想；14. 中兴；15. 华为；99. 其他
4	行政区域	XZQY	string(6)	GB/T 28181	是	行政区划、籍贯省市县代码。参照《GB/T 2260 中华人民共和国行政区划代码》

序号	属性名称	标识符	类型	来源	必选	备注
5	监控点位类型	JKDWLX	string(1)	填报	是	1.一类视频监控点；2.二类视频监控点；3.三类视频监控点；4 公安内部视频监控点；9.其他点位
6	设备型号	SBXH	string(50)	GB/T 28181	否	描述设备的具体型号
7	点位俗称	DWSC	string(100)	填报	否	监控点位附近如有标志性建筑、场所或监控点位处于公众约定俗成的地点，可以填写标志性建设名称和地点俗称
8	IPV4 地址	IPV4	string(30)	GB/T 28181	否	摄像机 IP 地址
9	IPV6 地址	IPV6	string(64)	运维管理	否	摄像机扩展 IP 地址
10	MAC 地址	MACDZ	string(32)	运维管理	否	摄像机 MAC 地址
11	摄像机类型	SXJLX	string(2)	GB/T 28181	否	1.球机；2.半球；3.固定枪机；4.遥控枪机；5.卡口枪机；99.未知
12	摄像机功能类型	SXJGNLX	string(30)	GB/T 28181	否	1.车辆卡口；2.人员卡口；3.微卡口；4.特征摄像机；5.普通监控；99 其他，多选各参数以"/"分隔
13	补光属性	BGSX	string(1)	GB/T 28181	否	1.无补光2.红外补光3.白光补光；9.其他补光
14	摄像机编码格式	SXJBMGS	string(1)	GB/T 28181	否	1.MPEG-4；2.H.264；3.SVAC；4.H.265
二、位置属性						
15	安装地址	AZDZ	string(100)	GB/T 28181	是	参照 GA/T 751—2008 标准，应相对细化准确。参考范式：街道＋门牌号码＋单位名称。高速公路、国道等点位可参照"公路名称＋公里数"范式

序号	属性名称	标识符	类型	来源	必选	备注
16	经度	JD	double(10,6)	GB/T 28181	是	
17	纬度	WD	double(10,6)	GB/T 28181	是	
18	摄像机位置类型	SXJWZLX	string(50)	GB/T 28181	是	
19	监视方位	JSFW	string(1)	GB/T 28181	否	1. 东；2. 西；3. 南；4. 北；5. 东南；6. 东北；7. 西南；8. 西北；9. 全向
三、管理属性						
20	联网属性	LWSX	string(1)	GB/T 28181	是	0 已联网；1 未联网
21	所属辖区机关	SSXQGAJG	string(12)	填报	是	
22	安装时间	AZSJ	dateTime	填报	是	摄像机安装使用时间。
23	管理单位	GLDW	string(100)	填报	是	一类视频监控点，必填；二类、三类可以选填 摄像机所属管理单位名称
24	管理单位联系方式	GLDWLXFS	string(30)	填报	是	一类视频监控点，必填；二类、三类可以选填
25	录像保存天数	LXBCTS	int	填报	是	一类视频监控点，必填；二类、三类可以选填
26	设备状态	SBZT	string(1)	填报	是	1. 在用；2. 维修；3. 拆除
27	所属部门/行业	SSBMHY	string(50)	填报	否	

第八章　网格化城市管理基础数据平台

　　无论是建设智能视频监控系统、还是建设智慧警务系统、或者说建设新型智慧城市，都离不开城市管理的基础数据平台。城市中最重要的活动目标是"人"和"车"，在某种程度上来讲把"人"和"交通工具"管理好，就能够治理好一个城市。而人归属于组织（单位）、居住在房屋内，进而延伸到房屋和单位的管理，要管理好房屋和单位就要做好落脚点分析，落脚点的分析就离不开一张标准的地图，而精确的、唯一的地图离不开精准的地址和门牌号，而这些同属于网格化管理的范畴。

1.网格化和网格化管理

　　网格化就是将城区行政性地划分为一个个的"网格"，使这些网格成为政府管理基层社会的单元。网格化可以按照面积划分也可以按照总户数划分，或者按照某种设定的规则进行划分。

　　网格化管理就是根据属地管理、地理布局、现状管理等原则，将管辖地域划分成若干网格状的单元，并对每一网格实施动态、全方位管理，它是一种数字化管理模式。这一创新的模式是依托现代网络信息技术建立的一套精细、准确、规范的综合管理服务系统，政府通过这一系统整合政务资源，为辖区内的居民提供主动、高效、有针对性的服务，从而提高公共管理、综合服务的效率。

　　· 建立网格标准规范体系。根据其地理布局、属地管理、现状管理等原则，将管辖地域的人员划分成若干个网格状的单元，再根据划分好的网格结构，按照对等方式整合公共服务资源，添加政府的服务团队人员，对网格内的居民进行多元化、精细化、个性化的各种服务功能，让网格化管理的工作人员，对每个网格进行点对点的单独操作，使政府开展的各种工作能够细腻度的渗透到每一个群众中去。

　　· 整合社会资源，建立基础信息数据库。结合地区基层调查数据和已有的各专业部门（公安、民政、房产、计生、政法、党建等）数据，构建"网格化管理"基础数据库。该数据库同时具备添加、更新、删除、搜索、查询、统计等功能。既能反映网格内每户家庭的基本情况，又能反映某个区域内某方面或某一类的总体情况，更为政府领导及工作人员提供了方便的数据获取方式。

• 建立民情日志，加强党群关系。民情日志是党员联系群众的重要体现，网格负责人定期去走访群众，然后将本次走访情况或体会写成一篇日志，其中可以涉及在走访中发现的任何问题。最后，对本日志中所描绘的事情进行具体的处理，如果自己无法解决，还可以开启流程，与服务办事模块互相映射，进行上报处理。

• 建立办事服务模块，为群众解决实事。网格服务队员通过短信平台、群众来访及组团服务人员定期上门调查收集等渠道，收集群众的各方面的反映和要求后，进入系统受理，对于受理的各类事件。

• 建立考核系统，提高基层执政能力。具体在网格化业务功能里的考核，比如民情日志，办事服务、基础数据的完善、老百姓诉求解决的满意率等，这些都是具体的业务应用考核；履约考核，主要针对基层干部竞选或者任前承诺，进行相应的考核比较；关键指标考核（KPI考核）。

网格化管理直接表现为管理单元的细化，实质是针对现行管理制度弊端，开展的一次行政管理和社会管理的机制创新，是按照转变领导方式，推进人、财、物、权、责全面下沉，强化基层基础建设的制度再造。

网格化核心是以网格化管理为载体，以差异化职责为保障，以信息化平台为手段，促进条块融合，联动负责，形成社区（村）管理、服务和自治有效衔接，互为支撑的治理结构，实现政府职责特别是市场监管、社会管理和公共服务职责在基层的有效落实。

可以参考的一种网格化基本架构"12345"：即明确一个目标，坚持两个原则，细化三级网格，搭建四级平台，形成五级联动。

• 明确一个目标：努力营造稳定、有序、和谐的发展环境和群众生活环境。

• 坚持两个原则：一是低成本、高效率、可持续，二是条块融合、职责明确、联动负责、逐级问责。

• 三级网格：一级网格是乡（镇）办，二级网格是村（社区），三级网格是村组（楼院、街区）。

- 四级平台：市、县（市区）、乡（镇）办、村（社区）联网的社会公共管理信息平台。

- 五级联动：市、县（市区）、乡（镇）办、村（社区）、村组（楼院、街区）由地方党委政府、职能部门、群众工作队三方联动联责，逐层领导下沉分包，构建"事事有人管，人人都有责"的工作格局。

城市网格化管理是一种革命和创新。第一，它将过去被动应对问题的管理模式转变为主动发现问题和解决问题；第二，它是管理手段数字化，这主要体现在管理对象、过程和评价的数字化上，保证管理的敏捷、精确和高效；第三，它是科学封闭的管理机制，不仅具有一整套规范统一的管理标准和流程，而且发现、立案、派遣、结案四个步骤形成一个闭环，从而提升管理的能力和水平。正是因为这些功能，可以将过去传统、被动、定性和分散的管理，转变为今天现代、主动、定量和系统的管理。简单的讲城市网格化管理是运用数字化、信息化手段，以街道、社区、网格为区域范围，以事件为管理内容，以处置单位为责任人，通过城市网格化管理信息平台，实现市区联动、资源共享的一种城市管理新模式。

社区服务方面：搭建基础数据平台，对全地区所有人口信息及与人相关联的社会事务信息建立动态数据库，能够有效地整合各级政府和社会资源，为百姓提供优质、便捷、高效的服务，同时有效地加强政府职能部门的综合服务和管理水平。

社会治理方面：在基础数据平台之上建立综治信访维稳系统，依托于基础数据和百姓互动平台的网格化管理体制及时了解掌握居民的诉求、社会问题以及不稳定因素，并通过网格责任人及时进行登记、排查、调处整治、结案分析、反馈于民，对承担社会管理职能部门的信息资源与管理资源进行有效整合和梳理，对事关全局的重点人群和重大紧急事件进行预防控制和监督管理。

网格化核心功能：

- 基础数据。主要是通过网格员对辖区范围内的人、地、事、物、组织五大要素进行全面的信息采集管理，收集地理位置、小区楼栋、房屋、单位门店、人口信息、民政救济、党建纪检、工会工作、计划生育、劳动保障、综治信访、乡镇特色、志愿者服务、市场商铺、安全生产、特殊人群、治安信息和消防安全等信息。

- 统计分析平台。主要是对于基础数据中的各类数据信息进行智能化汇总和分析，制成数字和图形报表，用柱状图和饼状图来显示一目了然、突出重点、全盘分析。

- 考核评比平台。主要是上级对下一级事件办理时限或者绩效的一个考核管理，系统可以自动对各级组织机构进行排名。考核内容主要针对办理事件的时限、民情日记的篇数和质量等指标进行考核，对于办事超时，拖拉的部门进行扣分管理。

- 地理信息平台。电子地理信息平台支持在二维地图和卫星地图上进行区、街道、社区、小区等信息的标注。支持在三维地图上进行区、街道、社区、小区、楼栋、房屋等信息的标注以及可以自动和数据库的人口等基础数据进行挂接，能够显示所有楼栋，每个楼栋里的每一户房屋，以及户主和家庭成员的信息。地图信息平台能够显示某个小区下的所有楼栋，每个楼栋里的每一户房屋，每一户房屋里户主和家庭成员的信息。

- GPS定位平台。网格员定位的功能可以实现对手持手机终端的网格员的实时位置的监控，指挥中心登录到系统以后选择相应的组织机构，可以在相应机构级别下将相应人员的位置给显示出来。

2.X标Y实

全国各地在建设网格化城市管理基础数据平台的过程中，形成了多种建设的模式，其中一个重要的表现形式是"X标Y实"，X、Y均表示数字，比方说一标三实、二标四实、一标五实、一标六实、四标四实、六标六实等。

2.1 一标三实

一标三实的建设大约起步于2014年年初，在网格化系统建设中是应用最为广泛的一种模式。后来的多种建设模式都是基于一标三实发展起来的。

一标三实就是标准地址，实有人口、实有房屋、实有单位。一标三实是政府有关部门主导，规范标准地址、将人口、房屋、单位的详细情况录入信息系统，实现信息共享互通，为施政提供信息支撑。一标三实基础信息采集录入工作是推动有关部门工作信息化建设的重要举措，也是有关部门工作为创新社会管理提供的新路径之一。

一标是指"标准地址"。相对于以前各地不够统一、标准的地址信息，明确新的地址标准由"行政区划+乡镇街道+街路巷+门牌号+小区（组）+楼排号+单元号+户室"

等要素组成，有的城市采用了"城市+行政区划+街路巷+门牌号+户室"。三实是指"实有人口、实有房屋、实有单位"。其中，标准地址是基础，"三实"信息必须录入在标准地址上。

一标三实的实际效果有很多，常见的用途包括：

· 提供准确的标准地址、实有房屋信息。邮件、包裹等能更快速精准地送达。

· 提供准确的实有人口信息，将会为居民参与相关社会事业活动，办理相关手续，提供准确的人口信息依据。

· 提供准确的单位信息，可以依法保障从业人员在该单位享受相应的权益。

· 通过"一标三实"数据信息分析，合理统筹各个区域的教育、医疗等公共资源，让有限的资源最大化的满足每个市民的需求。

· 当有老人和小朋友走失时，警方可以通过"一标三实"信息平台准确定位，更快速地帮助老人和孩子找到家人。

· 急救中心在接到病人拨打的急救热线后也可以以大数据为基础，根据病患附近的医院和交通分布情况合理调配急救车辆进行救助。

· 火灾发生时，消防队员能够提前了解火灾发生地的房屋环境和周边交通状况，合理规划救助方案，为挽救生命和财产节约宝贵的准备时间。

2.2　二标四实

二标四实是在一标三实的基础上发展起来的，典型的建设城市为广东省东莞市。东莞市人民政府办公室在关于印发《东莞市深化"二标四实"工作总体方案》的通知中对二标四实有着详细的介绍。

通知中指出"用2018年一年时间，全面深化'二标四实'工作，建立全市统一的标准地址库、标准作业图，开展实有人口、实有房屋、实有单位、实有设施等社会治理要素基础信息采集。"

具体的建设内容包括：

· 建设全市统一的"标准地址库"。推进地名梳理和门楼牌规范管理，将实有房屋信息采集和标准地址库建设结合起来，解决地名命名缺失和门楼牌重、乱、错、漏等问题，建设完善全市统一的"标准地址库"。实现全市现有道路街巷等地名的采集率、规范率、标志制作安装率达100%；全市既有建筑物门楼牌采集率、规范率、号牌制作安装率达100%；全市既有建筑物房间号（按户或单位）100%采集编列并标注上图。

- 建立共享共用的"标准作业图"。以国土部门"大地2000"天地图为底图，叠加民政部门行政区划和地名信息，叠加"智网工程"网格划分图，叠加公安机关门楼牌信息，叠加实有人口、实有房屋、实有单位、实有设施信息，向各园区、镇街、部门和供水、供电、供气等企事业单位提供统一的"标准作业图"，实现"一张图"作业。

- 建立全市"社会治理要素基础信息资源库"。

- 采集实有人口信息。全市实有人口（含本市户籍人口、流动人口、境外人员）基础信息（包括姓名、性别、民族、出生日期、户籍地址、身份证号码、文化程度、在莞居住地址、工作单位、联系电话等）采集率、准确率达100%。

- 采集实有房屋信息。实有房屋（含合法建筑物、存量建筑物）基础信息（包括房屋名称、房屋类型、房屋用途、建筑物类型、房屋所有人信息、门牌信息等）采集率、地理坐标标注率、准确率达100%。

- 采集实有单位信息。实有单位（含机关、社会团体、群众团体、企业、事业单位等非自然人实体及其下属部门）基础信息（包括单位名称、地址、社会信用代码、运营状态、法定代表人和管理人信息等）采集率、准确率达100%。

- 采集实有设施信息。实有设施[包括视频监控、消火栓、治安岗亭、门卫室、防冲撞、防空洞等公共安全设施；交通信号灯、路牌、公交站、地铁通风口、桥梁涵洞、天桥等道路交通设施；邮筒、井盖、路灯、垃圾箱（站）、公共厕所、公共停车场等市政公用设施；宣传栏、广播电视设施、广场、公园、体育场馆等公共文化设施；给水、排水、电力、燃气、通信、电梯、内部停车场等房屋配套设施；ATM机、广告牌、报刊亭、菜市场、烟囱等其他设施]基础信息（包括设施类型、地址或地理坐标、主管部门、联系方式等）采集率、地址或地理坐标标注率、准确率达100%。

2.3　一标五实

一标五实是另外一种建设的模式，内蒙古自治区包头市公安局采用了这种模式。

根据2015年公开报道，包头市公安局青山分局在新型社区服务治理模式下，深入研究"大数据"时代公安工作发展趋势，找准公安工作改革创新与社区改革创新的结合点，以包头市青山区政务云、包头市公安云和青山分局警综平台开发运行为牵引，以"一标五实"（标准地址、实有房屋、实有人口、实有单位、实有组织、实有图像）信息采集应用为载体，积极研究和实践动态化条件下的基础工作。

一标五实将各警种、部门对基础信息的需求整合为地址、人、房、业四大部分，社区民警一次性录入"一标五实"信息后，各警种、部门根据职能分工各取所需、查询简便快速、准确实用。同时，通过"一标五实"信息支撑，整合了接处警、便民服务等相关信息，打通了专业工作与基础工作的信息壁垒，为服务管理和执法办案提供基础信息服务。

通过对"一标五实"信息的采录应用，实现了对实有人口的动态化、轨迹化掌控和找房（单位）查人"码"上行动，破解了实际居住人口、从业人员底数不清、情况不明，流动人口采集覆盖率低等长期困扰政府部门工作的"瓶颈"难题，创新建立了在居民身份证制度和标准地址基础上，通过房屋和行业掌握人口动向，即"以房管人、以业管人"的人口服务管理新机制。

2.4　一标六实

一标六实是上海市公安局提出的警用地理信息系统建设模式，主要的建设内容包括：

- 标准地址；
- 实有人口。实有人口库；
- 实有单位。各类单位及摊位；
- 实有安防。电梯、消防栓、桥梁、地下车库、车站、井盖；
- 实有房屋。全部建筑物；
- 实有警情。历史警情撒点；
- 实有群防群治力量。"一帮人"居委、物业、志愿者、综治协管员、社区综合协管员。

3.四标四实网格化平台

广州市采用了"四标四实"的建设模式建设了网格化城市管理基础数据平台。融合了12345政府服务热线、城管网格、政务网格、警用网格多个系统，结合"四标四实"的理念，建设了全新的网格化平台。本章即以广州市四标四实建设为例说明网格化系统的建设。

3.1 平台设计

网格化城市管理基础数据平台是以网格化管理模式为手段，将社区（村）划分为若干个管理单元，实现人、地、事、物、组织等全要素信息的精细化管理。将建成关注于城市治理基础数据的交换共享、核准和发布的平台，同时将城市基础数据、专题数据叠加在标准作业地图上进行行业应用，另外打通委办局业务进行资源整合，推动城市治理架构、社会治理体系和治理能力的提升。

平台利用GIS技术提供地理服务支撑，通过电子政务外网与委办局进行基础数据交换，打通部门间的"信息孤岛"，通过上门核准的方式提高数据质量和数据鲜活性，采集更新的数据共享给委办局，实现数据的最大化利用。

在基础数据采集方面，支持接入视频图像数据，作为视频云大数据平台的基础平台支撑，可最大化的规范人口、房屋、单位、摄像机数据、地址、房屋编码，打造视频大数据+网格管理一体化解决方案。前端采集到的视频图像信息资源进行结构化后提供给网格化社会治理信息化平台应用，对重点人群、重点场所、重点单位、重点区域进行智能化管理。

网格化平台中心与12345政府服务热线中心应用+体制融合成统一指挥调度中心，集被动式（12345）+主动式（网格化）相结合的方式提高民生服务能力。2017年广州市委组织"深化平安有序规范城市管理"专项行动，在网格化基础上进行"四标四实"的核准，建设标准作业图平台。

3.2　平台组成

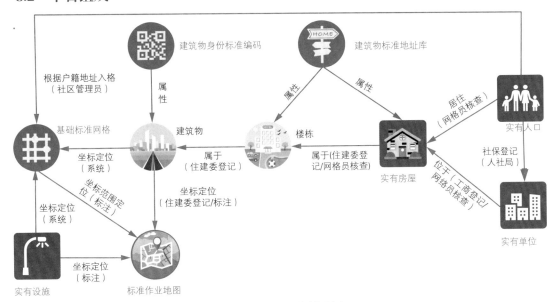

图8-1　四标四实关系图

四标是指：

- 标准作业地图

- 基础标准网格

- 建筑物身份标准编码

- 建筑物标准地址库

四实是指：

- 实有人口

- 实有房屋

- 实有单位

- 实有城市设施

"四标"和"四实"的关系如图8-1所示。

系统特点：

- 城市治理基础数据的交换和共享、核准和发布平台

- 关注人、地、事、物、组织、情等城市治理全要素的基础数据

- 汇聚并整合政府各部门现有的各类数据资源

- 依托基层和职能部门多方力量，对数据进行核实和规范

- 进行统一权威的数据发布，在政府内部和企事业间共享

- 政务网内的"百度地图"

- 基于类似国土局底图，叠加了业务数据的作业地图服务

- 类似百度地图的电影院、停车场、美食，政府一样可以提供视频、安检、消防、城管、交通等各类专业作业地图支撑

- 社会治理综合信息平台

- 打通政务网各委办局的业务系统进行资源整合，事项上通下达

- 推动城市治理架构、社会治理体系和治理能力建设

3.3　系统架构

图8-2　系统架构图

典型的网格化平台系统架构设计如图8-2所示，包含基础设施层、数据接入层、数据资源层、应用支撑层、业务应用层和用户服务层，具体建设内容如下。

• 基础设施层。平台部署政府信息化云平台，通过政务外网与各委办局进行数据共享和业务交互，终端用户通过互联网专用通道获取平台服务。通过安全设施保障平台的信息安全。

• 数据接入层。网格员通过终端进数据采集或上报，大部分的基础数据来自于各局委办的数据交换，也包含前端视频、感知设备的动态数据采集，同时打通12345政府服务热线指挥中心，数据接入层将事项进行统一流转。将汇集的数据通过数据清洗后发送到数据资源层。

• 数据资源层。包含四标四实数据存储，也包含事件数据、专题数据以及结构化数据。

• 应用支撑层。提供对应用的支撑，包括用户、权限、地图调用、工作流等管理。

• 业务应用层。提供网格化的运营管理、指挥调度、综治9+x、数据采集、综合管理分析以及视频资源管理等（在业务应用层可以和视频云+大数据平台进行融合，对接入的视频进行视频结构化分析，可实现宏观分析和重点人员管控等应用）。

• 用户服务层。除了提供给网格员、街道或上级管理单位用户以外，通过行业划分将标准和数据提供给综治、流动人口管理、城市管理、公安等其他单位来使用。

3.4 功能架构

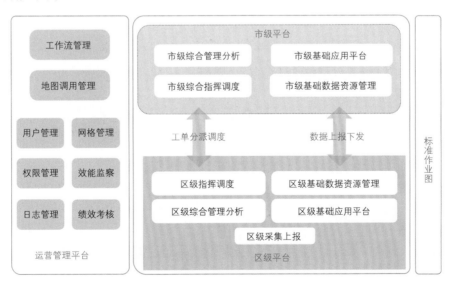

图8-3 功能架构图

功能设计如图8-3所示，系统采用市区两级部署模式，数据可以双向互动。

功能架构：

· 平台主要是市区两级部署，运营管理平台统一部署，提供统一的用户、权限、监察、考核等基础支撑功能和应用。

· 市级在比较宏观层面，主要是综合指挥调度，与区级的指挥调度打通，进行工单的分派调度管理，另外一个主要功能是市级汇聚各委办局数据进行基础数据的资源管理，并将汇聚的数据按照辖区分发给区级单位，同时区级建设的基础数据管理模块将采集和更新的数据上报给市级平台，再由市级平台与各委办局进行同步交互，确保数据的鲜活性。

· 因业务下沉需要，数据采集只需要在区级平台进行应用，针对具体情况，在特殊的街道，可以专门建设街道级的平台，保证业务的独特性以外，加强平台处理的效率。

建设完成网格化城市管理基础数据平台，是以网格化管理模式为手段，将社区（村）划分为若干个管理单元，实现人、地、事、物、组织、情等全要素信息的精细化管理。可以查看门牌地址、实有房屋、实有人口、实有单位等网格信息，也可以拓展多种应用，也可以集成到其他系统当中，比如说视频大数据平台。

第九章　视频大数据平台

当视频监控系统的建设规模超过1万路摄像机，系统就会变得非常复杂，如果规模能够达到100万路，产生的视频数据就足够大，因为每路摄像机每秒钟就可以产生2-10Mb的视频数据，这是其他任何类型数据无法比拟的，最后形成天然的视频大数据，没有进行任何结构化处理的视频大数据就像一座金矿等待挖掘。视频结构化处理技术和AI技术共同促进了非结构化的视频数据向结构化数据的转变，间接促进了云计算和大数据技术在视频监控领域的应用。尤其是新建的智能视频监控系统，前端感知设备大量的采用AI摄像机，使得系统直接产生的就是结构化数据流（包括人脸、车牌、RFID号、识别号、颜色、特征等数据），有的输出结果直接就是文本信息，有的输出结果是裁剪后的图片信息，而视频流仅作为辅助的数据，故而催生了各种视频大数据应用平台和视频云解决方案，某种意义上来讲，视频大数据相当于视频云的概念，毕竟云计算和大数据本身就是密不可分。

云计算和大数据技术本身就是非常复杂的技术，限于篇幅本章仅以大华股份的智能感知多维大数据解决方案来论述视频大数据平台的建设，实际的项目建设需求千差万别，应因地制宜进行平台设计工作。

1.建设背景

随着视频监控及视频应用系统建设有序推进，在预防打击犯罪、防范袭击、处置突发事件、维护社会稳定等工作中发挥了积极作用。城市中已大量部署视频监控、车辆卡口、人像卡口、微卡口、门禁、停车场出入控制等多种智能化物联感知前端，同时也配套建设各种车辆大数据平台、人脸大数据平台、视频结构化平台等多种后端应用系统，但这些系统之间还存在着条块分割、整合不足等问题。随着经济的发展，城市建设速度加快，导致城市人口密集、流动人口增加，引发了种种城市建设中的安全防范、交通拥堵、火灾防范等城市管理问题。为了最大限度挖掘视频数据在智能感知、数据采集、预警研判的价值体现，全面提升动态化、信息化条件下社会治理能力，充分着眼于未来发展及需要，需要对视频监控应用体系进行整体布局和科学布建，达到物联感知、多维采集、生态循序的新目标。

开展城市公共安全物联感知建设联网，构建立体化社会治安防控体系，是新型智慧城市建设的重要内容，也是新形势下维护国家安全和社会稳定、预防和打击犯罪的重要手段，对于提升城市管理水平、创新社会治理体制，构建"平安城市""美丽城市""智慧城市"具有十分重要的意义。

随着视频技术的不断创新，人工智能技术的普及，行业标准体系的不断完善，业务模式的不断深入，视频监控应用不再是简单的查看和单一维度数据的检索，城市公共安全面临的严峻挑战对视频监控在智能感知、数据采集、预警等方面提出了更高的要求，视频应用逐渐迈向了"视频大数据"（"视频云"）时代。

智能感知多维大数据解决方案，以视频中提取到的人、车、物、行为、特征等结构化数据为核心，融合其他物联感知数据、警务数据、社会面数据、互联网数据，进行多维度的关联分析，并与相关业务流程相结合，不断深入挖掘数据深层次价值，构建一张"社会多维智能感知防控网络"，打通数据壁垒，服务社会和民生应用。

具体的建设内容包括不限于：

· 构建一张物联网。运用大数据技术深度挖掘多次元数据之间的关系，将车、门禁等非人员数据融入人员数据，刻画以人为核心的多维关系图谱，建构人员全息档案。

· 刻画一张时空图。数据应用模式与部门业务机制相结合，一张地图、一个页面，刻画人员轨迹和虚拟画像，为各种应用提供一站式可视化服务。

· 实现一键海量搜。融合各类档案数据、时空轨迹数据的全文检索，实现海量多维信息一键搜。一个页面、一次搜索，相关数据全加载。

· 多维大数据系统应用以人为本，旨在完善人员全息档案、补全人员时空轨迹。系统可对采集到的人员数据、车辆数据、物联数据进行关联，与相关部门业务数据进行碰撞，从而实现融合检索、全网碰撞、全息轨迹、关系追踪、多维预警等功能。

2.系统总体设计

2.1 总体思路

智能感知大数据平台按照"统一领导、统一规划、统一部署、统一标准"的原则，应在现有的视频监控系统上继续扩大前端监控点位面的覆盖和深化应用建设，整合各类视频图像信息资源，深入推进视频图像业务效益的可持续发展，逐步整合视图数据和城市数据，建设多维度视图应用模型，为加强社会管理、治理创新提供坚实的基础保障和技术支撑。

2.2 总体架构

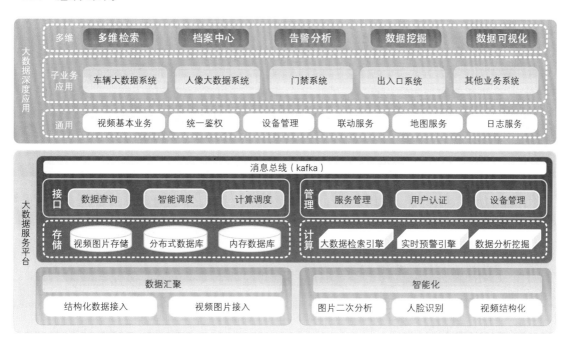

图9-1 平台总体架构

系统总体架构应基于信息感知体系建设、大数据平台建设、应用模型开发三大核心要素，旨在实现业务与系统解耦、系统与数据解耦，规划打造利用视频大数据看清、辨明、指导、服务全局业务的平台。

视频大数据平台以"整合资源、共享数据、提供服务"为指导思想，实现海量前端数据汇聚、智能化分析、数据存储，并搭载强大的计算引擎，对海量数据进行碰撞、挖掘、检索与应用。平台对外提供统一接口，实现数据的查询与调度；对内提供管理服务，实现设备管理、用户管理及服务管理应用。最终通过数据总线形式向上层业务应用系统提供数据资源。

视频大数据深度应用平台，为业务开展提供了统一入口与界面。除对基础数据的管理、应用、分析统计及鉴权管理外，为车辆、人像、ID、门禁、停车场等提供了业务应用模块。同时基于视频、人员、车辆、出入口、门禁及其他各类数据，建立丰富的基于规则的业务模型池，实现多维数据融合碰撞分析，为城市治理提供更多商业应用。

2.3 关键技术

（1）分布式云数据库系统。

1）高性能设计。

a.无共享架构。本章设计依据的大华分布式云数据库系统定位于解决海量数据增长下数据存储瓶颈，采用自动化的并行处理，在分析型数据仓库等OLAP应用中，查询性能比传统的单节点数据库大大提高。采用统一的并行操作数据库引擎，将数据分散在不同的数据库节点上，在高速的内部网络环境下，对于海量数据的并发查询可极大地减少I/O，提高查询效率。数据库扩展方式中的单机数据库、SMP架构、MPP数据库具体如图9-2所示。

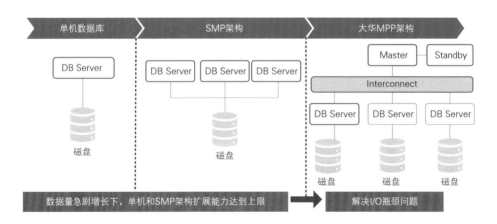

图9-2 无共享架构示意图

- 单机数据库：传统关系型数据库如Oracle，提供计算与存储为一体的单机型数据库系统，其计算资源与存储资源在一台服务器上，存储和计算性能固定。

- SMP架构：由于数据的增长，计算能力达到瓶颈，这时候SMP架构的数据库应运而生，如Oracle RAC。一方面，计算资源等到线性上升，另一方面，也提高了系统可靠性，如服务器总会有宕机的时候，这时候另一台即可接管该服务。

- MPP架构：随着业务数据持续增长，存储已经成为数据库系统中的瓶颈，MPP架构就是在这样的场景下诞生，通过计算存储各自分离，一方面，解决了I/O瓶颈与计算瓶颈；另一方面，基于存储与计算都可靠的事实，MPP架构让海量数据的处理性能与存储可靠性得到质的飞跃。

b.数据高吞吐。大华云数据库采用全并行高速数据加载，使得离线数据同步性能提升 10倍，实时数据写入性能提升4倍。具体体现在：离线同步性能上，不带索引情况下性能为160W条/s,带索引情况下性能为50W条/s；实时数据写入场景下，批量写入性能在2W条/s，如不采用批量写入，性能为700条/s。在安防海量数据写入场景下，采用批量更新的方式能够获得比较高的写入性能。如图9-3所示。

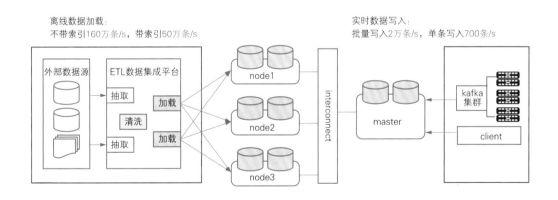

图9-3　高吞吐量示意图

c.极速检索性能。 图9-4为50亿卡口过车记录，车辆业务中大华云数据库与Oracle数据的性能比对。数值越小，性能越高；>300表示5min无响应。

- 基础检索场景下：如精确查询、模糊查询下，云数据库能够获得快速的检索性能，而Oracle数据库检索需要20s左右，可以预见在更大数据量级的情况下，其响应时延时超出业务容忍极限。

· 关联分析场景下：如同行车分析、频繁出现等场景下，Oracle数据库大概在1min内有响应，云数据库由于其采用分布式计算与存储引擎，不仅解决了传统数据库设计缺陷导致的I/O瓶颈，同时并行计算让数据处理性能显著上升，同时支持线性扩展容量与处理性能。

· 分析型场景下：如图9-4所示，在碰撞处理、套牌车分析、首次出现、高危时段等复杂场景处理分析场景下，云数据库系统表现出卓越的性能优势，而Oracle数据库由于其I/O瓶颈制约以及自身设计缺陷，劣势开始明显，甚至无法响应。

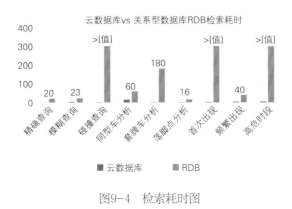

图9-4　检索耗时图

2）高可用性设计。 图9-5为大华云数据库系统服务示意图，master与standBy为集群管理节点，其记录着不同数据分区的分布位置等信息，假如master挂掉，数据库系统无法提供业务响应，故而为集群设置了切换节点，standy支持秒级切换完成，不影响业务。

· 集群高可用。如上分析，standBy切换机制，保障集群避免了单点故障而影响业务，同时系统支持按照负载从剩余节点选择节点让其切换成master，大大提高了集群系统的可靠性。

· 数据高可靠。如图9-5所示，大华云数据库系统采用1：1备份机制，每个节点的数据在集群内另一个节点进行镜像，图中节点A宕机后，系统自动启用镜像节点，无业务中断，保障了系统中数据可靠性，云数据库系统同时支持定时进行本地和远程的全量或增量备份等功能。

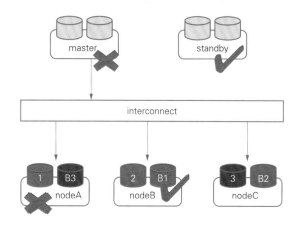

图9-5 云数据库系统服务示意图

3）高扩展性设计。云数据库系统支持在线轻松扩容，随着容量扩充，系统处理性能也能得到近乎线性的上升，扩容只需1min内完成，同时不影响业务，如图9-6所示。

具体步骤如下。

a.在线配置新增节点IP，加入集群。

b.系统自动迁移数据，业务不中断。

c.存储容量与检索性能线性上升。

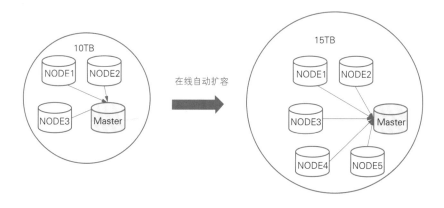

图9-6 云数据库拓展图

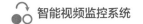
4）高效存储结构设计。

a.列式存储。 如图9-7所示，其生动地描绘了大华云数据库系统中，支持的列式存储与行式存储结构。

简单的说，在行式存储结构中，行作为其基本存储单元，传统数据库系统中基本是基于此结构而设计的，而在列式存储结构中，列作为其基本存储单元，在数据分布分散策略中，列的每一分块存储在不同的节点上。

行式存储优势在于支持比较好的数据一致性处理能力，其在处理大量单条数据更新等场景下能够获得比较好的处理效果。

列式存储优势恰恰在于其善于处理大规模数据，降低了I/O瓶颈，同时在计算与存储各自分布式场景下，并行计算也大大提高了云数据库系统I/O。列式存储的另外一个优势是压缩比高。

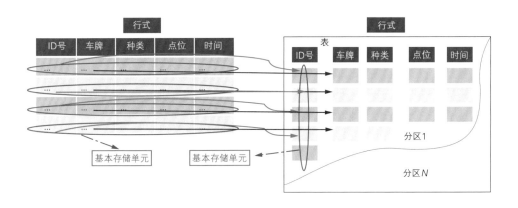

图9-7　列式存储和行式存储

b.灵活数据结构。大华云数据库系统同时支持，行式存储结构与列式存储结构。系统支持按照业务不同灵活选择数据存储结构。如最新数据有经常性更新，历史数据只是偶尔进行查询分析场景下，可以让近期数据按照行式进行存储，历史数据按照列式结构存储。随着时间的进行，过时的新数据进入历史数据，数据存储机构能够灵活切换。

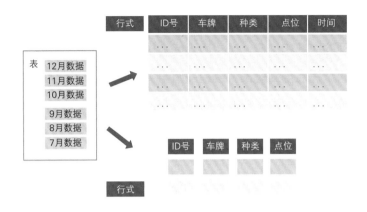

图9-8 数据结构图

c.数据高压缩。大华云数据库系统基于c-store压缩算法支持高的数据压缩效果。行式存储压缩比为10:3，亦即100TB原始数据可有效压缩至30TB；列式存储压缩比为20:3，亦即100TB原始数据可有效压缩至15TB。

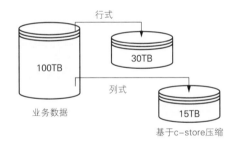

图9-9 数据高压缩

5）开放性设计。大华云数据库系统支持标准的SQL接口与个性化的Restful接口。

· 完全支持ANSI SQL 2008标准。

· 通过SQL可以访问数据库，亦可访问haddop文件系统等外部数据源。

· 支持JDBC/ODBC。

大华云数据库系统可同时支持SQL接口以及Restful定制接口完成平台对接。

（2）全文检索技术。

所谓全文检索是程序通过扫描文章中的每一个词，对每一个词建立一个索引，指明该词在文章中出现的次数和位置，当用户查询时根据建立的索引查找，类似于通过字典的检索字表查字的过程。全文检索系统是按照全文检索理论建立起来的用于提供全文检索服务的软件系统。全文检索系统的核心则具有建立索引、处理查询返回结果集、增加索引、优化索引结构等功能。

简单的说云数据库系统支持以下查询方式，比如查询"首次进城开着黄色面包车车主为前科的人"相关信息，只需要在输入引擎中输入"首次进城 黄色 前科"即可自动返回所需条件的结果。同时支持智能排序、内容高亮显示，以及按中文分词查询。

基于人们搜索习惯的研究，云数据库同时支持如：按手号码查询、按关键词列表查询、同音字(拼音)查询、并支持查询结果二次过滤、批量查询以及查询结果导出等功能。

（3）关系图谱技术。

关系图谱是从海量的不同维度的数据中分析出数据与数据之间的关系，比如同一个人的门禁和车辆，虽然属于不同业务的时空数据，但是因为"与同一个人关联"形成了门禁卡与车辆实体的关系；再比如根据算法得到两辆车连续几天是"同行关系"，那么可以判断这两辆车辆实体形成了关联，这对后期分析找同伴很有帮助。

关系图谱是利用目前非常流行和先进的neo4j来实现的，Neo4j是一个高性能，NOSQL图形数据库，它将结构化数据存储在网络上而不是表中。是一个嵌入式的、具备完全的事务特性的Java持久化引擎，但是它将结构存储在网络上而不是表中。Neo4j也可以被看作是一个高性能的图引擎，具有成熟数据库的所有特性。

（4）容器技术。

Docker是一个开源的应用容器引擎，让开发者可以打包他/她们的应用以及依赖包到一个可移植的容器中，然后发布到任何流行的Linux机器上，也可以实现虚拟化，容器是完全使用沙箱机制，相互之间不会有任何接口。

1）Docker的应用场景。

· Web 应用的自动化打包和发布。

· 自动化测试和持续集成、发布。

- 在服务型环境中部署和调整数据库或其他的后台应用。

- 从头编译或者扩展现有的OpenShift或Cloud Foundry平台来搭建自己的PaaS环境。

2）Docker 的优点。

- 简化程序：Docker让开发者可以打包他们的应用以及依赖包到一个可移植的容器中，然后发布到任何流行的 Linux 机器上，便可以实现虚拟化。Docker改变了虚拟化的方式，使开发者可以直接将自己的成果放入Docker中进行管理。方便快捷已经是Docker的最大优势，过去需要用数天乃至数周的任务，在Docker容器的处理下，只需要数秒就能完成。

- 避免选择恐惧症：Docker镜像中包含了运行环境和配置，所以 Docker可以简化部署多种应用实例工作。比如 Web 应用、后台应用、数据库应用、大数据应用比如Hadoop 集群、消息队列等都可以打包成一个镜像部署。

- 节省开支：云计算时代到来，使开发者不必为了追求效果而配置高额的硬件，Docker 改变了高性能必然高价格的思维定势。Docker 与云的结合，让云空间得到更充分的利用。不仅解决了硬件管理的问题，也改变了虚拟化的方式。

（5）数据挖掘。

数据挖掘业务的数据来源包括负责各种业务的数据库，比如过车数据、门禁数据等感知数据，也可以是常住人口库、重点人员库等人口数据，也包括视频数据经过智能分析之后的数据。数据挖掘示意图如图9-10所示。

采用通用的流计算引擎，批处理计算引擎及机器学习引擎，可以采用原生的语言开发，也可以借助数据库中自带的UDF功能进行开发，亦可以采用Spark等分布式计算引擎进行加速。根据不同的业务进行开发的计算模型，针对不同的业务场景，提供特有的计算方法，并根据场景和数据量进行相应的优化。

系统对外提供统一接口，根据业务需求提供查询分析服务接口。

系统提供统一运维服务包括服务的安装，监控和管理，任务调度服务指的是分析计算任务的定时调度，分布式调度，依赖管理，优先级管理等服务。

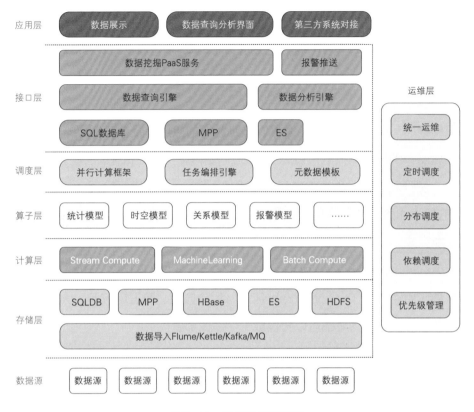

图9-10　数据挖掘示意图

（6）多维大数据。

多维大数据的应用具有以下特点：

• 多维展示：针对多维度数据，进行多维展示，对多维度数据进行关联展示，及对一种数据的多个维度进行展示。

• 标签分析：对数据进行分析挖掘，结合业务为数据打上标签。

• 关联分析：对数据进行关联关系挖掘，得到多个维度数据之间的潜在联系，并用于前端关系展示。

• 碰撞分析：对多个维度的数据进行碰撞分析，以得到多组数据之间的共有特征。

• 时空数据分析：针对交通，卡口等采集的大量的时空数据，进行分析、聚类、碰撞、标签化等工作，得到对时空数据的更高层次的理解，如分析得到同行车、相似车、异常车、非法营运车等。

• 预测：通过对已有业务的大量数据进行标签化，清洗，特征构造，机器学习等步骤，训练出符合业务规律的模型，从而针对现有数据切面进行预测。

3.存储子系统设计

云存储系统是城市智能感知多维大数据项目中的重要组成部分。随着城市物联感知联网的建设，以及多维业务应用工作的开展，将产生海量结构化和非结构化数据的时空数据。通过建立统一的存储资源池，有效的支持原始视频存储、卡口图片存储，视频图像信息库等数据集中存储与共享业务，更好的支持智能业务应用和大型数据挖掘等数据分析业务。其中，云存储系统储存视频图像类非结构化数据；分布式云数据库储存过车记录等结构化数据。

目前云存储系统以成熟、主流的IP网络技术为基础，以分布式云架构为依托，通过部署分布式文件系统，构建统一的存储资源中心。云存储内部通过IP网络进行互联互通，实现存储设备整合、任务统一调度和集中监控管理，同时为外部服务器和客户端提供标准、高效的访问模式，帮助用户轻松管理海量数据，提供高可用的存储服务，优化业务数据流，为应用系统提供便捷、统一管理和高效应用的大数据管理平台。

3.1　云存储系统设计

（1）云存储系统架构。

大华股份的云存储系统采用基于云架构的分布式集群设计和虚拟化设计，在系统内部实现了多设备协同工作、性能和资源的虚拟整合，最大限度利用了硬件资源和存储空间。同时，通过开放透明的应用接口和简单易用的管理界面，与上层应用平台整合后，为整个安防监控系统提供了高效、可靠的数据存储服务。云存储系统架构如图9-11所示。

系统包含四个层次功能，来满足最终用户、系统管理员、运营人员的日常操作需求：

- 存储层：基于单个存储节点，管理本地的硬盘，文件和数据块。
- 存储管理层：提供单个集群和多域的管理能力。
- 接口层：提供丰富的访问接口，适应各种应用。

· 业务应用层：业务应用层部署由各用户根据自身需求，充分利用接口层提供的各种接口，开发而成的监控系统，联网共享系统等。

云存储系统可内置针对视频应用特殊优化的流媒体应用服务，依赖流媒体应用服务，支持大量前端摄像头与云存储海量存储空间直接对接，提供流媒体直存方案，既具备直存的优势，又享受云存储所带来的所有优势。

云存储作为云计算平台中一个统一的存储系统要服务于很多不同的视频图像综合业务应用。通过存储虚拟化管理，云存储可以整合这些不同业务应用存储需求，并进行灵活的容量控制。

云存储采用统一命名空间，易于共享及统一集中管理，可在线透明扩展，并可按需配置或增加节点数，自动负载均衡，无性能瓶颈，性能亦随容量增长，由此有效的解决传统监控存储方案所存在的管理困难、扩容困难、难以共享等问题。云存储本身也能够支持多路高清或标准视频并发写入、读取，同时还可快速配置，做到即插即用，再加上完善的用户权限认证过程，可以全面解决视频监控数据的高效存储、灵活调用以及数据安全等要求。

图9-11 分布式云存储架构

（2）系统模块设计。

大华股份云存储系统核心是分布式文件系统(EFS)，主要包括元数据服务集群负载均衡模块、数据节点内磁盘负载均衡模块、高可靠数据分布策略管理模块、数据节点的磁盘管理模块、智能恢复模块、一致性保护模块、用户配额模块、系统安全管理模块等构成。

元数据服务集群负载均衡模块。元数据服务器会针对集群中的所有节点的汇报的实时负载压力（CPU、内存、网络流量、磁盘IO）进行汇聚，收集到集群负载均衡模块内，做统一的调度，优化节点的间的负载，让所有节点均衡均摊系统压力，提升系统的整体读写性能，最终也均衡掉各个节点的容量，使得系统能够支持异构容量和性能的数据节点。集群负载均衡模块可以为文件写入分布随机节点，满足N+M的节点级容错。

• 数据节点内磁盘级负载均衡模块。磁盘级负载均衡通过实时收集磁盘的负载，磁盘空间使用情况，调度写入到该节点内的数据流均衡的分布各个低负载，高可用容量的磁盘，让写入更加平滑，最大粒度的发挥磁盘的顺序写入的能力，并在长期负载下能使得各个磁盘的容量能最终均衡，实现系统容忍异构的磁盘。

• 高可靠数据分布策略管理模块。高可靠数据分布策略管理模块根据数据分布算法能支持将数据块分布在满足节点级容错以及硬盘级容错，即支持N+M:B。通过在集群负载均衡模块之上接入数据分布策略管理模块，可以让系统在负载均衡模块更加优秀的选择出更加分布合理的数据节点。

• 数据分布策略管理模块让系统可以支持多种N+M:B的策略，另外当系统规模小不满足节点容错的时候也可以通过N+M:0让数据分布降级为支持磁盘级容错，让系统逐步扩容不用修改任何配置，后续所有新写入的数据可以自动提升为最优的容错数据分布，让数据分布从磁盘级容错提升节点级容错（节点级容错可以自动提升直至到最高的冗余数所相对应的节点数）。对于小规模，不支持节点容错，还可以通过动态配置支持所有数据块分布至一台节点。减少磁盘故障时跨网络恢复的开销，充分发挥节点内的数据恢复性能。

• 数据节点的磁盘管理模块。智能磁盘管理模块可以直接管理数据节点内的磁盘，为每个磁盘抽象成一个磁盘对象，并将磁盘对象交由磁盘管理模块统一管理，形成数据节点内部的存储层，为数据块在节点的统一存储和管理提供便利，所有磁盘相关的管理操作可以对外无感知。

- 磁盘管理模块可以感知磁盘的热插拔事件，磁盘异常损坏，磁盘变慢盘，触发磁盘自动上下线，对于新盘可以自动感知格式化，对于同一集群磁盘可以自动上线，加载磁盘内的数据索引。针对热插拔可以在节点出现异常通过磁盘飘逸实现数据快速恢复，也可以根据该特性实现新扩容之后，节点容量快速均衡。针对磁盘故障感知到异常损坏或者慢盘，会提前触发系统进行恢复，让用户真正实现免维护。

- 智能恢复模块。智能恢复模块会实时感知文件在云存储中出现的异常块，针对出现异常块的文件按照调优过适合安防行业特点的恢复策略进行恢复，尽量让时间最近，文件损坏更严重的优先恢复。并针对冗余度高，可靠性高的文件，在出现可容忍的少量数据块损坏时，可以减少恢复(如12+3坏了一个冗余块，由于本身已经很可靠，可以不进行恢复)。同时为了支持更加紧急的数据文件，在自动恢复策略之上引入优先恢复队列，用于在技术人员判断某天的数据需要优先恢复。优先恢复会打断自动恢复优先完成指定的某一天内的数据文件。

- 智能恢复模块，还会根据当前系统过的负载压力，实时调整恢复速度，在保证读写不受影响的情况下，高速完成异常文件的快速恢复。

- 一致性保护模块。系统长期运行过程中，由于断电，bit位反转，人为破坏，写入异常，程序bug等原因，都可能导致写入的文件，出现损坏。针对可能出现的数据和写入时的不一致，我们通过会根据读写加入校验值记录和判断，以及内部周期性检测数据块是否和记录的校验值不一致。当发现不一致，汇报给元数据服务器，由智能恢复模块进行数据恢复，从而保证数据一致性。在分布式系统中，必然存在由于各种各样的原因，会有小概率集群内的多台节点的数据块和元数据服务内管理的数据块信息出现的差异，为了解决该问题，我们周期性触发数据节点进行全量汇报，报告自身所拥有的数据块索引信息，使得元数据可以不断的修正自身记录的信息，从而使得外部读取文件正常或者感知到文件缺失触发自动恢复提供云存储的可靠性。

- 集群管理模块。集群管理模块，是用于管理和识别系统中的所有数据节点，为负载均衡，数据恢复，客户端升级资源提供数据源，并负责该节点在集群中的生命周期管理以及处理节点的扩容变更等操作。在节点第一次注册加入到集群，就为该节点分配身份ID，即使修改节点的网卡的ip也仍能识别到该节点，避免由于节点ip的修改而导致数据迁移而触发大量的数据恢复等问题。集群管理模块可以识别处理按节点的重复加入，下线，删除等操作。在节点长时间下线，系统触发针对该节点上的数据块进行恢复，避免真正由于节点网络问题或者硬件问题导致数据恢复延时而丢失。

　　· 用户配额模块。为了满足云端的多租户的需求，通过用户配额模块，保证用户之间的空间有保证，用户间的数据占用的都是各自独立的逻辑存储空间，相互之间不干扰。并且可以针对用户的bucket设置不同的配额，满足上层业务丰富的空间划分需求。

　　· 统一资源池管理模块。统一资源池管理模块负责将全局的文件的元数据信息统一管理，并提供出bucket，让用户将文件按bucket组织。元数据的信息中会记录文件的组织信息，即一个文件存储在哪些节点上，有哪些数据块组成。在系统一致性检测时，就可以比较发现元数据记录的信息和节点上记录的数据块信息的差异，用于修正差异。通过统一资源管理，可以让用户方便的有效的共享文件，由于整个系统的文件最终是统一使用所有存储节点所提供的存储空间，也会让弹性扩展更加的简单高效。

　　· 系统安全管理模块。系统安全管理，在多维度为云存储的安全进行加固，在运维系统支持运维系统的多用户访问，区分用户访问运维的权限，支持弱密码检测提示。云存储的存储用户为实际存储的业务方账户系统，区分访问云存储的权限。云存储内部的访问采用动态加密为登录过程以及后续请求交互过程提供高安全保障。云存储内部系统在软件防火墙上拦截非云存储所需的所有端口，屏蔽外部通过端口的入侵。存储系统支持内部异常操作日志记录，记录针对所有高危动作的记录，以便回溯追查事件源由。

　　（3）系统功能设计。

　　分布式文件系统是整个云存储系统的核心，提供了数据存储业务的所有功能。文件系统借鉴众多现有分布式文件系统设计理念和思想，结合视频监控业务特点，提供了众多功能，包括：文件数据存储与访问功能；利用分布式技术将众多存储设备集群化成一个存储资源池，实现海量数据存储能力；分布式文件系统管理整个存储资源池，构建成一个统一的命名空间；系统提供高可靠、高存储空间利用率的数据冗余策略，保证数据的可靠性；提供灵活、非常适用于视频监控业务的数据恢复机制；利用高可靠主备技术，保证元数据管理服务的高可用性；利用节点间的失败检测与恢复机制，实现存储节点的高可用性；动态负载均衡技术保证整个系统负载均衡，规避数据热点和单存储设备性能瓶颈；通过在线动态增加或删除节点功能，保证存储系统建设的灵活性，以及业务的持续性。

分布式文件系统包括元数据管理、块数据管理服务。

· 元数据是指文件的名称、属性、数据块位置信息等，元数据管理通过元数据服务程序完成。因元数据访问频繁，故系统将元数据加载缓存至内存中管理，提高访问效率。由于元数据的重要性，元数据损坏或丢失则相当于文件数据丢失，因此实现了元数据服务器主备双机热备，保证高可用，确保 7×24h 不间断服务。

· 块数据是指文件数据被按照一定大小分割而成的多个数据块，分布存储到不同的存储节点服务器上，并通过编解码容错算法产生相应的冗余块。

存储服务是运行在每个存储节点服务器上的存储服务程序，负责使用存储服务器上的磁盘空间存储文件数据块，并实现相应的编解码功能以及保证磁盘间的负载均衡等。

文件系统采用非对称分布式存储架构，控制流与数据流分离，可通过增加存储节点实现系统的线性扩容。该系统架构实现了统一调度，负载均衡和流量自动分担功能，多个存储节点同时对外提供数据流服务，系统根据磁盘空间使用比例进行资源优化配置。

分布式文件系统具有灵活冗余重建功能，确保单节点的损坏不会影响到数据的可读性。

（4）云存储计算依据。

1）非结构化数据存储需求分析。非结构化数据主要包括视频和图片，其中视频按照 x 路，4Mb 码流计算；图片分为车辆卡口和人脸卡口，其产生的图片大小均不一样，表9-1为非结构化数据需求表。

表9-1　非结构化数据需求表

类型	数量	单路大小	存储天数	所需存储空间
视频	x 路	4Mbit/s	30 天	X
车辆卡口图片	y 路	615KB	365 天	Y
人脸卡口图片	z 路	120KB	365 天	Z
合计（ $=X+Y+Z$ ）				T

x 路视频所需容量为

$$X = 4\text{Mbit/s} \div \frac{8b}{B} \times \frac{3600s}{h} \times \frac{24h}{d} \times x \times 30d$$

$$\times 1.1(\text{恒定码流 CBR 系数})$$

$$\div \frac{1024KB}{MB} \div \frac{1024MB}{GB} \times \frac{1024GB}{TB}$$

$$\times \frac{1024TB}{PB}$$

y路车辆+z路人脸卡口图片所需容量为

y路车辆卡口图片每次产生1张原始图和一张车牌抠图具体计算如下：

$$Y = 512KB \times 1.2(\text{系数},1\text{ 张原始大图} + 1\text{ 张抠图})$$

$$\times y(\text{路数}) \times \frac{10000\text{pcs}}{\text{days}} \times 365\text{days}$$

$$\div \frac{1024KB}{MB} \div \frac{1024MB}{GB} \div \frac{1024GB}{TB}$$

$$\div \frac{1024TB}{PB}$$

z路人脸卡口每次产生1张场景图和1张人脸图具体计算如下：

$$Z_1(\text{场景图}) = 100KB \times z(\text{路数}) \times \frac{15000\text{pcs}}{\text{days}} \times 365\text{days}$$

$$\div \frac{1024KB}{MB} \div \frac{1024MB}{GB} \div \frac{1024GB}{TB}$$

$$\div \frac{1024TB}{PB}$$

$$Z_2(\text{人脸图}) = 20KB \times z(\text{路数}) \times \frac{15000\text{pcs}}{\text{days}} \times 365\text{days}$$

$$\div \frac{1024KB}{MB} \div \frac{1024MB}{GB} \div \frac{1024GB}{TB}$$

$$\div \frac{1024TB}{PB}$$

2）非结构化数据存储计算。根据视频和卡口路数计算得出总存储容量需求为

$$T=X+Y+Z$$

在实际部署配置中需要考虑到冗余配置保证云存储的可靠性，具体计算如下：

视频都存在生命周期，为防止云存储数据写满后需要循环覆盖，把历史的数据删除新的数据写入没有足够的时间删除历史数据进行循环覆盖，设置10%缓冲区空间，故所需容量为T_2

$$T_2=T_1 \times 1.1$$

云存储可以提供多种模式的N+M存储策略，通常情况下以4+1、8+2、12+3、16+4等存储策略，以8+2模式为例，存储利用率为80%，硬盘初始化之后实际可以利用的存储空间为硬盘标称的90%（标称500TB的硬盘实际可用空间为450多TB），整个存储系统的容量（T_3）计算公式为

$$T_3=T_2 \div 90\% \div 80\%$$

云存储36盘位节点单个节点所提供容量

$$36\mathrm{pcs} \times \frac{4\mathrm{TB}}{\mathrm{pcs}} = 144\mathrm{TB}$$

所需节点数据（Q_1）为

$$Q_1 = T_3\,\mathrm{PB} \times \frac{1024\mathrm{TB}}{\mathrm{PB}} \div 144\mathrm{TB}$$

增加1台节点为存储节点热备空间，该空间实际也是在用的，若有1个节点出现故障云存储系统有足够的可用空间对故障节点内的数据进行数据恢复。

总的存储节点数（Q_2）为

$$Q_2=Q_1+1$$

3.2 云数据库系统设计

随着对安防数据价值的持续关注，传统意义上安防系统作为环境安全系统建设，已经逐步切换至客户核心业务系统建设，安防数据与客户核心数据的融合与碰撞已经在不

同行业和场景下为客户带来越来越大的价值，如智慧交通（交通大脑）、平安城市、智慧城市、智慧新警务（警务超脑）等大型系统。如何快速有效的定位多维度数据，挖掘出各类数据多维度的潜在关联关系成为核心难题和价值所在。

传统的数据搜索都是基于Oracle、MySQL等关系型数据库。在大数据的时代，传统的数据库已经无法应对海量的数据处理的需求。面对海量数据，传统数据由于其系统设计初衷的局限性，带来了性能上的瓶颈制约：如I/O瓶颈问题、数据检索效率低下问题，无法支撑简单检索业务，更加无法支撑分析型、多维碰撞型、数据挖掘型核心价值业务。数据量的庞大，提升了数据管理的难度，如何保障数据的安全、可靠，伴随着容量的扩展、性能如何扩展，这些难题都是传统数据库没有考虑过的场景。因此需要先进的数据库技术来应对越来越复杂，数据越来越庞大的业务场景。

以大华股份云数据系统为例，云数据库系统可有效处理1000亿级别数据场景，支撑海量数据查询、分析、多维碰撞等业务，最大限度的满足对数据不断增长的查询和分析挖掘需求。借鉴了开源平台中如HBase、Elasticsearch、Solr、Spark、Redis、图数据库、Greenplum等优秀数据库系统的设计优点，结合大数据多种多样的复杂场景的处理需求，诞生而成的先进性数据库产品。

（1）系统架构设计。

大华股份云数据库系统围绕着人、车、物等标签化数据，卡口过车数据，人脸特征矢量化数据，MAC、热点、RFID电子标签等结构化数据进行数据的采集、传输、存储、分析，运用大数据核心技术，具体系统架构如图9-12所示。

图9-12 分布式云数据库系统架构

（2）系统功能。

1）数据同步服务。云数据同步服务，提供离线同步服务与实时同步服务。离线同步，通过ETL工具或者大华云数据库提供的工具，或者数据接入网关完成数据的离线导入，实时同步等主要是借助平台服务（如MQ）或其他中间件完成数据的实时写入，不同场景选择不同的数据同步服务方式，具体按照项目情况而定。如图9-13所示。

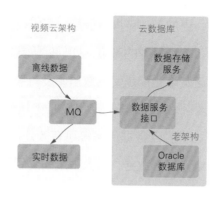

图9-13　数据同步服务示意图

2）数据存储服务。云数据库存储服务，主要有MPP存储引擎服务、Elasticsearch、Slor等全文检索与索引服务、HBase、HDFS存储服务，支持按照不同的业务场景定制化底层存储，丰富的存储结构支持、灵活的搭配、高效数据压缩等特点，完美支持各种类型业务。

· HDFS: Hadoop分布式文件系统：支持高吞吐量、高度容错性，适合运行在通用硬件上的海量分布式文件系统。

· HBase：基于HDFS的分布式列式数据库：一个高可靠性、高性能、面向列、可伸缩的分布式存储系统。

· ElasticSearch：一个基于Lucene的搜索引擎，它提供了一个分布式多用户能力的全文搜索引擎，基于RESTful Web接口。Elasticsearch是用Java开发的，并作为Apache许可条款下的开放源码发布，是当前流行的企业级搜索引擎。

· Slor：是一个基于Lucene的全文搜索引擎，同时对其进行了扩展，提供了比Lucene更为丰富的查询语言，同时实现了可配置、可扩展并对查询性能进行了优化，并且提供了一个完善的功能管理界面，是一款非常优秀的全文搜索引擎。

· MPP: Massively Parallel Processing大规模并行处理系统，系统由许多松耦合的处理单元组成的。每个单元内的CPU都有自己私有的资源，如总线，内存，硬盘等。在每个单元内都有操作系统和管理数据库的实例复本。

针对大规模数据并行计算业务场景，实现面向多维分析、数据挖掘等业务场景需求，实现复杂的大规模数据分析操作。

· 支持数据库分区，支持大规模数据的联机分析处理。

· 支持大规模并行分布式计算，提高数据分析速度。

· 支持多维数据分析，灵活地进行大数据量的复杂查询处理。

· 支持分布式数据库横向扩展;

· 支持标准sql开发，上手简单，学习成本低。

3）数据接口服务。云数据库系统支持SQL接口、支持Restful接口。

4）统一运维服务。云数据库系统给用户提供统一运维的工具和界面，可以优化展示系统硬软件状况，和数据情况，同时提供智能运维。

5）数据库控制台管理。云数据库系统给用户提供系统数据库控制台管理功能，包括创建或同步数据的配置等服务，并提供数据备份入口。

4.智能感知多维大数据平台设计

建设"一张网、一朵云、一张图、多维应用"进行深度应用的智能感知多维大数据平台，围绕"资源共享、协同增效、可扩可容、应用深挖"的原则，融合视频监控、过车信息、人脸信息、门禁、出入口等视图数据，引入深度学习、视频智能识别与解析、虚拟化、云计算、物联网、分布式计算等新兴技术，建设车辆专题库、门禁专题库、人像专题库、信息专题库等数据专题库，提供统一的多维大数据应用平台，为用户提供全息档案、可视化用户画像、专题分析、多维检索等功能，实现对海量大数据的智能检索、涉车应用、人像应用、稽查、技战应用和统计分析，为各单位、各业务提供以视频信息技术为核心的科技支撑，主动服务。

4.1 系统架构

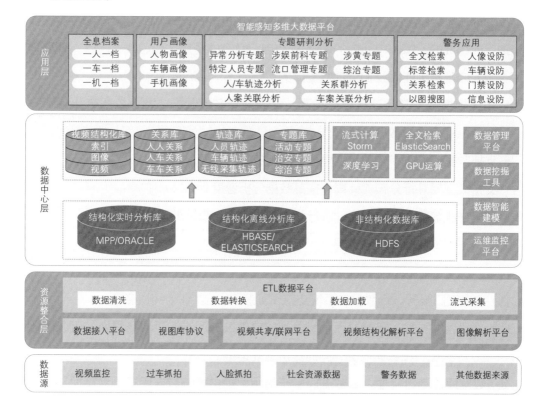

图 9-14 智能感知大数据平台系统架构图

遵循"一朵云、一张网、一张图、多维应用"的设计思想,继续完善视频图像信息库、开发大数据算法模型及深化实战应用功能,全面提升资源利用和服务价值。

总体架构如图9-14所示,从上到下分为四层,前端感知层(数据源)、资源整合层、数据中心计算层、应用SaaS层。

· 感知层(数据源)包含所有的前端采集设备,例如,卡口、门禁采集等,负责对车辆、热点和RFID等时空数据的采集。

· 资源整合层包括对数据的接入,裸数据的解析处理,数据标准化管理等模块。实现标准数据的接入和预处理。

· 数据中心层包含数据的分类存储、构建专题库,实现结构化数据和非结构化数据的清洗、挖掘、碰撞分析,支持数据源的接入,通过ETL工具和数据挖掘等处理为SaaS层提供数据及接口支持,根据实际情况融合单一或多个维度数据。

- 融合前端感知的车辆、RFID、人像、身份证等动态时空轨迹数据。

- 融合旅馆、网吧、空港、铁路等身份证动态时空轨迹数据。

- 应用SaaS层包含实战业务功能模块，负责业务相关实战业务的分析处理，SaaS层包含多个组件，其中通用服务组件，包含日志服务、用户认证和服务管理三个模块，各业务系统可通过调用该组件提供的接口实现与其他业务系统业务的功能共用；其他组件实现多维感知项目业务侧的布控服务、融合检索、全息档案、关系图谱（用户画像）、实时预警、轨迹分析、标签分析等核心功能。

4.2 系统关键流程

（1）数据接入模块。

多维系统是建立在海量时空数据的基础之上的，时空数据（或时序数据）指的是随着时间不断产生的结构化和非结构化数据，这些数据带有人、车、RFID等属性，通过一些规则可以碰撞出一些有意义的行为。数据流程如图9-15所示。

1）时空数据通过统一接入程序接入，第三方时空数据通过视图库服务或者数据接入服务导入；

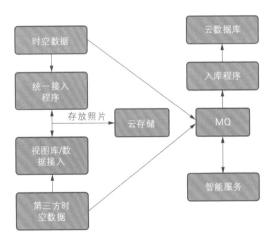

图9-15 数据流程图

2）两种接入方式视数据类型的不同需要做数据转换、数据去重、数据修正的工作；

3）非结构化数据图片、文件等存储到云存储中，获取url后存入MQ；

4）同一类型的业务数据进入到MQ的相同队列中；

5）智能服务如二次分析、人脸比对等会消费MQ数据，完成智能化后再次入队列；

6）入库程序会实时的消费MQ队列，数据录入云数据库的表中。

（2）标签分析模块。

标签是多维系统对海量业务数据根据一定的算法进行分析后而对各种业务实体（人员、车辆、RFID等）形成的一系列特有属性，可以根据一些数据挖掘算法，自动对实体进行"打标"，这样这个实体在一段时间内就会带有这个标签属性，根据这些标签，可以对时空数据进行布控、检索和更高层次的碰撞分析。

标签分析模块会在每天对前一天的离线数据进行清洗以及按时间段进行切片，切片结果作为输入到离线算子中分析，得到实体的标签结果，之后存入数据库提供查询。

（3）全息档案模块。

全息档案数据是时空数据能够做碰撞业务的基础，全息档案是不同时空数据的关系网络。从时空数据和业务系统中得到人员、车辆、RFID的关系，入库后形成档案表。全息档案流程如下：

1）全息档案从时空数据MQ中消费数据，判断是否要补充档案，如果档案已经存在，则不需要补充，反之，则需要补充档案信息；

2）根据档案的类型，向不同的系统中查询必要的信息，补充到全息档案里；

3）档案数据维护程序接收到档案结果后，录入或更新到云数据库相应的档案表中，供后期分析使用；

4）某些特定系统的每日请求数有限制，档案维护允许一定的时间延迟。

4.3 业务应用功能

（1）全息档案功能。

系统通过一人一档、一车一档、一机一档的方式，构建人员、车辆、RFID信息的档案，这些档案不仅涵盖了人员、车辆、RFID的基础信息、关联人员信息、活动轨迹等常规性信息，还使用预置的规则算法，通过大数据流式计算、定时离线批量计算等方式，挖掘大数据中隐藏的规律，智能总结人员、车辆、无线终端的行为习惯，形成基本的人物画像、车辆画像、终端画像，并据此实现智能判断结果标签化。这些智能判断信息，其实都包含在传统查询可以看到的数据里面，但通过这种"数据的再加工"而产生的数据，形成对业务更加具有指导意义的信息。

1）一人一档。一人一档，对单独人员建立档案库，存储人员关联信息。按人员基本信息、活动轨迹、关系车信息、人像轨迹、社会关系、人物画像展示相关信息。

2）一车一档。一车一档，对单独车辆建立档案库，存储车辆关联信息。按车辆基本信息、关联人信息、违章记录、事故记录、车辆轨迹、被盗抢记录等分类展示车辆的相关信息。

3）一机一档。一机一档，对摄像机建立档案库，存储摄像机关联信息。按终端基本信息、地理位置信息、运维信息、网络信息等分类展示摄像机的相关信息。详见第七章的有关描述。

（2）用户画像建设。

通过从业务接口获取的关联数据，加上系统获取的安防数据，包含：车牌与驾驶证关系、车牌与RFID关系、车牌与人脸关系、身份证与RFID关系、身份证与虚拟身份关系、RFID与虚拟身份关系。来分析出丰富的关系模型，如同车主关系、同登记地址关系、同临时固定落脚点等。

利用这些关系可以追踪出以前难以捉摸的目标之间的联系。关系图谱呈现包括关系详情、1度关系的检索，可按需实现矩阵、环形、直线等形状的排列，支持关系展开收拢等操作。

1)人物画像。系统设计提供基于身份证号码的人物画像服务，设计围绕着人物的家庭、婚姻、亲朋等社会关系、教育水平、经济情况、消费情况、行为特征等方面信息的总结分析建设一系列的分析模型，通过这些模型组成一个"人物画像"的服务接口，对人员各类信息进行提炼总结，形成基本的人物画像。

2）车辆画像。系统提供基于车牌号、发动机号、车架号等车辆唯一标示，通过一系列复杂的数据分析模型对车辆各方面情况进行总结，并以服务接口的方式提供出来形成"车辆画像"。

系统通过对车辆行车轨迹在时空上分布规律的分析，分析如下信息：

a.这辆车每天经常在哪些地方经过；

b.经常长时间停留的地方是哪里、哪里是其可能的居住地、工作地，常规的行车路线是什么、经常在什么时间出门、什么时间回家；

c.最近在什么地区活动、有没有离开居住地区长期在外；

d.其驾驶习惯是不是良好、是否经常超速违章。

（3）融合检索。

系统融合前端感知的车辆、RFID、人像、身份证等动态时空轨迹数据，融合传统业务的旅馆、网吧、空港、铁路购票等身份证动态时空轨迹数据，融合人员基本信息、机动车信息、RFID信息等静态档案数据。具有强大的融合检索能力，支持精准检索和模糊检索，搜索结果按匹配度排序，相同匹配按照时间倒序排列，它能根据用户输入的关键信息从各种时空数据和档案中智能检索出相关联的结果，支持从搜索结果中跳转到添加布控、关系图谱、轨迹刻画，目前支持下面5种检索方式：

1）全文检索：输入任意关键词，对系统中时空数据、档案数据进行全方面的检索。它会扫描数据中的每一个词，对最符合用户输入的关键字进行查找，并根据打分结果的高低返回给终端用户。

2）目标检索：系统中有各种数据目标实体，比如车辆车牌、人员证件号、RFID标签号等，可以直接对目标进行检索。

3）标签检索：系统会自动给各类符合条件的实体加上"标签"属性，比如"早出晚归"，"朝九晚五"等，可以直接根据标签进行检索。

4）关系检索：提供关系检索方式，比如输入一个人的信息，可以关联找出这个人所属有的车辆、RFID或者可以关联与之有关系的人员实体，系统会一并查出相关联实体的搜索结果。

5）二次检索：支持在已有检索结果基础上进行二次检索。

（4）多维碰撞。

系统碰撞操作工作台，对数据源（时空表、档案表）实现可视化展示，通过拖拽可视化数据源对目标项执行多表数据的交集、并集碰撞分析，支持结果集数据的导出、支持结果集的二次碰撞分析导出。

第十章　地理信息系统和增强现实

在第一章 视频监控系统基础中，提到了一个很重要的概念"全息数据"，全息数据是数据时代的典型特征，是指将全域数据和视频图像进行融合，产生立体化空间、多维度、相互关联的全时空数据。典型应用包括3D全息投影、3D地图、虚拟显示VR、增强显示AR。本章将基于全息数据来描述地理信息系统、增强现实和视频监控数据的融合。

1.基础知识

1.1　什么是地理信息系统

地理信息系统（Geographic Information System或 Geo‑Information system，GIS），它是一种特定的十分重要的空间信息系统。它是在计算机硬、软件系统支持下，对整个或部分地球表层（包括大气层）空间中的有关地理分布数据进行采集、储存、管理、运算、分析、显示和描述的技术系统。

位置与地理信息既是基于位置服务（Location Based Service，LBS）的核心，也是LBS的基础。一个单纯的经纬度坐标只有置于特定的地理信息中，代表为某个地点、标志、方位后，才会被用户认识和理解。用户在通过相关技术获取到位置信息之后，还需要了解所处的地理环境，查询和分析环境信息，从而为用户活动提供信息支持与服务。

地理信息系统是一门综合性学科，结合地理学与地图学以及遥感和计算机科学，已经广泛的应用在不同的领域，是用于输入、存储、查询、分析和显示地理数据的计算机系统，随着GIS的发展，也有称GIS为"地理信息科学"（Geographic Information Science），近年来，也有称GIS为"地理信息服务"（Geographic Information Service）。GIS是一种基于计算机的工具，它可以对空间信息进行分析和处理（简而言之，是对地球上存在的现象和发生的事件进行成图和分析）。 GIS 技术把地图这种独特的视觉化效果和地理分析功能与一般的数据库操作（例如查询和统计分析等）集成在一起。

GIS可以分为以下五部分：

· 人员：是GIS中最重要的组成部分。开发人员必须定义GIS中被执行的各种任务，开发处理程序。 熟练的操作人员通常可以克服GIS软件功能的不足，但是相反的情况就不成立。最好的软件也无法弥补操作人员对GIS的一无所知所带来的副作用。

· 数据：精确的可用的数据可以影响到查询和分析的结果。

· 硬件：硬件的性能影响到软件对数据的处理速度，使用是否方便及可能的输出方式。

· 软件：不仅包含GIS软件，还包括各种数据库，绘图、统计、影像处理及其他程序。

· 过程：GIS 要求明确定义，一致的方法来生成正确的可验证的结果。

GIS属于信息系统的一类，不同在于它能运作和处理地理参照数据。地理参照数据描述地球表面(包括大气层和较浅的地表下空间)空间要素的位置和属性，在GIS中的两种地理数据成分：空间数据（与空间要素几何特性有关）、属性数据（提供空间要素的信息）。

地理信息系统（GIS）与全球定位系统（GPS）、遥感系统（RS）合称3S系统。地理信息系统是一种具有信息系统空间专业形式的数据管理系统。在严格的意义上，这是一个具有集中、存储、操作、和显示地理参考信息的计算机系统。

地理信息系统技术能够应用于科学调查、资源管理、财产管理、发展规划、绘图和路线规划。例如，一个地理信息系统（GIS）能使应急计划者在自然灾害的情况下较易地计算出应急反应时间，或利用GIS系统来发现那些需要保护不受污染的湿地。

地理数据和地理信息

什么是信息（Information）？ 1948年，美国数学家、信息论的创始人香农（Claude Elwood Shannon）在题为《通信的数学理论》的论文中指出："信息是用来消除随机不定性的东西"； 1948年，美国著名数学家、控制论的创始人维纳（Norbert Wiener）在《控制论》一书中，指出："信息就是信息，既非物质，也非能量。" 狭义信息论将信息定义为"两次不定性之差"，即指人们获得信息前后对事物认识的差别；广义信息论认为"信息是指主体（人、生物或机器）与外部客体（环境、其他人、生物或机器）之间相互联系的一种形式，是主体与客体之间的一切有用的消息或知识"。

信息与数据既有区别，又有联系。数据是定性、定量描述某一目标的原始资料，包括文字、数字、符号、语言、图像、影像等，它具有可识别性、可存储性、可扩充性、可压缩性、可传递性及可转换性等特点。信息与数据是不可分离的，信息来源于数据，数据是信息的载体。数据是客观对象的表示，而信息则是数据中包含的意义，是数据的内容和解释。对数据进行处理（运算、排序、编码、分类、增强等）就是为了得到数据中包含的信息。数据包含原始事实，信息是数据处理的结果，是把数据处理成有意义的和有用的形式。

地理信息作为一种特殊的信息，它同样来源于地理数据。地理数据是各种地理特征和现象间关系的符号化表示，是指表征地理环境中要素的数量、质量、分布特征及其规律的数字、文字、图像等的总和。地理数据主要包括空间位置数据、属性特征数据及时域特征数据三个部分。空间位置数据描述地理对象所在的位置，这种位置既包括地理要素的绝对位置（如大地经纬度坐标），也包括地理要素间的相对位置关系（如空间上的相邻、包含等）。属性数据有时又称非空间数据，是描述特定地理要素特征的定性或定量指标，如公路的等级、宽度、起点、终点等。时域特征数据是记录地理数据采集或地理现象发生的时刻或时段。时域特征数据对环境模拟分析非常重要，正受到地理信息系统学界越来越多的重视。空间位置、属性及时域特征构成了地理空间分析的三大基本要素。

地理信息是地理数据中包含的意义，是关于地球表面特定位置的信息，是有关地理实体的性质、特征和运动状态的表征和一切有用的知识。作为一种特殊的信息，地理信息除具备一般信息的基本特征外，还具有区域性、空间层次性和动态性特点。

当今社会，人们非常依赖计算机以及计算机处理过的信息。在计算机时代，信息系统部分或全部由计算机系统支持，因此，计算机硬件、软件、数据和用户是信息系统的四大要素。其中，计算机硬件包括各类计算机处理及终端设备；软件是支持数据信息的采集、存贮加工、再现和回答用户问题的计算机程序系统；数据则是系统分析与处理的对象，构成系统的应用基础；用户是信息系统所服务的对象。

从20世纪中叶开始，人们就开始开发出许多计算机信息系统，这些系统采用各种技术手段来处理地理信息，它包括：

- 数字化技术：输入地理数据，将数据转换为数字化形式的技术；
- 存储技术：将这类信息以压缩的格式存储在磁盘、光盘，以及其他数字化存储介质上的技术；
- 空间分析技术：对地理数据进行空间分析，完成对地理数据的检索、查询，对地理数据的长度、面积、体积等的量算，完成最佳位置的选择或最佳路径的分析以及其他许多相关任务的方法；
- 环境预测与模拟技术：在不同的情况下，对环境的变化进行预测模拟的方法；
- 可视化技术：用数字、图像、表格等形式显示、表达地理信息的技术。

地理信息系统就是用于采集、存储、处理、分析、检索和显示空间数据的计算机系统。与地图相比，GIS具备的先天优势是将数据的存储与数据的表达进行分离，因此基于相同的基础数据能够产生出各种不同的产品。

由于不同的部门和不同的应用目的，GIS的定义也有所不同。当前对GIS的定义一般有四种观点：即面向数据处理过程的定义、面向工具箱的定义、面向专题应用的定义和面向数据库的定义。Goodchild把GIS定义为"采集、存贮、管理、分析和显示有关地理现象信息的综合技术系统"。Burrough认为"GIS是属于从现实世界中采集、存储、提取、转换和显示空间数据的一组有力的工具"，俄罗斯学者也把GIS定义为"一种解决各种复杂的地理相关问题，以及具有内部联系的工具集合"。面向数据库是定义则是在工具箱定义的基础上，更加强调分析工具和数据库间的连接，认为GIS是空间分析方法和数据管理系统的结合。面向专题应用的定义是在面向过程定义的基础上，强调GIS所处理的数据类型，如土地利用GIS、交通GIS等；GIS是在计算机硬、软件系统支持下，对整个或部分地球表层（包括大气层）空间中的有关地理分布数据进行采集、储存、管理、运算、分析、显示和描述的技术系统。它和其他计算系统一样包括计算机硬件、软件、数据和用户四大要素。只不过GIS中的所有数据都具有地理参照，也就是说，数据通过某个坐标系统与地球表面中的特定位置发生联系。

地理信息系统简称GIS，多数人认为是Geographical Information System（地理信息系统），也有人认为是Geo-information System（地学信息系统）等。人们对GIS理解在不断深入，内涵在不断拓展，"GIS"中，"S"的含义包含四层意思：

一是系统（System）。是从技术层面的角度论述地理信息系统，即面向区域、资源、环境等规划、管理和分析，是指处理地理数据的计算机技术系统，但更强调其对地理数据的管理和分析能力，地理信息系统从技术层面意味着帮助构建一个地理信息系统工具，如给现有地理信息系统增加新的功能或开发一个新的地理信息系统或利用现有地理信息系统工具解决一定的问题，如一个地理信息系统项目可能包括以下几个阶段：

（1）定义一个问题。

（2）获取软件或硬件。

（3）采集与获取数据。

（4）建立数据库。

（5）实施分析。

（6）解释和展示结果。

这里的地理信息系统技术（Geographic information technologies）是指收集与处理地理信息的技术，包括全球定位系统（GPS）、遥感（Remote Sensing）和GIS。从这个含义看，GIS包含两大任务，一是空间数据处理；二是GIS应用开发。

二是科学（Science）。是广义上的地理信息系统，常称之为地理信息科学，是一个具有理论和技术的科学体系，意味着研究存在于GIS和其他地理信息技术后面的理论与观念（GIScience）。

三是代表着服务（Service）。随着遥感等信息技术、互联网技术、计算机技术等的应用和普及，地理信息系统已经从单纯的技术型和研究型逐步向地理信息服务层面转移，如导航需要催生了导航GIS的诞生，著名的搜索引擎Google也增加了Google Earth功能，GIS成为人们日常生活中的一部分。当同时论述GIS技术、GIS科学或GIS服务时，为避免混淆，一般用GIS表示技术，GIScience或GISci表示地理信息科学，GIService或GISer表示地理信息服务。

四是研究（Studies），即GIS= Geographic Information Studies，研究有关地理信息技术引起的社会问题（societal context），如法律问题（legal context），私人或机密主题，地理信息的经济学问题等。

因此，地理信息系统（Geographic Information System,GIS）是一种专门用于采集、存储、管理、分析和表达空间数据的信息系统，它既是表达、模拟现实空间世界和

进行空间数据处理分析的"工具"，也可看作是人们用于解决空间问题的"资源"，同时还是一门关于空间信息处理分析的"科学技术"。

1.2　什么是3D

3D是英文"3 Dimensions"的简称，中文是指三维、三个维度、三个坐标，即有长、宽、高。换句话说，就是立体的，3D就是空间的概念也就是由X、Y、Z三个轴组成的空间，是相对于只有长和宽的平面（2D）而言。

根据科学猜想，人们本来就生活在四维的立体空间中（加一个时间维），眼睛和身体感知到的这个世界都是三维立体的（时间是虚构的，运动产生时间），并且具有丰富的色彩、光泽、表面、材质等外观质感，以及巧妙而错综复杂的内部结构和时空动态的运动关系；我们对这世界的任何发现和创造的原始冲动都是三维的。

今天的3D，主要特指是基于电脑、互联网的数字化的3D/三维/立体技术，既可以是动词、是名词，又可以是形容词、是状态副词，也就是三维数字化。包括3D软件技术和3D硬件技术。3D已经深刻的影响到了视频监控行业，尤其是在全息数据时代，总离不开3D世界。

3D或者说三维数字化技术，是基于电脑/网络/数字化平台的现代工具性基础共用技术，包括3D软件的开发技术、3D硬件的开发技术，以及3D软件、3D硬件与其他软件硬件数字化平台/设备相结合在不同行业和不同需求上的应用技术。

基于电脑和互联网的三维数字化技术，终于使人们对现实三维世界的认识重新回归到了原始的直观立体的境界。无论在虚拟的网络上还是在现实的生活中，从大到飞机、轮船、汽车、电站、大厦、楼宇、桥梁，小到生活中的每一个小小的工业产品，到处都能见到电脑制作的数字化的3D模型、动画与仿真。这不仅是"2D/平面"到"3D/立体"的优美转身！更是2D平面时代到3D数字化时代的一场深刻革命！

3D技术的应用普及，有面向影视动画、动漫、游戏等视觉表现类的文化艺术类产品的开发和制作，有面向汽车、飞机、家电、家具等实物物质产品的设计和生产，也有面向人与环境交互的虚拟现实的仿真和模拟等。具体讲包括：3D软件行业、3D硬件行业、数字娱乐行业、制造业、建筑业、虚拟现实、地理信息GIS、3D互联网等。

3D引擎是3D的核心，也是本章讨论的重点。3D引擎是将现实中的物质抽象为多边形或者各种曲线等表现形式，在计算机中进行相关计算并输出最终图像的算法实现的集合。3D引擎根据是否能够被主流计算机即时计算出结果分为即时3D引擎和离线3D引擎。PC机及游戏机上的即时3D画面就是用即时3D引擎运算生成的，而电影中应用的3D画面则是用离线3D引擎来实现以达到以假乱真的效果。3D引擎对物质的抽象主要分为多边形和NURBS两种。在即时引擎中多边形实现已经成为了事实上的标准，因为任何多边形都可以被最终分解为容易计算和表示的三角形。而在离线引擎中为了追求最好的视觉效果会使用大量的NURBS曲线来实现多边形很难表现出的细节和灵活性。

1.3　什么是增强现实

增强现实技术（Augmented Reality，简称 AR），是一种实时地计算摄影机影像的位置及角度并加上相应图像、视频、3D模型的技术，这种技术的目标是在屏幕上把虚拟世界套在现实世界并进行互动。这种技术1990年提出。随着随身电子产品CPU运算能力的提升，预期增强现实的用途将会越来越广。

增强现实技术，它是一种将真实世界信息和虚拟世界信息"无缝"集成的新技术，是把原本在现实世界的一定时间空间范围内很难体验到的实体信息（视觉信息、声音、味道、触觉等），通过电脑等科学技术，模拟仿真后再叠加，将虚拟的信息应用到真实世界，被人类感官所感知，从而达到超越现实的感官体验。真实的环境和虚拟的物体实时地叠加到了同一个画面或空间同时存在。

增强现实技术，不仅展现了真实世界的信息，而且将虚拟的信息同时显示出来，两种信息相互补充、叠加。在视觉化的增强现实中，用户利用头盔显示器，把真实世界与电脑图形多重合成在一起，便可以看到真实的世界围绕着它。

增强现实技术包含了多媒体、三维建模、实时视频显示及控制、多传感器融合、实时跟踪及注册、场景融合等新技术与新手段。增强现实提供了在一般情况下，不同于人类可以感知的信息。

AR系统具有三个突出的特点：真实世界和虚拟的信息集成；具有实时交互性；是在三维尺度空间中增添定位虚拟物体。AR技术可广泛应用于多等领域。GIS和AR的结合将发展出更多全息的智能视频监控平台。

一个完整的增强现实系统是由一组紧密联结、实时工作的硬件部件与相关的软件系统协同实现的，常用的有如下三种组成形式。

· Monitor-Based：在基于计算机显示器的AR实现方案中，摄像机摄取的真实世界图像输入到计算机中，与计算机图形系统产生的虚拟景象合成，并输出到屏幕显示器。用户从屏幕上看到最终的增强场景图片。它虽然简单，但不能带给用户多少沉浸感。

· 光学透视式：头盔式显示器(Head-mounted displays,简称HMD)被广泛应用于虚拟现实系统中，用以增强用户的视觉沉浸感。增强现实技术的研究者们也采用了类似的显示技术，这就是在AR中广泛应用的穿透式HMD。根据具体实现原理又划分为两大类，分别是基于光学原理的穿透式HMD(Optical See-through HMD)和基于视频合成技术的穿透式HMD(Video See-through HMD)。光学透视式增强现实系统具有简单、分辨率高、没有视觉偏差等优点，但它同时也存在着定位精度要求高、延迟匹配难、视野相对较窄和价格高等不足。

· 视频透视式：视频透视式增强现实系统采用的基于视频合成技术的穿透式HMD(Video See-through HMD)，这正是本书所需要探讨的形式。

1.4 什么是虚拟现实

虚拟现实技术（Virtual Reality，简称VR）是一种可以创建和体验虚拟世界的计算机仿真系统，它利用计算机生成一种模拟环境，是一种多源信息融合的、交互式的三维动态视景和实体行为的系统仿真使用户沉浸到该环境中。

虚拟现实技术是仿真技术的一个重要方向，是仿真技术与计算机图形学人机接口技术多媒体技术传感技术网络技术等多种技术的集合，是一门富有挑战性的交叉技术前沿学科和研究领域。虚拟现实技术(VR)主要包括模拟环境、感知、自然技能和传感设备等方面。模拟环境是由计算机生成的、实时动态的三维立体逼真图像。感知是指理想的VR应该具有一切人所具有的感知。除计算机图形技术所生成的视觉感知外，还有听觉、触觉、力觉、运动等感知，甚至还包括嗅觉和味觉等，也称为多感知。自然技能是指人的头部转动，眼睛、手势、或其他人体行为动作，由计算机来处理与参与者的动作相适应的数据，并对用户的输入作出实时响应，并分别反馈到用户的五官。传感设备是指三维交互设备。

虚拟现实技术演变发展史大体上可以分为四个阶段：有声形动态的模拟是蕴涵虚拟现实思想的第一阶段（1963年以前）；虚拟现实萌芽为第二阶段（1963—1972年）；虚拟现实概念的产生和理论初步形成为第三阶段（1973—1989年）；虚拟现实理论进一步的完善和应用为第四阶段（1990—2004年）。

VR具备以下五个特征：

- 多感知性。指除一般计算机所具有的视觉感知外，还有听觉感知、触觉感知、运动感知，甚至还包括味觉、嗅觉、感知等。理想的虚拟现实应该具有一切人所具有的感知功能。

- 存在感。指用户感到作为主角存在于模拟环境中的真实程度。理想的模拟环境应该达到使用户难辨真假的程度。

- 交互性。指用户对模拟环境内物体的可操作程度和从环境得到反馈的自然程度。

- 自主性。指虚拟环境中的物体依据现实世界物理运动定律动作的程度。

虚拟现实是多种技术的综合，包括实时三维计算机图形技术，广角（宽视野）立体显示技术，对观察者头、眼和手的跟踪技术，以及触觉/力觉反馈、立体声、网络传输、语音输入输出技术等。下面对这些技术分别加以说明。

- 实时三维计算机图形。相比较而言，利用计算机模型产生图形图像并不是太难的事情。如果有足够准确的模型，又有足够的时间，我们就可以生成不同光照条件下各种物体的精确图像，但是这里的关键是实时。例如在智能视频融合系统中，图像的刷新相当重要，同时对图像质量的要求也很高，再加上非常复杂的虚拟环境，问题就变得相当困难。

- 显示。人看周围的世界时，由于两只眼睛的位置不同，得到的图像略有不同，这些图像在脑子里融合起来，就形成了一个关于周围世界的整体景象，这个景象中包括了距离远近的信息。当然，距离信息也可以通过其他方法获得，例如，眼睛焦距的远近、物体大小的比较等。在VR系统中，双目立体视觉起了很大作用。用户的两只眼睛看到的不同图像是分别产生的，显示在不同的显示器上。有的系统采用单个显示器，但用户带上特殊的眼镜后，一只眼睛只能看到奇数帧图像，另一只眼睛只能看到偶数帧图像，奇、偶帧之间的不同也就是视差就产生了立体感。

• 声音。人能够很好地判定声源的方向。在水平方向上，我们靠声音的相位差及强度的差别来确定声音的方向，因为声音到达两只耳朵的时间或距离有所不同。常见的立体声效果就是靠左右耳听到在不同位置录制的不同声音来实现的，所以会有一种方向感。现实生活里，当头部转动时，听到的声音的方向就会改变。但目前在VR系统中，声音的方向与用户头部的运动无关。

• 感觉反馈。在一个VR系统中，用户可以看到一个虚拟的杯子。你可以设法去抓住它，但是你的手没有真正接触杯子的感觉，并有可能穿过虚拟杯子的"表面"，而这在现实生活中是不可能的。解决这一问题的常用装置是在手套内层安装一些可以振动的触点来模拟触觉。

• 语音。在VR系统中，语音的输入输出也很重要。这就要求虚拟环境能听懂人的语言，并能与人实时交互。而让计算机识别人的语音是相当困难的，因为语音信号和自然语言信号有其"多边性"和复杂性。例如，连续语音中词与词之间没有明显的停顿，同一词、同一字的发音受前后词、字的影响，不仅不同人说同一词会有所不同，就是同一人发音也会受到心理、生理和环境的影响而有所不同。使用人的自然语言作为计算机输入目前有两个问题，首先是效率问题，为便于计算机理解，输入的语音可能会相当啰唆。其次是正确性问题，计算机理解语音的方法是对比匹配，而没有人的智能。

2.三维引擎

三维引擎（3D Engine）是3D的核心技术，本章引用了上海迅图数码的有关资料来说明相关技术和解决方案，下同。3D引擎是将现实中的物质抽象为多边形或者各种曲线等表现形式，在计算机中进行相关计算并输出最终图像的算法实现的集合。3D引擎就像是在计算机内建立一个"真实的世界"。

三维引擎的相关介绍是基于迅图的Q-MAP产品，具体的项目和系统以实际采用的引擎为准，本处仅为一种参考的依据。

2.1 三维城市矢量驱动建模

城市的管理模型构建是智慧城市建设的核心，传统的城市三维建模多采用依据设计图纸、现场扫描、人工建模的模式。对于城市规模的三维建模来说，其工作量极其巨大，周期长，成本高。或用航拍摄影、激光扫描等高成本的大范围自动化建模手段，但是所生成的模型数据量巨大，并且缺乏属性信息，无法在实用业务环境下应用。

采用自主创新的自动建模的技术，可以低成本高效率地快速构建三维城市模型，并且具备基本的属性信息以及精准的城市道路拓扑，为智慧城市平台的快速推广应用奠定基础。

其技术路线是：首先读取商用二维矢量地图数据中的几何信息、属性信息，自动生成地物三维模型，包括地形模型、道路模型、建筑模型、水系模型、绿地模型等，根据材质库预制的材质贴图为模型增加贴图。再通过人工或自动方式优化自动创建的模型，修改贴图、替换地标建筑、修改隧道、桥梁等特殊模型构建基础模型系统。并在这个模型基础上逐步叠加地下管网模型、楼宇建筑模型、室内结构模型、交通调度模型、设备运行模型等。在描述城市的各个层面上的模型构建了一个城市从空中到地面、从地上到地下、从室内到室外、从静止到运动的全方位模型的框架。城市三维效果如图10-1所示。

图10-1　城市三维效果图

2.2 基于网络的高速图形浏览，支持移动端在线应用

利用特有的海量空间数据检索索引算法提高检索命中速度，并结合多线程异步下载技术、空间数据压缩技术、场景剔除技术、内存动态合并技术等手段，在低成本硬件环境下支持城市级数千平方公里精准三维地图在桌面电脑及智能移动终端上的在线流畅浏览及互动操作。同时，平台也能够支持上万个监控对象的实时运行状态变化的秒级图形刷新，提供了满足智慧城市实时调度管理的高速海量三维地图及采集数据应用发布能力。

· 模型优化：三维模型数据内部存在很多冗余数据或者不必要的点面，导致数据量非常庞大。平台在进行三维模型数据处理时，增加了多种优化数据选项供用户选择，包括：模型合并；自动生成LOD数据；抽取关键点坐标重构构件；平滑组优化等。

→ 模型合并：对于三维场景中的不需要单独查询的模型，平台提供灵活的合并机制，从而减少场景中的模型节点数量，加快检索、加载的效率。除模型合并外，平台也支持材质合并，将分散的小块材质贴图合并到一张大的材质贴图上，从而减少I/O操作数量，提升效率。

→ LOD（Levels Of Detail）：自动对模型简化生成不同精度的模型，从而对于距离摄像机比较远的模型采用其对应的粗模，这样就能保证用户体验效果的情况下大大减少了提交给显卡的数据量，减小了系统的渲染压力，提高了系统渲染速度。效果图如图10-2所示。

图10-2　LOD模型简化效果图

→ 平滑组优化：三维模型在表达曲面时，会利用插值算法生成大量的三角面来实现平滑显示效果。采用平滑组技术，将曲度较小的面给同一个平滑

组，抽取三维模型关键点坐标，过滤插值产生的大量中间节点，重构三维模型，从而大大减少三角面数，在宏观上不影响模型外观的前提下，实现模型数据量的减少。优化前后的效果如图10-3和图10-4所示。

图10-3　优化前

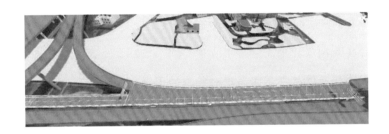

图10-4　优化后

· 渲染优化

→ 数据压缩技术：开发自主设计的数据压缩技术，使得相同的数据内容可以以更小的数据包进行传输。与3DMAX格式比较，其压缩比可以达到约10：1。同时将模型数据以合适大小进行打包，避免数据传输过程中较多的I/O操作。

→ 检索技术：对数据自动分层分块，采用特有的海量空间数据检索索引算法提高检索命中速度，客户端按需要请求必要的数据，保证每次请求的数据量不会太大，加快客户端加载速度。数据分层分块如图10-5所示。

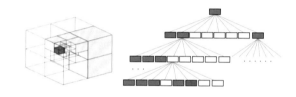

图10-5　分层分块的检索技术

→　下载技术：采用多线程技术，客户端的数据下载与数据显示是同时进行的，其结果就是客户端可以快速下载到部分空间数据，并且在显示、操作的过程中完成其余空间数据的下载，而使用者在视觉上并没有感觉到数据空白，克服了客户端由于等待大量下载数据而造成的停顿现象。数据下载与模型渲染采用多线程方式并行处理，但模型渲染的优先级高，从而保证用户在浏览操作时不会因为数据下载而卡顿。数据下载模块同样采用多线程技术，同时采用异步机制，利用下载队列进行数据下载管理。

→　多种场景剔除技术

→　层剔除按摄像机在不同高度对相应的图层模型进行剔除；

→　投影面积剔除则是针对非常小的模型肉眼几乎无法识别的时候做隐藏处理；

→　子场景剔除可通过设定子场景范围，当摄像机位于子场景之外时，将子场景内部的模型做剔除处理。一般适用于包含室内场景及室外场景的场合。

→　内存动态合并技术：三维展现的基本机制是将三维模型数据提交给显卡，由显卡进行绘制渲染。由于显卡显存与计算机总线进行数据交换的数据通道宽度有限，过多的模型个数会造成数据通道的阻塞，形成I/O瓶颈。采用内存动态合并的技术，将模型文件中的多个构件在内存中自动合并成一个模型，一次性推送给显卡，从而降低的渲染的批次，在不提升硬件水平的情况下提升展示的流畅度，同时又不影响对单个构件的查询定位。

→　采用OpenGL技术，开发跨平台的GIS引擎：在统一的数据平台基础上实现桌面应用与移动应用的无缝结合。同时针对嵌入式终端的硬件配置一般较低，如处理器速度较慢、内存容量较小等情况，对嵌入式GIS引擎进行优化处理，保证了系统在移动终端上的高效运行与良好表现。iPad上运行的3D引擎的效果如图10-6所示。

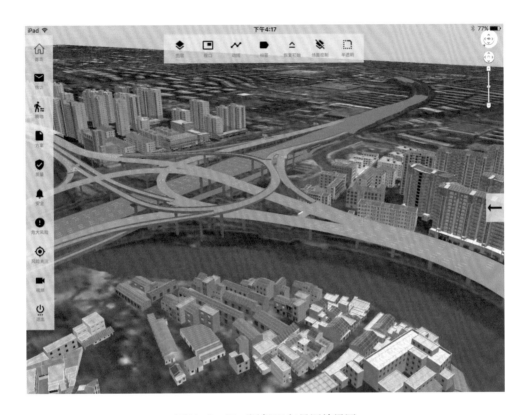

图10-6　iPad运行3D矢量图效果图

2.3　高动态实时显示能力

实时数据库技术。实时数据库技术是专门设计用来处理具有时间序列特性的数据库管理系统，针对实时高频采集数据具有很高的存储速度、查询检索效率以及数据压缩比。平台引入实时数据库技术，利用采集数据天生的时标特性（采集点的时间），采用定制的时标型数据模型，达到每秒数十万次数据读写操作的水平，实现对海量高频采样信息快速存储、高效检索的实际需求。

实时数据通道技术。通过三维引擎对内存实时状态数据空间的管理，使得实时状态数据通过内存通道直接传递给图形绘制模块，避免了通过文件方式传递数据造成的磁盘I/O操作瓶颈，做到与实时数据显示应用的紧密结合，根据实时系统提供的实时信息改变模型的材质、位置、动作等属性，实现动态模拟数据实时显示等。引擎支持实时数据通道，通过该通道可以把现实中不断变化的位置数据、状态数据、各种传感器感应的数据快速及时的传送给客户端，通过引擎的强大表现能力把这些生涩的数据用热力图、运行曲线、三维标签、颜色变化、报警提示等生动的图文方式展现出来，让用户能直观的看到实时运行状态。

2.4　三维全景视频融合技术

将各个单个摄像头的监控视频实时动态的融合到三维场景中，建立视频与空间位置关联。同时对相邻视频相交的部分进行自动融合处理，避免画面重叠造成的混乱叠影。在三维场景中打开全景视频，能够以全局视角同时监控关注区域，实现重点区域全方位、全天候的实时全景立体监控，无需切换任何摄像机屏幕，指挥中心能够直观、实时地浏览站内重点区域现场的全局情况。视频和三维地图融合将是全息数据的主要呈现方式，如图10-7所示。

图10-7　视频墙监控与三维全景视频监控对比

2.5　交通仿真技术

建立交通动态模型，承载交通实时运行情况，包括车流速、车辆类型、车辆特征、车辆跟驰、车辆变道、车辆超车、交通信号灯等。交通动态模型与物联网传感器进行联动，或与交通仿真模拟结果联动，根据车辆位置自动计算插值，实现车辆沿道路行驶，可以自动上高架、下隧道，模拟实时车辆的运行状况，在三维地图上实时表达仿真效果。

采用自有的实时数据库技术，可以实现终端数据的高频率、大数据量吞吐，达到可见范围内2万辆车辆0.1s刷新频率的仿真效果。交通仿真如图10-8所示。

图10-8　交通仿真效果图

2.6　丰富的渲染特效

· 动画特效：Q-MAP引擎具备多种动画编辑及渲染能力，用于表现各种动态数据：

· 视频剪辑动画：现实世界中的动作往往是相互关联的，比如一个人走到门前需要把门打开才能进去。视频剪辑就是用来做各种复杂关联动画的，能够实现模型的移动、旋转、材质修改、纹理修改、模型显示隐藏、灯光开启关闭、粒子开启关闭等多种动作的复合处理，生成三维场景中需要的各种复杂动画。

· 粒子动画：引擎具备创建及编辑粒子的功能，可以在场景中创建各种粒子特效，如烟雾（图10-9）、火焰（图10-10）、爆炸、喷泉等。

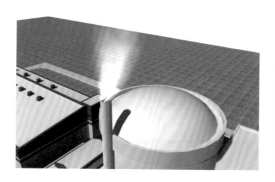

图10-9　烟雾扩散效果　　　　　　　　　图10-10　火焰及喷水效果

· 节点动画：通过对模型的位移、旋转等关键帧处理，通过多种插值计算实现动画；

· 纹理动画：支持按一定规则修改材质的颜色、纹理的UV坐标等产生动画；支持通过切换纹理图片产生类似于动态GIF的帧动画，如图10-11所示。

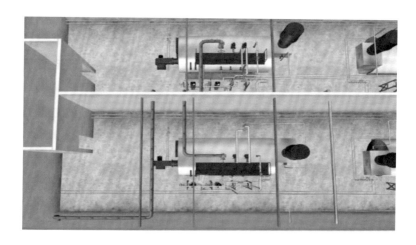

图10-11　管道流向GIF动画

· 骨骼动画：通过互相连接的骨骼的动作，模拟机械臂运行、人物的行走、格斗等各种动作，同时可以附加不同蒙皮，对应多种不同角色的人物类型，如图10-12所示。

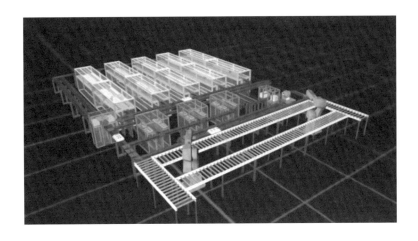

图10-12　流水线骨骼动画

- 光影特效：支持点光源、平行光、聚光灯的实时计算渲染，允许通过平行光的照射对模型产生实时阴影，可以通过对平行光照射角度的动态调整实现对太阳阴影的模拟（见图10-13）。支持环境贴图，表现模型对周围环境的反射，如图10-14和图10-15所示。

图10-13　太阳阴影效果

图10-14　射灯效果

- 水特效：支持逼真水面效果，包括水面扰动、水面上面模型的反射以及水面下模型的折射，如图10-16所示。

- 热力图特效：支持表现室外噪声污染、空气污染、室内温度分布的热力图效果，如图10-17所示。

图10-15　环境反射效果

图10-16　水的倒影及波动效果

图10-17　园区噪声热力图

2.7　完善的UI表达方式

引擎提供两种不同的UI界面实现机制：一种是通过嵌入Html页面的方式（见图10-18）表达需要展现的数据信息；一种是通过内部UI系统（见图10-19）的方式，将一些常用的界面控件，如按钮、编辑框、列表框等组织在一个个可定制的布局页面（layout）中，再通过代码为每个控件提供消息处理事件和数据修改的接口。

图10-18　Html弹窗效果

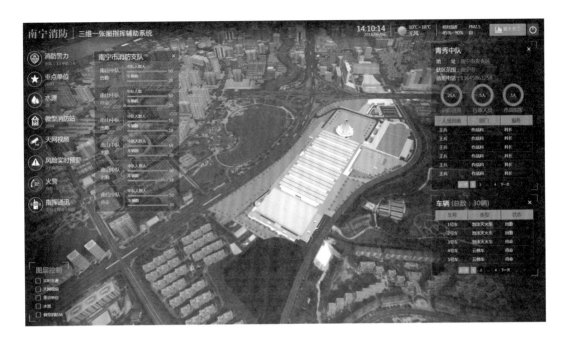

图10-19　内部UI弹窗效果

2.8　道路拓扑编辑

城市编辑器支持对道路、隔离带、人行道、路灯、红绿灯等制作编辑，其中道路有高速公路、普通道路、高架道路、隧道等类型。制作的道路具备完整的拓扑信息，可以用于道路仿真计算。

道路拓扑编辑如图10-20~图10-24所示。

图10-20　道路拓扑编辑图（1）

图10-21　道路拓扑编辑图（2）

图10-22 道路拓扑编辑图（3）

图10-23 道路拓扑编辑图（4）

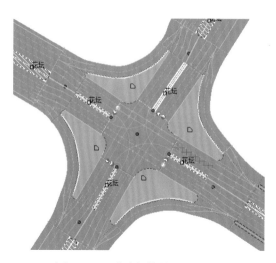

图10-24 道路拓扑编辑图（5）

2.9 外部三维数据支持

Q-MAP引擎支持导入多种格式的外部三维模型数据，减少用户三维建模成本。

- 通用三维模型数据：支持3DMax、Maya、SketchUp等通用三维模型数据的导入。

- BIM模型数据：BIM数据特点是场景覆盖范围小，但是构件数量庞大，其包含的构件节点数量可达到10W+的数量级。通过Q-MAP引擎提供BIM（Revit）的转换插件，做到与Revit的无缝集成，实现外部模型数据的快速转换。既支持选择单个模型转换，也支持整个场景的整体转换。

- 倾斜摄影模型数据：支持多个倾斜摄影数据（OSGB格式）在场景中的同时叠加显示，既支持大规模城市级数据，也支持小规模精细数据的流畅游览。可以根据内存调度需要分配指定内存大小限制。

- 激光点云模型数据：支持激光扫描生成的点云数据（las/obj/xyz格式），通过场景编辑工具，将点云数据转换为Q-MAP三维数据格式，从而大大提高建模的效率与精度。图10-25所示的是变电站点云数据辅助建模图。

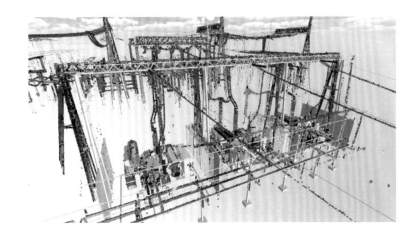

图10-25　变电站点云数据辅助建模

· 地形数据：支持DEM数据、栅格影像数据、矢量数据（shp/mif/tab格式）。

2.10　Q-MAP引擎技术指标

· 支持DEM地形数据、卫星及航片影像数据、倾斜摄影数据、三维模型数据及BIM模型的叠加显示；

· 支持全景视频拼接功能，将各个单个摄像头的监控视频实时动态的无缝融合到三维场景中，建立视频与空间位置关联，同时对相邻视频相交的部分进行自动融合处理，避免画面重叠造成的混乱叠影；

· 1000万三角面，开启物理效果、实时计算光照，渲染性能达到30帧/s以上；

· 支持多个倾斜摄影数据的同场景展示，支持整个城市级别(500W+文件、500G+数据量)的流畅游览；

· 单服务器支持并发访问用户数>1000；

· 1000个模型动态刷新显示：<1s；

· 单服务器实时采集数据吞吐能力：>10万次/s。

3.智慧楼宇解决方案

基于3D引擎建模的地理信息系统和增强现实的系统可广泛应用于平安城市、雪亮工程、消防指挥、应急调度、园区管理、智慧城市、智慧交通、大型活动。其中一个典型的应用场景就是智慧楼宇的应用。本章节基于上海迅图数码的解决方案予以论述，实际建设情况以实际系统功能为准。本解决方案提供一个思路供大家参考。

3.1 系统总体设计方案

三维可视化智慧楼宇管理平台，以三维GIS模型和BIM模型为基础的三维空间模型为载体，将楼宇的门禁管理系统、视频监控子系统、停车场出入管理系统、周界入侵报警管理系统、楼宇自控系统、消防系统、访客管理系统、能耗管理系统、环境管理系统等信息融合在一起，打破管理过程中不同系统之间的信息沟通的壁垒，实现信息的准确传递。以此为基础，建立统一管理的平台。其核心是"大系统"的整合，通过横向的整合创新楼宇管理模式。系统总体架构如图10-26所示。

数据层负责横向融合楼宇运行各个系统的资源要素信息，是空间环境、物理形态、实时运行状态的现实构成元素。

应用层是整个平台的中心枢纽，基于融合后的楼宇数据支撑，使楼宇资源要素能够汇聚、感知，实现楼宇管理的智慧化分析与调度。

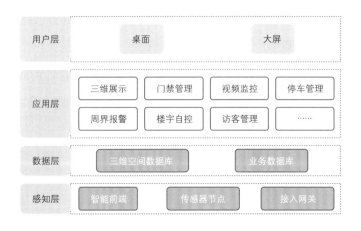

图10-26 系统总体架构图

3.2　采用技术

- 高速网络三维一张图：采用高速轻量化图形展示引擎，其核心就是海量数据的实时展示。高速实时的三维地理信息图形引擎以低成本硬件环境支持高速三维图形展示、高动态实时显示能力。实现涵盖桌面、平板和智能手机等移动设备的横跨不同应用场景的三维图形应用，提供了满足智慧城市实时调度管理的高速海量二三维地图及采集数据应用发布能力。平台采用高速实时三维地理信息图形引擎，利用特有的海量空间数据检索索引算法提高检索命中速度，并结合多线程异步下载技术、空间数据压缩技术等手段，在低成本硬件环境下支持城市级数千平方公里精准三维地图在桌面电脑及智能移动终端上的在线流畅浏览及互动操作。同时，平台也能够支持上万个监控对象的实时运行状态变化的秒级图形刷新，提供了满足智慧城市实时调度管理的高速海量三维地图及采集数据应用发布能力。

- 人脸识别技术：大楼每天外来人员数量多，人员身份错综复杂，对进出人员的管理显得尤为重要。为了切实维护大楼正常的工作秩序，在出入口处及一些重点办公区域利用当前主流的人脸识别比对技术验证进出人员的真实身份进行有效的人员身份核验。通过人脸识别技术的使用，可有效验证在院区刷脸通行及重点管控区域人证合一比对授权出入的应用。

- 车辆特征识别技术：车辆特征识别实现车牌号码、车身颜色等的车辆特征检测及提取、记录。停车场出入口管理系统采用全视频检测方式，关联出入口闸机，实现快速通行和车辆管理；停车场停车诱导和反向寻车系统，实现停车场的车位检测、提示及停车诱导，并提供反向寻车服务，提高停车、寻车效率，实现车辆智能化管理。

- 智能人流分析技术：对监控视频进行智能分析识别，自动分析视频画面中的人流情况，包括人数、行进方向等，实时监测重点区域的人流变化情况，通过判断异常人流的出现，进行预警。

- 智能能耗控制技术：通过温湿度、照度、空间活动感应等物联网传感器的数据采集，结合智能控制设备，形成智能能耗管理系统，对大楼的照明、空调、通风等能耗设备进行智能调节，达到节约能源、降低运营成本的目的。

- 智能井盖监测技术：利用井盖开关传感器、井盖液位传感器监测井盖是否被移动、井盖冒水等异常情况。同时采用Nb-lot/loRa低功耗广域物联网技术，实时回传监测状态，及时告警。

• 全景视频融合技术：传统视频监控模式是将众多的零散视频通过各个分屏幕逐一呈现，观察者很难将零散视频与其实际地理位置一一对应，对视频没有全局把控，从而导致分析偏差或错误、决断迟延或错漏、应急响应的延误。针对这一问题，本项目采用三维虚拟与实时视频无缝融合的技术方案，通过将离散的单个摄像头视频数据融合到统一的三维虚拟场景中，实现感知全景可视、快速精准捕获现场细节，形成"三维全景一体化"。全景融合视频支持从预设的虚拟全局视点观看视频图像，各个摄像机的视频图像信息之间在空间和时间上是结合到一起的，将处在不同位置、具有不同视角的分镜头监控视频实时融合到三维场景模型中。

3.3 基础数据中心设计

（1）三维一张图。

1）大楼三维模型导入。

• 对大楼进行三维建模，包括外立面及内部结构。

• 利用3DMAX建模软件构建大楼精细外立面模型，包括周边道路、绿化、停车位等。支持大楼按楼层进行拆分。

• 内部结构采用Revit进行BIM精细建模，包含建筑、结构、水电、管路等，对应大楼多个管理子系统所覆盖的设备构件。

• BIM模型数据内部存在很多冗余数据或者不必要的点面，导致数据量非常庞大。平台在进行BIM数据导入处理时，增加了多种优化数据选项供用户选择，包括：构件按族、类型、类别合并；构件自动生成LOD数据；抽取关键点坐标重构构件；平滑组优化等。

2）三维城市底图构建。采用矢量驱动建模技术，基于二维GIS地图，自动生成城市范围三维城市建模（以上海市为例，如图10-27所示），赋予近似材质。

在此基础之上，在对应位置嵌入大楼的精细三维模型，并为以后其他大楼的接入提供基础底图。

图10-27　上海三维建模

（2）资源数据接口。

开发与静态及动态资源数据对接的标准应用接口。针对不同类型的数据制定各自的数据交换标准。在标准制定的基础上，开发各类型数据的接入适配网关，实现数据的自动接入。

制定统一的规划和定义标准，对接入的原始数据资源进行处理和规范化，去除无用的原有系统的标志数据和冗余数据，合并重复的数据，并使最终形成的数据结构统一标准，以利于以后信息资源的规范化和深层次应用。

接入的资源数据包括：门禁管理、视频监控、停车出入管理、周界入侵报警、楼宇自控系统、消防监控、访客管理、能耗监控、环境监控、人脸识别、车牌识别、人流监控等。

3.4　综合运维管理平台

（1）浏览查询。利用三维效果展示功能，用户可以直观的了解大楼的总体情况、内部空间。平台采用高速网络三维图形引擎技术，可支持精准三维模型在桌面及大屏上的快速展现、互动操作。如图10-28所示。

平台提供多种浏览模式，包括按设定的浏览线路自动浏览，也可以操作鼠标或键盘任意漫游。平台提供分层管理功能，使用者可以根据实际需要方便的打开或关闭图层，只浏览自己所关注的信息。

将不同来源的各方数据汇总在统一平台上，用户根据权限查询各类信息。支持三维场景与属性数据的双向查询，既可以通过输入关键字查找设备并在三维场景中定位，也可以在三维场景中指定设备查询相关属性信息。如图10-29所示。

图10-28　大楼整体情况

图10-29　设备属性

（2）门禁监控。实时显示各个门禁、闸机的状态，用颜色区块显示该安全设备控制的区域。同时以醒目方式进行报警提醒，快速定位到报警位置。门禁设备的分布图如图10-30所示。

对进入人员的活动区域事先登记，结合人脸识别技术进行身份识别，门禁系统判断其允许进入的区域，自动控制门禁的开关，限制其进入未授权区域，提高安全管理效率。门禁出入记录如图10-31所示。

图10-30　门禁设备分布图

图10-31　门禁系统出入记录

（3）标准视频监控。平台对接楼宇监控摄像头并在场景中以标签形式添加，点击标签可以弹出对应的实时视频画面。也可以列表形式列出摄像头清单，点击列表行后可以在场景中进行定位，同时打开视频监控画面。支持同时打开多路视频画面，如图10-32所示。

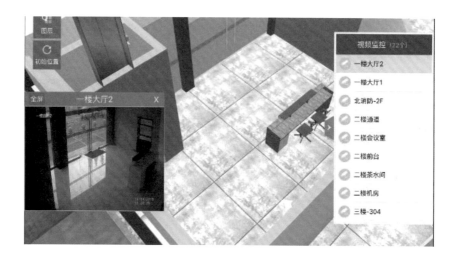

图10-32　标准视频监控调用

（4）全景视频融合监控。

在三维场景中打开全景视频，能够以全局视角同时监控多个区域，实现对监控区域范围整体大场景的实时全局监控以及重点区域全方位、全天候的实时全景立体监控，无需切换任何摄像机屏幕，能够直观、实时地浏览重点区域现场的全局情况，便于及时指挥和处置各种突发事，大大提升视频监控的实用效能。如图10-33所示。

图10-33　全景视频融合监控

（5）停车场出入管理。

平台通过立体的车库实时反映车位占用情况，提供给管理部门。基于视频车牌识别，还可以直接提供车主相关信息。如图10-34所示。

图10-34 立体车库管理

平台与车辆卡口进行对接，在三维场景中显示各个车辆卡口的位置，并用图标的形式在三维场景中进行标注，点击车辆卡口图标可查看当前的车辆出入情况，如图10-35所示。另外可查看该卡口的历史出入汇总数据，并用相应的图表的形式表示，如图10-36所示。

图10-35 车辆出入情况

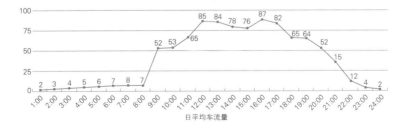

图10-36 历史汇总表

结合停车位采集数据及车辆定位数据，为进入院区的车辆提供停车引导及反向寻车等便利服务。如图10-37所示。

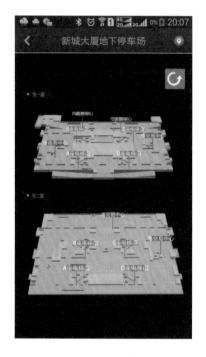

图10-37　手机APP便民服务

（6）周界入侵报警。

周界入侵报警系统主要接入周界入侵告警信息，对入侵报警信息进行实时推送，并自动调取周边摄像头实时视频，提醒相关人员进行处理查看。如图10-38所示。

图10-38　周界入侵报警联动效果图

（7）人脸识别监控。

支持基于用户创建黑名单库进行人脸布控。可展现实时的人脸布控告警信息，可查看布控告警的详情，并在三维场景中实时定位。如图10-39所示。选择目标人员人脸图片，在三维模型中描绘出人员时空轨迹，分析目标

图10-39　人脸识别监控效果图

人员"从哪里来、到哪里去、沿途经过哪里"，如图10-40所示。

图10-40 人员轨迹效果图

（8）人流监控。

在重点区域安装智能视频分析系统或热感应相机，实时监测重点区域的人流变化情况，通过判断异常人流的出现，进行预警。

图10-41 人流监控密度和热度图分析

（9）滞留报警。基于智能视频分析系统，获取结构化视频分析结果，对于物品、人员及车辆的滞留情况进行监控报警管理。如图10-42所示。

图10-42　滞留报警效果图

（10）楼宇自控。

平台接入BA系统数据，实现对中央空调系统、新风机组系统、冷水机组、冷却塔、给排水系统、排风机、电梯、高低压配电系统、集水坑和排水泵等数据的实时获取，如图10-43所示；提供楼宇管理方直接查看，如图10-44所示。

图10-43　楼宇自控设备信息

图10-44　楼宇自控管理系统

（11）智能能耗控制。

利用物联网技术，采集能耗数据，结合三维场景实时展示，并能够根据预设阀值进行及时报警提示，如图10-45所示。同时可查询历史监控数据，为分析统计提供支撑，如图10-46所示。

安装智能控制设备，感应房间内的温度、亮度及人员活动情况，自动对空调、照明等能耗设备进行调节。例如，检测到房间内没有人员，则将照明、空调关闭；检测到房间里很亮，自动调低照明度等。从而为用户实现主动节能，降低运维成本，实现绿色理念。

图10-45　楼宇能耗图

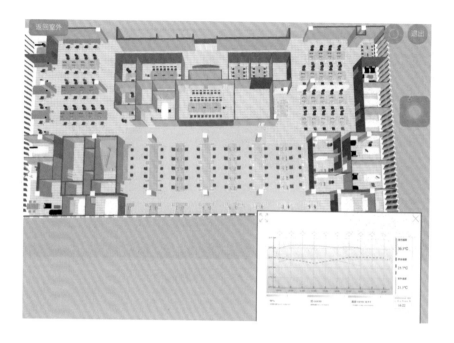

图10-46　楼宇能耗趋势图

（12）消防监控。

对接楼宇内部消防主机、烟感、水泵等消防设备设施，获取消防安全实时状态并在场景中清晰展现。点击可以查看相关检测数据。如图10-47所示。

当有消防报警时，在三维平台上自动弹出报警窗口，并可快速定位到报警位置。同时可以跳转到应急处理功能模块，进行下一步的应急响应处置。如图10-48所示。

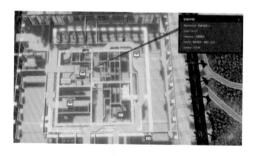

图10-47　消防系统设备信息

图10-48　消防系统报警窗口

（13）访客管理。

平台对接访客管理子系统，接入访客人员信息与进出大楼记录，分析访客进出时间区域分布。通过人脸识别、门禁卡等手段监测访客行为轨迹。如图10-49所示。

对超区域通行的行为进行告警，同时对接门禁控制系统，禁止其通过，并通知相关人员进行查看处理。

基于院区内的空间道路拓扑，结合访客登记的信息，提供路径导航服务。如图10-50所示。

 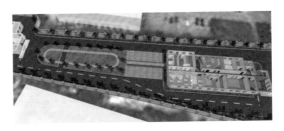

图10-49　访客出入管理　　　　　　　　　　图10-50　访客导航服务

（14）会议管理。

平台对接会议系统以及访客管理系统，判断访客参加的会议房间，进行路径引导。同时禁止无权限的访客进入会议房间并报警。如图10-51所示。

根据门禁或人脸识别，自动统计参加会议的人数，与会议申请的人数进行对比，对于超量预约的会议申请人提出警告，并在下次申请时做出提示。

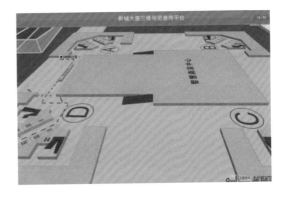

图10-51　会议出入权限管理

（15）智能井盖。

安装智能井盖监测设备，实现对井盖的移动、冒水等状态的监测报警，并在三维场景中定位，并可调取周边视频头查看现场情况。

智能井盖管理属于设施管理，其余设备、设施也可以参考智能井盖进行建设，如图10-52所示。

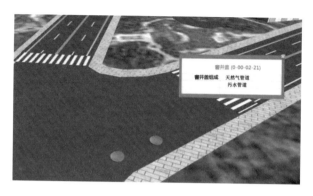

图10-52　智能井盖管理

（16）应急响应处置。

对报警信息进行分级，按照设定的策略进行处理，并将报警信息推送预先设定的相关人员的手机上，第一时间获知报警信息，及时处理。

• 视频联动：自动调取报警地点周边的实时视频查看，若报警地点为视频盲区，可指挥现场人员利用手机回传现场实时视频，如图10-53所示。

• 周边资源查询：按照100/500/1000m的范围等级，自动搜索周边的可用应急设备设施，显示人员疏散撤离路线，为指挥调度提供依据，如图10-54所示。

图10-53　视频联动效果图

图10-54　周边资源查询

• 应急预案：调取相关应急预案，结合现场实际情况，电话指挥现场人员进行有效行动。如图10-55所示。

（17）设备管理。

对楼宇内部设备设施进行可视化管理，实现资产设备在三维场景中的定位、信息查询等功能。对接空调、水

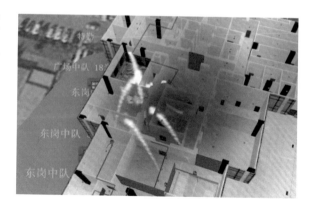

图10-55　应急预案调度指挥

泵、照明、烟感等设备设施的传感器，
实时掌握各类设备的运行状态，在发生
故障时及时报警。

报警信息在场景中的展示，有专
门的报警POI来表示报警信息，一旦有
报警信息，平台的右下角会自动弹出相
应的报警消息。点击报警记录，自动定
位到报警位置，点击显示报警详细信

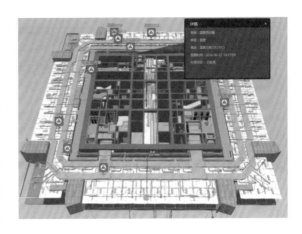

图10-56 温湿度报警

息。报警信息可以来源于设备上报，也
可以通过系统设定的报警阀值自动判断。如图10-56所示。

平台提供日常设备巡检计划的维护，以及巡检计划安排与实际实施的对比、排序，
展示一天中具体有哪些巡检计划以及具体的实施情况。如图10-57所示。

利用移动设备进行现场数据采集。采集信息包括文字、图片等。采集信息保存在移
动设备上，当连上网络后，可以将采集信息同步到服务器。

平台可以根据设备生命周期、运维计划日期等进行自动判断，当临近相关日期时，
及时给予提醒。

设备信息的同步和维护如图10-58所示。

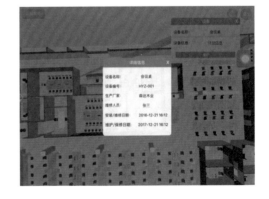

图10-57 设备日常巡检   图10-58 设备信息同步

（18）报修管理。

当客户在办公产所内发现有电路、空调或其他类型的损坏现象，客户可向物业管理

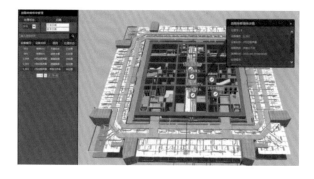

图10-59　故障维修单

部门反应相关情况，以便物业管理部门及时的派出检修人员进行检修，客户可直接登录系统在线提交相关保修申请，申请信息会立即反馈到物业公司内部指定人员。指定人员根据申请进行审核，审核结果会反馈给客户。

维修管理人员可在平台上查看故障设备位置及相关属性信息，生成故障单，并可以修改表单数据进行下发。如图10-59所示。

现场人员在移动端可通过故障单定位到三维场景，并查看相应的设备详情。在现场进行故障处理，并填写相关处理信息，同时拍照，通过移动端提交处理信息。

平台提供故障问题汇总分析功能，以图表形式展示，并可导出Word文档。如图10-60所示。

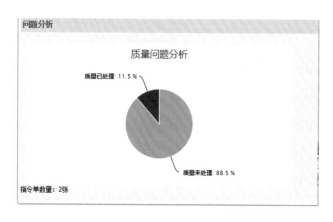

图10-60　质量问题汇总分析

（19）饮用水服务。

1）桶装水。物业管理部门在和相关饮用水物业公司达成合作关系后，需要将饮用水物业公司的基本信息和产品信息录入至系统内，在系统内的饮用水物业公司信息和产品信息可以在客户在系统内查询到，并在提交饮用水订购申请时进行选择需要购买的饮用水品牌和产品。

当客户需要订购饮用水时可以直接登录到系统内进入饮用水订购申请功能内查询大楼内提供的饮用品信息和产品信息，在选择需要的饮用水品牌和产品后在线提交饮用水订购申请，在用户提交申请后系统会立即发送站内消息或邮件通知给指定的人员，接收到消息的人员可以立即将申请进行接收操作，并将采购信息告知饮用水供应商，供应商在收到消息后可立即安排人员将订购的饮用水送至客户。

2）直饮水。在大楼直饮水设备上加装水质监测传感器，实时了解水温、pH值等水质数据，同时分析历史饮水量曲线，为饮水安全提供智能监测服务，如图10-61所示。

图10-61 直饮水参数监测

第五篇　安防篇

第十一章 人工智能在安防系统中的应用

以人工智能为首的智联网发展是智慧城市下一阶段的关键。

早在90年代，IBM首次提出"智慧城市"概念后，中国也在1995年启动数字城市建设，这是中国智慧城市的1.0版本；随着2008年"智慧地球"概念的提出，中国智慧城市建设再次进入到3.0感知智慧城市时代；在2013年，WiFi、3G/4G的网络传输与云计算、大数据的后端数据存储、处理与分析的技术进步下，开启了4.0认知智慧城市时代；在不久的将来，数据积累以及传输带宽和速度的再次腾飞，使得智慧城市达到整体架构协同管理，人工智能城市的时代也将到来。[3]

政府在近三年时间密集出台鼓励人工智能技术发展的政策，说明十分重视此次技术发展的机遇，从大力促成中国到2030年成为世界人工智能创新中心的决心可见，希望中国能够"赶得上"这一次的技术革命，而不再仅仅是"不掉队"的要求。而中国城市的政策方向则回归以人为本的核心，城市的发展都围绕着"高效、惠民、可持续发展"理念，让城市建设迎来转型升级的重大机遇。

根据中国安全防护产品行业协会统计，至2017年，全国各部门、行业安装的摄像机数量已达2800多万台，初步构建起覆盖重点公共区域及行业领域的"天网"。这个数量仅仅是公安行业所覆盖的摄像机数量，实际上可能更多。尽管如此，但对于将近20万km^2的城区面积来说，摄像头的覆盖面与数量是凤毛麟角；从摄像头数量/千人的维度来看，中国城市摄像头密度平均水平仅达英美的20%~30%，而完善的监控系统是保障城市治安的有力手段，因此，监控摄像头建设工程任重道远；未来，尤其是二线及以下城市的监控摄像头布防发展潜力巨大。如表11-1、图11-1所示。

---

[3]　2017 年中国人工智能城市展望研究报告，艾瑞咨询。

表11-1　2016年中国城市监控摄像头数量

城市	摄像头数量（万台）	城市面积（km^2）	摄像头面积（个/km^2）
北京	115	16410	71
上海	100	6340	158
深圳	40	1953	205
杭州	40	3068	130
天津	35	11946	30
成都	31	12390	25
广州	30	7434	40
重庆	29	4403	66
苏州	27	8488	32
长沙	26	11819	22

升级安防场景有助于搭建更高效的城市治安系统。随着技术的革新和发展，AI+安防系统取代了传统的安防措施。大型安全防范系统结合技术手段，具有探测、监控、报警、管理等基本功能，用于预防、制止违法犯罪行为和重大治安事件，是维护社会治安稳定的基础设施。

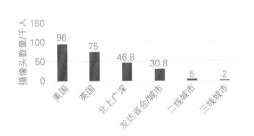

图11-1　2016年中国城市视频监控摄像头密度

上千万的摄像头和庞大的监控网络，瞬间就会产生海量监控视频数据，从海量视频数据中高效提取出有效信息，就成为智能视频监控技术的关键。以一个一万路视频规模的城市为例，每月产生12PB的视频数据量，在这样量级资源中找到目标人员、车辆宛如大海捞针，然而通过人工智能算法，则可自动抓取视频中的目标图片，并提取其语义化的属性数据以及可用来比对检索的特征数据，每月数据大概为仅15亿条，而存储容量下降到300TB左右，即可实现秒级检索，并刻画目标的轨迹、进行行为分析。

2009年AI技术开始在多行业初步应用，其中安防监控是人工智能最先大规模产生商业价值的领域，也成为许多AI技术研发公司的切入点。2012年，数字产业发展规划的出台促使众多安防企业开始落地平安城市和智慧城市建设，另外，天网工程和雪亮工程等国家政策整体推动了AI+安防的发展，越来越多的AI和CV（计算机视觉）公司开始将安防领域作为其主要发展点之一。[4]

从2005年开始的平安城市建设，到2011年开始的平安城市建设，以及后续提出天网工程、雪亮等安防重点项目年，AI 在安防领域中不断渗透，智能安防产品运用于实体事件的需求凸显。从2012年起，传统安防企业和AI+安防领域新兴公司都开始注重产品在城市建设上的应用。另外，从地区维度上看，智能安防产品的应用最先出现在人口密集区域，典型地区如珠三角、长三角以及中部地区，这些地区对于智能化安防产品需求较高、安防应用的意义较大。

从2016年智能安防的概念被大面积提及开始，各公司在全国范围内智能安防应用落地的举措愈加频繁，应用场景也从最初的公安和交通向其他行业拓展。

安防从事后查证向事前预警前移。随着智能化技术的不断完善，主动应用和事前预警成为可能；人脸识别、异常行为分析、人数计数、音频检测等智能化应用明显显示出安防从将事后查证向事前预警前移的趋势，这些应用可以有效防止各类案事件的发生；视频浓缩、视频摘要检索也全面提升了事后处理的效率和质量。此外，大数据应用下的云存储和云计算也在为构建新一代的数据中心和计算中心提供有力的保障。安防从传统模式大踏步迈入智能新时代，从1.0的"事后追溯""人防"为主升级为"实时监管"与事前预防，"技防"为主。在技术层面上，事件的发现能力、事件的分析能力、事件的研判能力、事件的处置能力、数据采集以及存储能力发展，应急响应所需的数据要涵盖流量数据、终端数据、SIEM数据，并结合第三方数据进行分析研判。

在安防产业链中，硬件设备制造、系统集成及运营服务是产业链的核心，渠道推广是产业链的经脉。未来安防产业的运营升级势在必行，通过物联网、大数据与人工智能技术提供整体解决方案是众多企业的发展趋势。

智能安防前后端产品能够汇总海量城市级信息，再利用强大的计算能力及智能分析

4　2018 年中国 AI+ 安防行业发展研究报告，亿欧

能力，对嫌疑人的信息进行实时分析，给出最可能的线索建议，将犯罪嫌疑人轨迹锁定由原来的几天，缩短到几分钟，为案件的侦破节约宝贵的时间。

根据国家统计局数据，从2012年起，依靠智能视频监控系统，公安受理和查处的案件数量都有大幅度减少，预警维稳成效显著。而在破获案件精度和效率方面，AI技术让安防精度趋近100%，但因为外界因素难以达到误报率0；效率值有了显著攀升，但因为智能安防系统需要配以大量高清摄像机，处理百万级别的视频数据，因此从全国范围来看，尚未完全普及的智能安防产品让效率值有所下降。

安防的AI改造才刚开始，增量市场比存量市场可观。AI对安防领域的改造才刚开始，这一点从几家传统安防企业的AI产品落地情况可以看出来，2017年是AI+安防企业正式落地应用的第一年，具备深度学习算法或AI产品开始在政府、国安得到小范围运用，包括提供个性化定制解决方案，随着未来技术的成熟，以及国家政策的推动，在原有安防场景里，AI+安防产品大规模运用最多只有5年左右时间，这些年弯道超车的AI初创企业，以及积极拥抱AI新技术的传统安防企业的行业格局变化值得期待。安防设备技术升级换代较快，从行业调研数据来看，一般3~5年就会升级换代一次。存量市场设备更新换代也恰好成为AI+安防市场发展的重要部分。但根据欣智恒数据表示，英国每千人约拥有75台监控摄像机，美国平均每千人约有96台监控摄像头，而相比之下，我国摄像头密度位居前列的北京与上海每千人配备的摄像头数目均不到40，而其他二、三线城市人均摄像头数量更是远远小于英美等发达国家。这也恰好说明我国安防领域仍有较大的增值空间。

硬件市场增长速度减缓，软件和技术支持催生安防新场景应用。智能安防的发展方向主要从软件硬件、系统集成和运营服务三方面入手：前端摄像机内置人工智能芯片，可实时分析视频内容，检测运动对象，识别人、车属性信息，并通过网络传递到后端人工智能的中心数据库进行存储。

根据IHS Markit最新视频监控市场调查数据，2016年中国视频监控摄像机出货量达5820万台，仅比去年增长了2.3%，远低于2015年（34.6%），与2014年（38.5%）、2013（29.6%）的增长率，这也意味着当前中国市场摄像机的覆盖已经趋于饱和，而未来市场对于摄像机的主要需求将是由摄像机功能升级的更替驱动。而除了视频监控硬件，其余报警探测器、门禁、对讲机视讯终端等硬件也都趋向于市场饱和，现阶段各细分领域中参与企业几乎占据所有市场份额，新玩家涌入机会较小。

而在2017年除视频监控外，根据百度指数反馈，安防领域中最火热的是智能家居场景和人脸识别技术，相比较于传统安防的，两者都是基于人工智能技术在安防产业中的应用与发展而受人关注出现热度的，其核心产品的智能化程度高，对于智能软件和技术支持都有一定的要求。

视频结构化发展，数据维度上大幅提升。大数据造就了深度学习，占大数据总量60%以上的为视频监控数据，每年仍以20%的速度递增。监控视频已经全面高清化，1080P已经越来越普及，4K甚至更高的分辨率逐渐在重要场景中得到应用。高分辨率下，为确保视频信息的正常传输和存储，在处理视频信息时往往采取结构化的方式，将海量数据分割处理，再通过后台进行智能化整合与合理分类。从视频监控角度，智能算法让信息传输发生质变，早期视频编码标准H.263以2~4Mbit/s的传输速度实现标准清晰度（720×576）广播级数字电视；而H.264由于算法优化，可以低于2Mbit/s的速度实现标清数字图像传送；最新的H.265 High Profile已经可实现低于1.5Mbit/s的传输带宽下，实现1080P全高清视频传输。

人脸识别技术广泛应用，安防产品从主动识别到被动识别。2015—2016年期间，实验室算法Linkface公司的DeepID2、旷视科技的Megvii算法、谷歌的FaceNet算法分别取得99.15%、99.50%、99.83%的识别准确率，超过肉眼97.50%的识别率，百度的"近实用"算法也取得了97.6%的识别准确度。目前智能识别技术还有广泛的提升空间，最主要的训练形式：一个有效的神经网络的形成需要数以万计的数据进行训练，涉及的计算量极大。

AI+视频监控的四种应用场景

健全点线面结合、网上网下结合、人防物防技防结合、打防管控结合的立体化社会治安防控体系，确保人民安居乐业、社会安定有序、国家长治久安。

——《关于加强社会治安防控体系建设的意见》

AI在视频监控的应用能更好地实现"点、线、面结合"，最终实现数据大融合的"立体化防控"。

• **"点"防控。**以单一视频点、卡口、出入口的身份认证为主，应用于车站、机场、酒店、社区等关键节点。单点布防场景的核心技术为静态人脸识别技术，系统通常将"人脸图像+身份证+公安局端数据"三者进行比对，并完成身份验证。静态识别属于主动识别，需要目标对象主动配合，还有更高阶的应用是动态人脸识别（属于被动识别）。

- "线"防控。以道路监控为主要部署场景，结合车辆识别和人脸识别等视频结构化处理技术，通常也会和ITS（智能交通系统）进行融合，把点连接成线。可实时处理车流和人流，能够采集各类信息：车牌、人脸、流量、速度、密度、车型、拥堵等。

- "面"防控。以热点区域、重点场所为主要部署场景，应用人群与行为特征分析技术，按需部署人脸识别产品。关注重点社会活动，可快速检测出可视范围内的人群数量，并且捕捉每个个体、车辆的行为动作，形成重点场所及区域的面状布防。

- "立体化"防控。全面整合点线面数据，依靠视频结构化处理技术，再辅助于物联感知技术，将身份证、热点、RFID、门禁等数据和视频大数据进行融合，形成一套立体化社会治安防控网。尤其是对政法部门而言，极大提高社会治理的效率，在打击犯罪方面，成效显著。

第六篇 场景篇

第十二章 宏观政策

有两个中央和部委颁发的《意见》对视频监控行业产生了巨大的影响，而且从方向上指明了未来视频监控系统的发展方向，分别是《关于加强社会治安防控体系建设的意见》和《关于加强公共安全视频监控建设联网应用工作的若干意见》。本章引用部分内容供读者参考。

1.《关于加强社会治安防控体系建设的意见》

2015年4月，中共中央办公厅、国务院办公厅印发了《关于加强社会治安防控体系建设的意见》，并发出通知，要求各地区各部门结合实际认真贯彻执行。其核心就是构建立体化社会治安防控体系，《意见》指出"为有效应对影响社会安全稳定的突出问题，创新立体化社会治安防控体系，依法严密防范和惩治各类违法犯罪活动，全面推进平安中国建设"。

《意见》指导思想核心是"健全点线面结合、网上网下结合、人防物防技防结合、打防管控结合的立体化社会治安防控体系"。

在社会面治安防控网建设方面，重点"加强对公交车站、地铁站、机场、火车站、码头、口岸、高铁沿线等重点部位的安全保卫，严防针对公共交通工具的暴力恐怖袭击和个人极端案（事）件。完善幼儿园、学校、金融机构、商业场所、医院等重点场所安全防范机制，强化重点场所及周边治安综合治理，确保秩序良好。加强对偏远农村、城乡接合部、城中村等社会治安重点地区、重点部位以及各类社会治安突出问题的排查整治。" 重点行业治安防控网建设方面，重点"加强旅馆业、旧货业、公章刻制业、机动车改装业、废品收购业、娱乐服务业等重点行业的治安管理工作""加强邮件、快件寄递和物流运输安全管理工作，完善禁寄物品名录，建立健全安全管理制度，有效预防利用寄递、物流渠道实施违法犯罪""加强社区服刑人员、扬言报复社会人员、易肇事肇祸等严重精神障碍患者、刑满释放人员、吸毒人员、易感染艾滋病病毒危险行为人群等特殊人群的服务管理工作"。

乡镇（街道）和村（社区）治安防控网建设要求"把网格化管理列入城乡规划，将人、地、物、事、组织等基本治安要素纳入网格管理范畴"。机关、企事业单位内部安全防控网建设要求"加强机关、企事业单位内部治安保卫工作""加强单位内部技防设施建设，普及视频监控系统应用，实行重要部位、易发案部位全覆盖"。

在公共安全视频监控系统建设要求"高起点规划、有重点有步骤地推进公共安全视频监控建设、联网和应用工作，提高公共区域视频监控系统覆盖密度和建设质量"。可见联网应用是很重要的一项工作。同时还要求"积极搭建治安防控跨区域协作平台，共同应对跨区域治安突出问题"，不仅本地区要解决，跨地区也需要解决，这为以后监控系统的联网指明了方向。

基础建设方面要求"建立以公民身份号码为唯一代码、统一共享的国家人口基础信息库"，这为实战应用打下了坚实的基础，围绕身份证号码就可以创建人的档案、车的档案、房屋档案、单位档案等。

2.《关于加强公共安全视频监控建设联网应用工作的若干意见》

2015年5月，9个部委办（国家发展改革委、中央综治办、科技部、工业和信息化部、公安部、财政部、人力资源社会保障部、住房城乡建设部、交通运输部）联合发布了发改高技〔2015〕996号《关于加强公共安全视频监控建设联网应用工作的若干意见》，其主要目标就是四个全面。

《意见》指出"公共安全视频监控建设联网应用，是新形势下维护国家安全和社会稳定、预防和打击暴力恐怖犯罪的重要手段"，也分析了当前视频监控联网应用的不足"统筹规划不到位、联网共享不规范等问题日益突出，严重制约了立体化社会治安防控体系建设发展"，这也和两办《意见》相呼应。

《意见》指导思想是"推动公共安全视频监控建设集约化、联网规范化、应用智能化，为进一步推进立体化社会治安防控体系建设"，这个"应用智能化"应包含了人工智能的应用。

《意见》最突出给出了视频监控联网建设的主要目标就是基本实现"全域覆盖、全网共享、全时可用、全程可控"的公共安全视频监控建设联网应用，时间节点是2020年，还有不到2年的时间。

• 全域覆盖。重点公共区域视频监控覆盖率达到100%，新建、改建高清摄像机比例达到100%；重点行业、领域的重要部位视频监控覆盖率达到100%，逐步增加高清摄像机的新建、改建数量。

• 全网共享。重点公共区域视频监控联网率达到100%；重点行业、领域涉及公共区域的视频图像资源联网率达到100%。

• 全时可用。重点公共区域安装的视频监控摄像机完好率达到98%，重点行业、领域安装的涉及公共区域的视频监控摄像机完好率达到95%，实现视频图像信息的全天候应用。

• 全程可控。公共安全视频监控系统联网应用的分层安全体系基本建成，实现重要视频图像信息不失控，敏感视频图像信息不泄露。

在视频监控系统联网建设方面，《意见》指出"依托现有的视频图像传输网络等基础网络设施，以公安机关视频图像共享平台为核心，最大限度实现公共区域视频图像资源的联网共享"，而且要建立跨地区、跨部门的共享机制，逐步开展社会和民生服务应用。

在多维数据集成应用方面，《意见》指出"运用数据挖掘、人像比对、车牌识别、智能预警、无线射频、地理信息、北斗导航等现代技术，加大在公共安全视频监控系统中的集成应用力度，提高视频图像信息的综合应用水平。逐步建立国家级和省级公共安全视频图像数据处理分析中心，深化视频图像信息预测预警、实时监控、轨迹追踪、快速检索等应用"。

第十三章　天网工程

天网工程也被称为"平安城市"，意为"天网恢恢疏而不漏"。随着大数据、云计算、人工智能技术的发展，平安城市被赋予了更多的时代新使命，逐步向雪亮工程和智慧新警务进行延伸。

平安城市是平安中国的一部分，也是视频云大数据平台的建设基础。平安城市是一个特大型、综合性非常强的管理系统，不仅需要满足治安管理、城市管理、交通管理、应急指挥等需求，而且还要兼顾灾难事故预警、安全生产监控等方面对图像监控的需求，同时还要考虑报警、门禁等配套系统的集成以及与广播系统的联动。

平安城市的建设，最早是在北京宣武区、山东济南、浙江杭州和江苏苏州四个城市开始做试点。2004年6月，为了全面推进科技强警战略的实施，公安部、科技部在北京、上海、廊坊、大连、南京、苏州、南通、杭州、宁波、温州、台州、芜湖、福州、青岛、淄博、威海、郑州、广州、深圳、佛山、成都21个城市启动了第一批科技强警示范城市创建工作。2005年8月，为了以点带面，公安部进一步提出了建设"3111试点工程"，选择22个省，在省、市、县三级开展报警与监控系统建设试点工程，即每个省确定一个市，有条件的市确定一个县，有条件的县确定一个社区或街区为报警与监控系统建设的试点。此举有力地推动了平安城市的建设步伐。

平安城市就是通过三防系统（技防系统、物防系统、人防系统）建设城市的平安和谐。一个完整的安全技术防范系统，是由技防系统、物防系统、人防系统和管理系统，四个系统相互配合相互作用来完成安全防范的综合体。安全技术防范系统主要有视频监控系统、入侵报警系统、出入口控制系统、电子巡更系统、停车场管理系统、防爆安全检查系统。通常认为平安城市建设以视频监控、卡口、电子警察为核心。

平安城市是大型的公共安全管理系统，主要软硬件设备包括：视频监控联网平台、视频监控运维平台、卡口平台、电子警察平台、数据库服务器、存储服务器、流媒体服务器、各种视频监控终端、网络设备、传输线路等。大多数按照"省-市-区（县）-

村"四级架构部署，可以是三网三平台也可以是双网双平台，分别指视频专网、公安专网、互联网，每个网内部署一套平台。因为视频监控的专用性特点，既不能跑在公安网上、更不能直接跑在互联网上，故而需要在城市构建一套视频专网。

"平安城市"的概念，不仅仅是社会治安一项内容，还包括到城市交通状况和城市消防服务，以及各种人为灾害（包括战争、恐怖袭击、威胁城市安全的重大火灾、环境污染等）和自然灾害的预警和处警等内容。

▍第十四章　雪亮工程 ——————————————

1.雪亮工程由来

"雪亮"来源于"群众的眼睛是雪亮的"，根据建设内容有两种定义。

· "雪亮工程"是以县、乡、村三级综治中心为指挥平台、以综治信息化为支撑、以网格化管理为基础、以公共安全视频监控联网应用为重点的"群众性治安防控工程"。在乡村主要道路口、人群聚集地建设高清摄像头，是以固定视频监控、移动视频采集、视频联网入户、联动报警系统为基础，以县、乡镇、村三级监控平台为主体的信息服务项目。利用农村现有电视网络，将公共安全视频监控信息接入农户家庭数字电视终端，发动群众、依靠群众、专群结合，通过实时监控、一键报警、分级处置、综合应用，实现农村地区社会治安防控和群防群治工作无缝覆盖。[5]

· "雪亮工程"，即公共安全视频监控建设联网应用工程，2016年经中央批准，由中央政法委、国家发展改革委牵头，公安部等有关部门共同参与组织实施，目标是建设"全域覆盖、全网共享、全时可用、全程可控"的公共安全视频监控系统，以提高社会治安防控信息化、智能化水平，有效保护人民群众生命财产安全。[6]

纵向串联省、市、县、乡镇、村综治平台、横向整合公安、政务、消防、城管、路政等职能部门资源的"雪亮工程"，从真正意义上完善了公共安全视频图像传输网络、视频信息共享平台、安全管理系统，促进点位互补、网络互联、平台互通，最大限度实现公共区域视频图像资源的联网共享。山东省临沂市平邑县是"雪亮工程"的发端地。

---

[5]　中国安全防范行业年鉴2017

[6]　守护人民安宁的"千里眼"——"雪亮工程"，陈一新，长安君

2.建设内容

建设内容包括（包括但不限于）

- 公共安全视频监控建设联网应用工程（典型工程）
- 全国雪亮工程综治视联网
- 网格化管理系统
- 视频监控图像研判系统
- 可视化实时指挥系统
- 视频监控系统

3.政策和标准

国家有关部门出台了较多的政策、条例，也针对相关系统的建设制定了行业的标准，下文罗列部分政策、意见、条例。

- 2015年4月，中共中央办公厅、国务院办公厅印发《关于加强社会治安防控体系建设的意见》。
- 2015年5月，9个部委办（国家发展改革委、中央综治办、科技部、工业和信息化部、公安部、财政部、人力资源社会保障部、住房城乡建设部、交通运输部）发布发改高技〔2015〕996号《关于加强公共安全视频监控建设联网应用工作的若干意见》。
- 2016年9月，国家发改委发布《发改投资〔2016〕2354号 国家发展改革委关于下达公共安全视频监控建设联网应用示范工程项目2016年（电子政务专项第六批）中央预算内投资计划的通知》。
- 2017年10月，中央综治办秘书室联合国家发展改革委办公厅、公安部办公厅、国家标准委办公室下发《公共安全视频图像信息联网共享应用标准体系（2017版）》。
- 2018年1月，《中共中央 国务院关于实施乡村振兴战略的意见》（1号文件），推进农村"雪亮工程"建设。
- 《安全技术防范管理条例》，各省市会出台相关文件。

4.雪亮工程发展大事记

以下罗列雪亮工程发展的部分大事记。

⊙ 2011年，"村村通视频监控"工程启动。

⊙ 2013年，山东平邑依托广电网络建设县、镇、村三级联网联控视频监控网络。成为"雪亮工程"的示范工程。

⊙ 2015年，中央确定平邑县为公共安全视频监控建设联网应用试点县。

⊙ 2016年9月，国家发改委、中央综治办、公安部共同批准长春等48个城市获选全国首批公共安全视频监控建设联网应用工程示范城市，并获得中央补助资金。48个示范城市有内蒙古自治区乌海市和呼和浩特市、宁夏银川市和吴忠市、甘肃兰州市和庆阳市、河南信阳市与三门峡市、河北石家庄与邯郸市、广西的南宁市与柳州市、无锡市、琼海市、贵阳市、太原市、长春市、宜昌市、重庆市涪陵区、成都市、南昌市、长沙市、临沂市、泉州市等。

⊙ 2016年10月，全国社会治安综合治理创新工作会议部署全面开展"雪亮工程"建设。

⊙ 2017年6月，全国"雪亮工程"建设推进会在临沂市召开。

⊙ 2017年10月，党的十九大报告提出，"实施乡村振兴战略"。

⊙ 2017年12月，党的十八大以来的5年间，社会治安综合治理视联网平台系统建设已实现省级全覆盖，并联通295个地市、2236个县、2773个乡镇。

⊙ 2018年6月21日，中央政法委召开"雪亮工程"建设工作视频会，总结前期工作，研究部署下阶段"雪亮工程"建设。

5.市场分析

2017年，各省市积极行动，进行试点建设工作，如有些地方公安系统推出了县级公安、派出所警务服务、中心警务室值守终端和重点部门值守指挥四级平台；综治系统推出了县、镇、村级和重点部门综治信息四级平台。一些地方开始构建农村治安监控网络，与平安城市天网、网格化服务管理服务应用融合，实现平台互通、系统对接、信息共享、高效联动，确保村镇安全、政务信息通畅。

　　"雪亮工程"是平安建设活动的重要组成部分，随着"雪亮工程"的展开，市场潜力突显。我国拥有2000多个县（区），4万多个乡镇，近70万个行政村，250多万个自然村，按照最基本的监控点配置，即可催生形成上千亿元的安防市场需求。

　　截至2017年，全国各部门、行业安装的摄像机数量已达2800多万台，初步构建起覆盖重点公共区域及行业领域的"天网"。至2018年6月，全国已建成省级信息资源交换共享总平台18个、省级综治平台20个，所有省级单位、353个地市级单位实现了综治与公安视频资源的互联互通。

　　根据第三方统计2017年全国"雪亮工程"千万以上项目217个，合计招标金额89.92亿元，合计中标金额84.76亿元（未统计到数据的省份包括辽宁省、广西壮族自治区、陕西省、天津市、海南省、宁夏回族自治区），合计102家集成商或公司参与了"雪亮工程"的建设。

　　2016年国家启动"雪亮工程"计划，2017年是"雪亮工程"正式投入建设的第一年，根据ITS统计，千万以上项目市场容量2017年为85亿人民币，保守预测2018年按照25%增速市场容量为106亿元，2019年按照20%增速市场容量为127亿元，2020年按照20%增速市场容量为153亿元。

　　千万以上雪亮工程项目市场容量预测如图14-1所示。

图14-1　千万以上雪亮工程市场容量预测

第七篇　趋势篇

▍ 第十五章　安防行业发展现状 ————

安防行业整体收入向好，计算机视觉识别初创企业增多，融资笔数也在增加。从行业角度来看，中国安防行业收入在2010—2017年逐年增加，并预测在未来2020年会达到8243亿元，从历史数据看中国安防行业市场已经走向成熟，增速趋于平稳。但安防领域潜在的巨大市场，更加适合AI的计算机视觉应用，引起了很多AI初创公司的关注，预测安防行业在未来三年存在一个爆炸式增长期。

2015—2017年智能安防被纳入国家发展战略之中。在国家政策支持下，"数据文化、数据情报"将成为未来安防行业的重要发展趋势，物联网、大数据、云计算、视频结构化以及人工智能等技术，产品将愈发深入地融入到行业整体解决方案中，并不断扩展延伸，逐步成为智慧城市建设运行的重要技术支撑以及社会综合治理平台的重要组成部分。

在人脸识别方面，深度学习可以实现人脸检测、人脸关键点定位、身份证比对、聚类以及人脸属性、活体检测、行人检测、目标检测等。以人脸识别为例，2015年ImageNet ILSVRC大赛团队识别分类的错误率已经降到3.5%，低于人眼5.1%的识别错误率，极大地提高了AI技术在视频监控商用的可落地性。预计未来3年（2018—2020年）是AI技术的安防大范围应用年。

当前，随着世界多极化、经济全球化、社会信息化、文化多样化的深入发展，影响国家安全和社会稳定的不确定因素明显增多，公共安全已成为全党全社会共同关心的热点和重点问题。安防行业作为公共安全领域的重要组成部分，近年来，在党和政府及主管部门的大力推动下，继续保持了中高速增长的态势，行业规模持续扩大，技术更迭日新月异，新的技术层出不穷、新的市场需求不断涌现，行业发展出现了许多新的变化和特征，同样面临更大的机遇与挑战。

据不完全统计，到2017年年末，中国安防企业约为3万家，从业人员达到160万人，安防企业年总收入达到6000亿元左右，比2010年增长了1.6倍，年均增长14%；

2017年全行业实现增加值1960亿元，比2010年增长1.3倍，年均增长12.7%。如表15-1和图15-1所示。

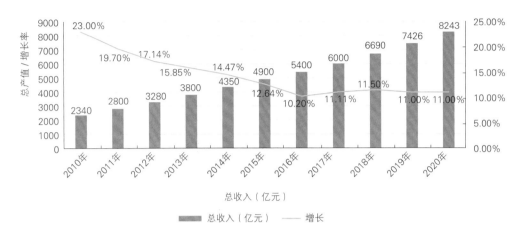

图15-1 安防行业总产值及增长率

表15-1 2010—2017年安防产业发展状况

年份	2010	2011	2012	2013	2014	2015	2016	2017
总收入（亿元）	2350	2800	3280	3800	4350	4900	5400	6000
增长（%）	22.0	19.1	17.1	15.8	14.5	12.6	10.2	11.0
增加值（亿元）	850	1020	1180	1330	1470	1610	1780	1960
增长（%）	19.7	20.0	15.7	12.7	10.5	9.5	10.6	10.2

数据来源：中国安全防范行业年鉴 2017。

从产业构成来看：2017年在安防行业总收入中，安防产品总收入预计达到2450亿元，安防集成与工程市场预计达到3050亿元左右，运营服务及其他约为500亿元左右。

随着国内外市场需求的不断增加，视频监控、安检排爆、入侵报警、出入口控制和实体防护等各个安防领域实现了全面发展，其中视频监控发展最快。初步计算，2017年我国视频监控产品产值约为1300亿元左右，比2010年提高1.6倍，2010年以来平均增速达到17%以上。2017年市场总规模达到3300亿元，占安防行业的53%，比2010年提高8个百分点。

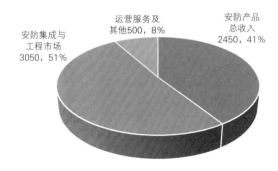

图15-2　安防行业产业构成

▌结　语 ━━━━━━━━━━━━━━━━━━━━━━━

写一本书实际上是件很棘手的事情，尤其是科技类书籍，技术发展日新月异，尤其是AI技术对视频监控的影响，每天的新论文、新技术层出不穷，如果试图用一本书详解智能视频监控系统几乎是不可能的事情，可能本书还没有写完，技术已经升级或被淘汰，只有持续的深度学习和更新，才能跟上时代的发展。

从决定写这本《智能视频监控系统》到书稿完成，共两个半月时间，真正用于写书的时间大约不到一个月时间，而且主要的写稿时间在下班后、周末。每天晚上的挑灯夜战是值得的。如果说这么短的时间写一本书大家觉得不可思议的话，实际上我同时完成了三本书的写作，很难相信最终这项计划还是完成了。

原本规划本书的篇幅大约是现在的1.5倍，但写作的过程中不得不大幅度缩减写作计划，要不然这本书就不能按期出版了。这些被删减的内容包括：视频摄像机的科学布建、视频数据的安全保护、个人隐私保护和视频监控系统的未来。提前完成本书的原因主要是希望能够在2018年第十四届中国国际社会公共安全产品博览会（北京安博会，10月23~26日）前新书能够上市销售，我的上一本著作《图说建筑智能化系统》刚好也是在2009年举办的第十二届中国国际公共安全博览会前夕上市销售的，作为十年磨一剑的又一部作品，希望能够为行业再做一些贡献。

如果各种条件具备，希望本书可以出第二版，时间充足的情况下，补充原本删减的内容，完善书稿，使得相关章节更丰富、更完美。

视频监控让生活更平安。

愿大家得享平安！

█ 致 谢 ━━━━━━━━━━━━━━━━━━━━━━━━

最后到了说感谢的时候，要感谢的公司和个人太多了，没有你们的大力支持和默默帮助，这本书就不可能得以顺利出版。

感谢杭州海康威视数字技术股份有限公司允许使用官网（www.hikvision.com）产品中心栏目、解决方案栏目和"关于我们"栏目所有的资料，他们指定的联系人为作者提供了多套解决方案资料、图表供使用。

感谢浙江大华技术股份有限公司允许作者可自由使用该公司公开的素材（包括不限于产品信息、图片、技术资料、解决方案），包括不限于从官网（https://www.dahuatech.com/）、微信公众号（DahuaTechnology）、宣传画册（相关产品类、解决方案类手册）等相关公开素材，给了作者最大的使用授权，同时他们指定的联系人为作者提供了大量的解决方案资料、图表供使用。

感谢北京维联众诚科技有限公司允许作者自由使用该公司公开的素材（包括不限于产品信息、图片、技术资料、解决方案），包括不限于从该公司的网站、微信公众号、新浪微博、宣传画册、第三方媒体获取的相关公开素材，同时也为作者提供了大量写作素材。维联众诚是国内领先的运维系统提供商。

感谢上海迅图数码科技有限公司允许作者自由使用该公司公开的素材（包括不限于产品信息、图片、技术资料、解决方案），包括不限于从该公司的网站、微信公众号、新浪微博、宣传画册、第三方媒体获取的相关公开素材，同时也为作者提供了大量写作素材。迅图数码是国内领先的3D地图、GIS提供商。

感谢卓华威视（深圳）技术有限公司允许作者可自由使用该公司公开的素材（包括不限于产品信息、图片、技术资料、解决方案），包括不限于从该公司的网站、微信公众号、新浪微博、宣传画册、第三方媒体获取的相关公开素材，同时也为作者提供了大量写作素材。卓华威视是国内知名的、较早从事小间距LED大屏幕系统的倡导者。

需要说明的是视频监控相关技术、产品和解决方案的写作主要参考了海康威视、大华股份提供的授权素材；运维管理平台的写作主要参考了维联众诚提供的授权素材；地理信息系统和增强现实的写作主要参考了迅图数码提供的授权素材；LED显示系统的写作主要参考了卓华威视提供的授权材料。没有你们的授权，本书的图文就不会这么丰富多彩。

有一些人是需要特别感谢并在这里需要说明的，他们分别是林伟、刘文超、陈林玉、黄文翰、肖咏泽、郁嘉宁、丁三华、廖华平、孙鲁闽，正是在他们的大力帮助下笔者才能够获取到足够的授权用于本书的写作，感谢你们。

当然还有一些人是需要特别感谢的，那就是我的家人，没有你们的理解和支持，我就不能够安静写作；还有我在佳都科技的同事们，是你们的理解和支持使我有了写书的动力。

本书部分图标来源于iconfont.cn，感谢阿里妈妈MUX平台。防雷与接地工程正文内容部分图片取材于DEHN+SÖHNE公司电涌保护产品目录，在此表示感谢。

关于版权，本书引用了大量的图书、论文、报告和互联网资料等其他多种类型的材料，凡是能注明出处和引用来源的，作者尽可能予以脚注、正文中说明或在"参考文献"中予以注明。因为时间仓促，遗漏之处在所难免，如果您有发现本书引用了您的相关素材但并未注明出处的，请和作者联系（86020@163.com），作者会在再次印刷时予以修正或删除相关内容。

海康威视 （商标注册证号：3102887）和 **HIKVISION** （商标注册证号：5133443）是杭州海康威视数字技术股份有限公司的注册商标；**dahua** TECHNOLOGY 是浙江大华技术股份有限公司的注册商标；**UL** 是北京维联众诚科技有限公司的注册商标；**QMAP 迅图数码** technologies 是上海迅图数码科技有限公司的注册商标；**Voury卓华** 是卓华威视(深圳)技术有限公司或关联企业的注册商标。

由于本书写作时间仓促，错误、遗漏在所难免，欢迎广大读者批评指正，凡意见被采纳的在再次印刷或再版时予以修订。

参考文献

[1]   张新房等.视频云技术蓝皮书.北京：中国电力出版社，2018.

[2]   张新房等.人工智能技术蓝皮书|公共安全篇.北京：中国电力出版社，2018.

[3]   张新房.图说建筑智能化系统.北京：中国电力出版社，2009.

[4]   Yifan Sun, Liang Zheng, Weijian Deng, Shengjin Wang，SVDNet for Pedestrian Retrieval[Submitted on 16 Mar 2017 (v1), last revised 6 Aug 2017 (v4)].

[5]   Yann LeCun, Yoshua Bengio & Geoffrey Hinton，Deep learning，Narure, VOL 521, 28 May 2015, REVIEW doi:10.1038/nature14539.

[6]   Y.LeCun, B.Boser, J.S.Denker, D.Henderson, R.E.Howard, W.Hubbard, and L.D.Jackel. Backpropagation applied to handwritten zip code recognition. Neural Computation, 1989.

[7]   Y. LeCun, B. Boser, J. S. Denker, D. Henderson, R. E. Howard, W. Hubbard, and L. D. Jackel. Handwritten digit recognition with a back-propagation network. In David Touretzky, editor, Advances in Neural Information Processing Systems 2 (NIPS*89), Denver, CO, 1990, Morgan Kaufman.

[8]   Y. LeCun, L. Bottou, Y. Bengio, and P. Haffner. Gradient-based learning applied to document recognition. Proceedings of the IEEE, november 1998.

[9]   Alex Krizhevsky, Ilya Sutskever, Geoffrey E.Hinton. ImageNet Classification with Deep Convolutional Neural Networks.

[10]   Hubel D. H, T. N. Wiesel. Receptive Fields Of Single Neurones In The Cat's Striate Cortex. Journal of Physiology, (1959) 148, 574-591.